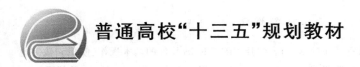

普通高校"十三五"规划教材

基于 PROTEUS 的电路及单片机设计与仿真

（第 3 版）

周润景　张文霞　赵晓宇　编著

U0244521

北京航空航天大学出版社

内 容 简 介

本书是再版书，是前两版的发展和延续，内容包括 PROTEUS 软件的基本操作、模拟和数字电路的分析方法、单片机电路的软硬件调试和 PCB 设计方法。相对于第 2 版，本书新增了基于 Intel 8086 微处理器的软硬件调试、基于 DSP 的软硬件调试等内容。

本书面向实际、图文并茂、内容详细具体、通俗易懂、层次分明、易于掌握，可以为从事科技发展、电路系统教学以及学生实验、课程设计、毕业设计、电子设计竞赛等人员提供很大的帮助。

本书既可以作为从事电子设计的工程技术人员自学的参考书，也可以作为高等院校相关专业的教材或职业培训教材。

图书在版编目(CIP)数据

基于 PROTEUS 的电路及单片机设计与仿真/ 周润景，
张文霞，赵晓宇编著. —3 版. — 北京：北京航空航天
大学出版社，2016.4
　　ISBN 978 - 7 - 5124 - 2176 - 9

　　Ⅰ. ①基… Ⅱ. ①周… ②张… ③赵… Ⅲ. ①单片微
型计算机—系统仿真—应用软件 Ⅳ. ①TP368.1

中国版本图书馆 CIP 数据核字(2016)第 142262 号

基于 PROTEUS 的电路及单片机设计与仿真(第 3 版)

周润景　张文霞　赵晓宇　编著
责任编辑　董立娟　陈　旭
*
北京航空航天大学出版社出版发行

北京市海淀区学院路 37 号(邮编 100191)　　http://www.buaapress.com.cn
发行部电话：(010)82317024　传真：(010)82328026
读者信箱：emsbook@buaacm.com.cn　邮购电话：(010)82316936
北京九州迅驰传媒文化有限公司印装　各地书店经销
*
开本：710×1 000　1/16　印张：22.75　字数：485 千字
2016 年 9 月第 3 版　2024 年 1 月第 2 次印刷　印数：3 001～3 200 册
ISBN 978 - 7 - 5124 - 2176 - 9　定价：49.00 元

第 3 版前言

本书在介绍 PROTEUS 8.1 软件的基本操作方法的基础上，进一步运用该软件实现模拟电路、数字电路、单片机电路的设计和调试，这几部分内容是对前两版内容在软件版本更新的基础上的延续，增加了 Intel 8086 微处理器的软硬件调试、基于 DSP 的软硬件调试等内容。

本书做了如下修订：

第 1 章：根据新版本软件的特点更新了该软件新增加的特点和功能。

第 2 章：本章大约有 50% 的内容做了更新，包含了新的图片和更清晰的解释。在电路参数实时显示部分，对双电源供电含电压比较器电路的仿真结果分析中做了相应的改动和更详尽的解释。

第 3 章：本章的主要修订包括相关图片的更新并新增了部分内容。新增内容是音频功率放大电路部分中，不同放大倍数的前置放大电路的分析比较和同相、反相放大电路的对比分析。

第 4 章：本章是前两版的延续，修订部分主要是相关软件界面的更新。

第 5 章：本章主要更新了相应的软件界面，删减了一些实用性不强的技术操作。

第 6 章：本章为新增内容，增加了基于 Intel 8086 微处理器仿真的例子，如继电器的控制与实现。

第 7 章：本章同样为新增内容，增加了基于 DSP 仿真的例子，如频谱分析仪的设计。

第 8 章：本章的主要修订包括 PROTEUS ARES PCB 设计的相关图片的更新，并新增了 PCB 设计之前的检查、自动布线及 3D 效果显示等。

本书由张文霞负责第 6 章的编写，赵晓宇负责第 7 章的编写，其余由周润景编写，王洪艳、姜攀、托亚、贾雯、刘晓霞、何茹、蒋诗俊、张晨、张红敏、张丽敏、周敬、宋志清也参与了本书的编写，在此一并表示感谢。

由于作者的水平有限，加上时间仓促，不妥之处敬请广大读者批评指正。

作者

2016 年 3 月

第 2 版前言

随着电子技术的飞速发展,电子设计的方式也在不断进步。PROTEUS 嵌入式虚拟开发系统与仿真平台是一款可以实现数字电路、模拟电路、微控制器系统仿真以及 PCB 设计等功能的 EDA 软件。电路的软、硬的设计与调试都是在计算机虚拟环境下进行的。基于这一设计思想开发的 PROTEUS 软件,可以在原理图设计阶段对所设计的电路进行验证,并可以通过改变元器件参数使整个电路性能达到最优化。这样就避免了传统电子电路设计中方案更换带来的多次重复购买元器件及制版的麻烦,可以节省很多时间和经费,也提高了设计的效率和质量。

PROTEUS 软件集强大的功能与简易的操作于一体,成为嵌入式系统领域技术最先进的开发工具。PROTEUS 软件提供了三十多个元器件库、上万个元器件。元器件涉及电阻、电容、二极管、晶体管、MOS 管、变压器、继电器、各种放大器、各种激励源、300 多种微控制器、各种门电路和各种终端等。在 PROTEUS 软件中提供的仪表有交直流电压表、交直流电流表、逻辑分析仪、定时/计数器和信号发生器等虚拟仪器。PROTEUS 作为交互可视化仿真软件,提供数码管、液晶屏、LED、按钮、键盘等外设,同时支持图形化的分析功能,具有直流工作点,瞬态特性、交直流参数扫描、频率特性、傅里叶分析、失真分析、噪声分析等多种分析功能,并可将仿真曲线绘制到图表中。

本书是基于 PROTEUS 7.6 SP0 版本的软件,通过实例讲解 PROTEUS 软件的操作,包括原理图输入、电路仿真、软件调试及系统协同仿真。

本书总共分为 7 章,其主要内容如下:

第 1 章:PROTEUS 原理图编辑环境和 PROTEUS ARES PCB 制版环境概述。

第 2 章:介绍 PROTEUS ISIS 电路仿真中的控制面板、元器件的使用,并介绍了两种电路调试、仿真方法,即交互式电路仿真和基于图表的电路仿真。

第 3 章:介绍模拟电路的设计与仿真方法,其中包括模拟激励源的设置、模拟虚拟仪器的使用、探针的放置及模拟电路仿真方法。

第 4 章:介绍数字电路的设计与仿真方法,其中包括数字激励源的设置、数字虚拟仪器的使用、数字调试工具的使用、探针的放置及数字电路仿真方法。

第 5 章:介绍单片机的设计与仿真方法,其中包括源代码的编辑、目标代码的生成、第三方编辑器和第三方 IDE 的使用、单片机系统的调试及系统仿真。

第 6 章:介绍了利用 PROTEUS 软件进行仿真的多个例子,包括模拟交通灯、数字时钟、电子密码锁等。

第 7 章:介绍了 PROTEUS ARES PCB 的设计,主要包括了原理图的后处理、创建元件封装、PCB 布局、PCB 布线以及光绘文件的输出。

本书共 7 章,其中第 1 章由张丽娜负责编写,丁莉完成书中例子的验证工作,其余内容由周润景负责编写,全书由周润景统稿、定稿。此外,张宏敏、张丽敏、宋志清、刘培智、陈雪梅、刘怡芳、陈艳梅、景晓松、张斐、郝晓霞、图雅、祁建光、吕小虎、王林、郑建峰、赵阳阳等同志参与了本书的录入、编排、校验等工作。

由于作者的水平有限,加上时间仓促,不妥之处敬请广大读者批评指正。

作　者

2009 年 10 月

目　录

第1章

PROTEUS 概述

　　PROTEUS 软件是由英国 LabCenter Electronics 公司开发的 EDA 工具软件，由 ISIS 和 ARES 两个软件构成，其中 ISIS 是一款便捷的电子系统仿真平台软件，ARES 是一款高级的布线编辑软件，它集成了高级原理布图、混合模式 SPICE 电路仿真、PCB 设计以及自动布线来实现一个完整的电子设计。

1.1　PROTEUS ISIS 概述

　　通过 PROTEUS ISIS 软件的 VSM（虚拟仿真技术），用户可以对模拟电路、数字电路、模数混合电路，以及基于微控制器的系统连同所有外围接口电子器件一起仿真，如图 1-1 所示。

　　在原理图中，电路激励源、虚拟仪器、图表以及直接布置在线路上的探针一起出现在电路中，如图 1-2 所示。任何时候都能通过"运行按钮"或"空格"键对电路进行仿真。

　　PROTEUS VSM 有两种截然如同的仿真方式：交互式仿真和基于图标的仿真。其中交互式仿真可实时观测电路的输出，因此可用于检验设计的电路是否能正常工作，如图 1-3 所示。

　　而基于图表的仿真能够在仿真过程中放大一些特别的部分，进行一些细节上的分析，因此基于图表的仿真可用于研究电路的工作状态和进行细节的测量，如图 1-4 所示。

　　PROTEUS 软件的模拟仿真直接兼容厂商的 SPICE 模型，采用扩充了的 SPICE3F5 电路仿真模型，能够记录基于图表的频率特性、直流电的传输特性、参数的扫描、噪声的分析、傅里叶分析等，具有超过 8 000 种的电路仿真模型。PROTEUS 模拟仿真如图 1-5 所示。

　　PROTEUS 软件的数字仿真支持 JDEC 文件的物理器件仿真，有全系列的 TTL 和 CMOS 数字电路仿真模型，同时一致性分析易于系统的自动测试。PROTEUS 数字仿真如图 1-6 所示。

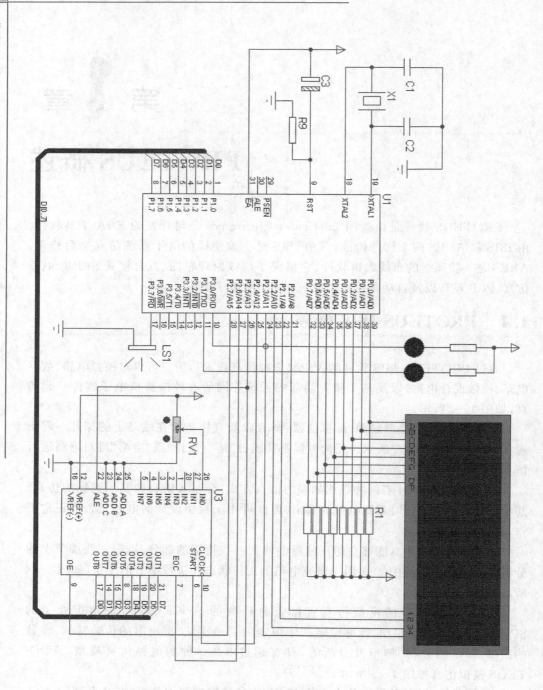

图 1 - 1　基于微控制器的系统连同所有外围接口电子器件的仿真

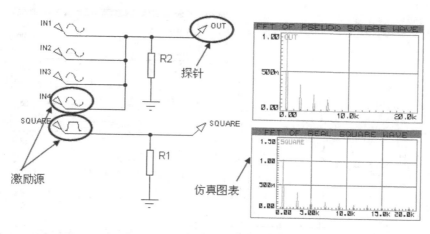

图 1-2 电路激励源、虚拟仪器、图表以及直接布置在线路上的探针一起出现在电路中

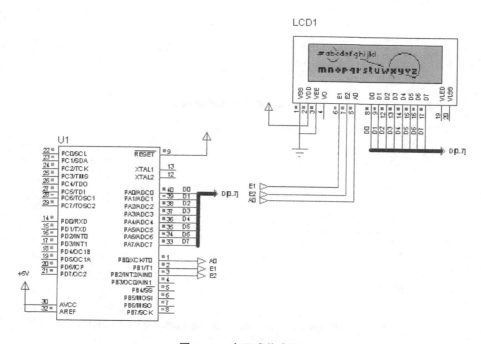

图 1-3 交互式仿真图

　　PROTEUS 软件支持许多通用的微控制器,如 PIC、AVR、HC11 以及 8051;包含强大的调试工具,可对寄存器、存储器实时监测;具有断点调试功能及单步调试功能;具有对显示器、按钮、键盘等外设进行交互可视化仿真。此外,PROTEUS 可对 IAR C - SPY、Keil μVision2 等开发工具的源程序进行调试,可与 Keil 实现联调。PROTEUS 中微处理器电路仿真如图 1-7 所示。

3

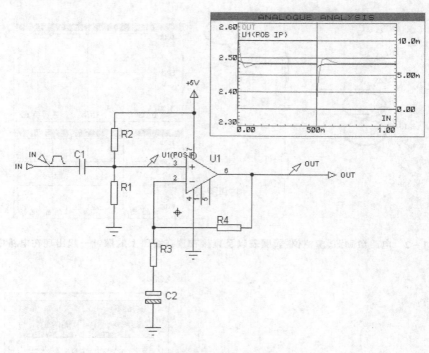

图 1 - 4　基于图表的仿真图

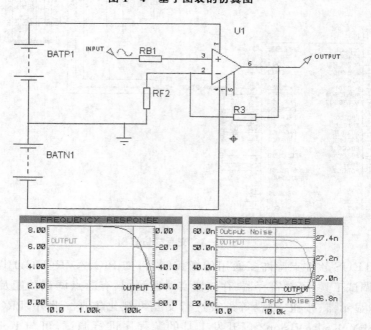

图 1 - 5　模拟仿真

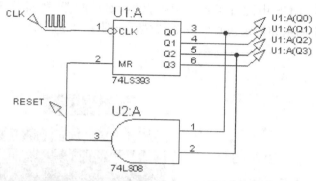

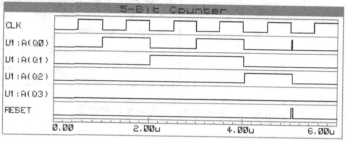

图 1－6　数字仿真

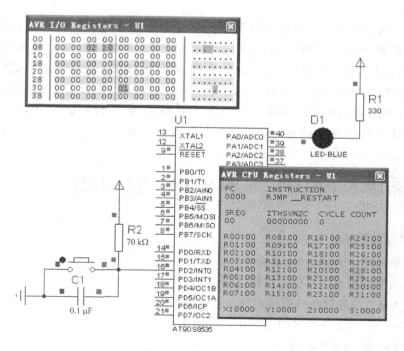

图 1－7　微处理器仿真

此外，在 PROTEUS 中配置了各种虚拟仪器，如示波器、逻辑分析仪、频率计、I^2C 调试器等，便于测量和记录仿真的波形、数据，如图 1－8 所示。

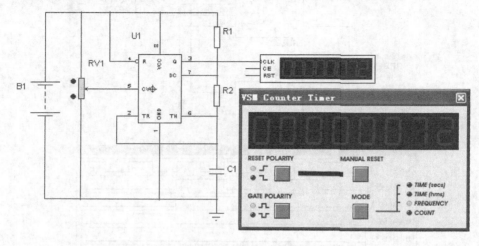

图 1－8　PROTEUS 中虚拟仪器的使用

1.2　PROTEUS ARES 概述

PROTEUS ARES PCB 的设计采用了原 32 位数据库的高性能 PCB 设计系统，以及高性能的自动布局和自动布线算法；支持多达 16 个布线层、2 个丝网印刷层、4 个机械层，加上线路板边界层、布线禁止层、阻焊层，可以在任意角度放置元件和焊盘连线；支持光绘文件的生成；具有自动的门交换功能；集成了高度智能的布线算法；有超过 1 000 个标准的元器件引脚封装；支持输出各种 Windows 设备；可以导出其他线路板设计工具的文件格式；能自动插入最近打开的文档；元件可以自动放置。PROTEUS PCB 布线如图 1－9 所示。

1.3　新版本 PROTEUS 的 8.1 特点与功能

1. 焊盘和封装
➢ 在原件库中自主粘贴/剪切。
➢ 画出导热焊盘并且保存在原件库。
➢ 为 SMT 原件创建分列模式并保存在原件库。
➢ 在每个焊盘上不支持自动粘贴和自动剪切。

2. 项目剪辑/设计摘录
➢ 在一个项目内或者多个项目间能够重复使用块电路。

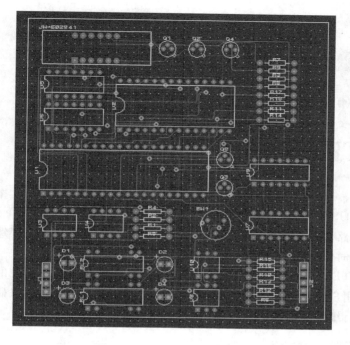

图 1 - 9　PROTEUS PCB 布线

➢ 可以仅仅出现原理图,或者原理图和 PCB 布局可以同时出现。

➢ 可以单击将完整的电路块放在电路板上。

3. 动态"泪滴"

➢ 在轨道焊盘上或者轨道通孔连接处加入"泪滴"。

➢ 启用后,可以根据两个连接焊盘的环形圈的大小和连接轨道的深度进行配置。

➢ 个人焊盘和过孔可以启用和禁用"泪滴",也可以匹配全局环境设置。

4. Arduino 的 AVR 支持

➢ 在 VSMStudio IDE 中直接支持 AVR Arduino 工具链。

第 **2** 章

PROTEUS ISIS 电路仿真

PROTEUS VSM 中的整个电路分析是在 ISIS 原理图设计模块下延续下来的，原理图中，电路激励、虚拟仪器、曲线图表以及直接布置在线路上的探针一起出现在电路中，任何时候都能通过按下运行按钮或空格对电路进行仿真。

在 PTOTEUS VSM 存在两种仿真方式：交互式仿真和基于图表的仿真。交互式仿真检验用户所设计的电路是否能正常工作；基于仿真的图表用来研究电路的工作状态和进行细节的测量。

2.1 交互式仿真

交互式电路仿真通过在编辑好的电路原理图中添加相应的电流/电压探针，或放置虚拟仪器，单击控制面板的"运行"按钮，即可观测电路的实时输出。

2.1.1 PROTEUS ISIS 交互式仿真控制面板

交互式仿真是由一个貌似播放机操作按钮的控制按钮控制，这些控制按钮位于屏幕底端。控制按钮如图 2-1 所示。

控制面板上提供了 4 个功能按钮，各按钮在控制电路运行的功能如下：

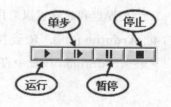

图 2-1 控制面板

➢ 运行按钮：启动 PROTEUS ISIS 仿真。

➢ 单步按钮：单步运行程序，使仿真按照预设的时间步长（单步执行时间增量）进行。单击"单步"按钮，仿真进行一个步长时间后停止。若按下"单步"按钮不放，仿真将连续进行，直到释放"单步"按钮。这一功能可更为细化地监控电路，同时也可以使电路放慢工作速度，从而更好地了解电路各元件间的相互关系。

➢ 暂停按钮：暂停程序仿真。暂停按钮可延缓仿真的进行，再次按下可继续被暂停的仿真。也可在暂停后接着进行步进仿真。暂停操作也可通过键盘的

Pause 键完成,但要恢复仿真需用控制面板按钮操作。

> 停止按钮:停止 PROSPICE 实时仿真,所有可动状态停止,模拟器不占用内存。除激励元件(开关等),所有指示器重置为初始状态。停止操作也可通过键盘组合键 Shift＋Break 完成。

当使用"单步"按钮仿真电路时,仿真按照预定步长运行。步长可通过菜单命令设置。选择 System→Set Animation Options 菜单项,如图 2-2 所示。

弹出 Animation Circuits Configuration 对话框进行设置,如图 2-3 所示。

系统单步仿真步长默认值为 50 ms。用户可根据具体仿真要求设置步长。

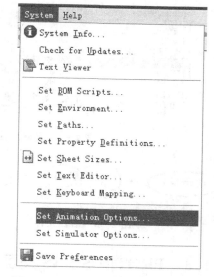

图 2-2　选择 System→Set Animation Options 菜单项

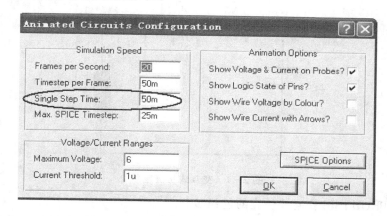

图 2-3　电路配置对话框

2.1.2　PROTEUS ISIS 交互式仿真活性元件

除一些通用元件外,PROTEUS ISIS 交互式仿真通常使用一些活性元件进行电路仿真,如图 2-4 所示。

活性元件具有指示结构及操作结构,如图 2-5 所示。

指示结构以图形状态显示其在电路中的状态,图 2-5 中的开关处于打开状态。

操作结构为红色的标记,单击相应的标记,活性元件就会作相应的操作。单击图 2-5 中的●标记,开关闭合,如图 2-6 所示。

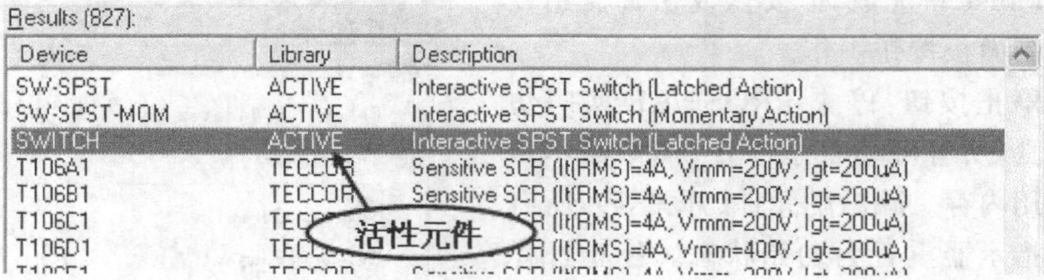

图 2 - 4　选取活性元件进行交互式电路仿真

指示结构　　操作结构

图 2 - 5　活性元件　　　　　　　**图 2 - 6　单击 ● 标记,开关闭合**

2.1.3　PROTEUS ISIS 交互式仿真过程

下面以图 2-7 所示电路为例说明 PROTEUS ISIS 交互式仿真的过程。

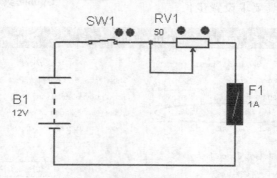

图 2 - 7　交互式仿真电路

PROTEUS ISIS 交互式仿真的过程如下:

① 单击 Comptent 图标,单击 P 按钮,从弹出的选取元件对话框中选择仿真元件。滑动电阻仿真元件选取如图 2-8 所示。

要求所选择的元件具有仿真模型。滑动电阻仿真模型如图 2-9 所示。

双击元件名,添加元件到对象选择器。

按照上述放置,添加电源仿真元件,如图 2-10 所示。

添加熔丝仿真元件,如图 2-11 所示。

此时对象选择器中将列出所有元件,如图 2-12 所示。

② 从对象选择器选择相应的元件,在原理图编辑窗口单击,此时系统处于放置模式。移动鼠标,元件将随着鼠标的移动而移动,如图 2-13 所示。

③ 在期望放置元件的位置单击放置元件,如图 2-14 所示。

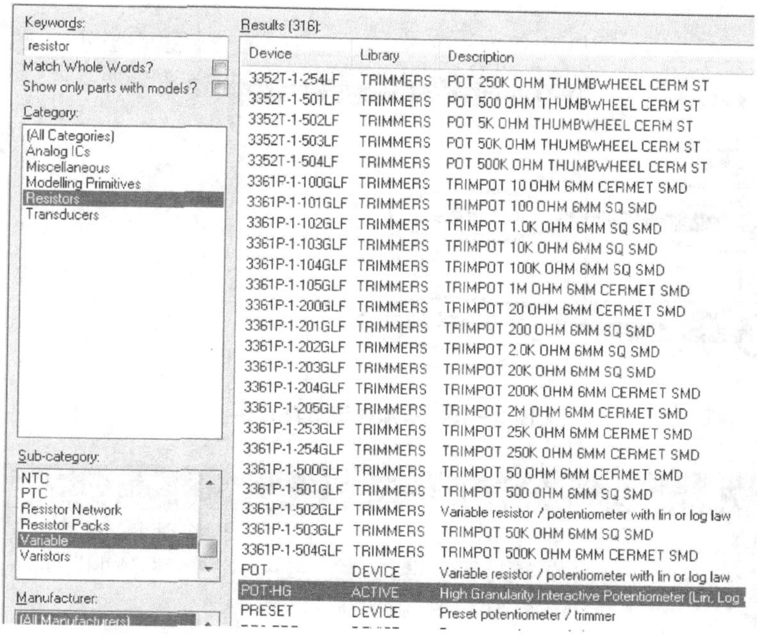

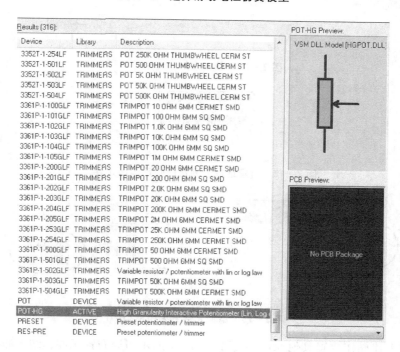

图 2－8 选择滑动电阻仿真模型

图 2－9 选取具有仿真模型的元件

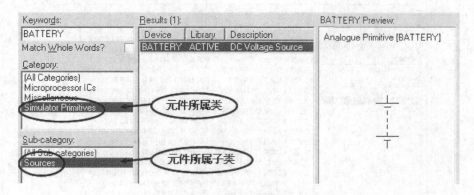

图 2 - 10　添加电源仿真元件

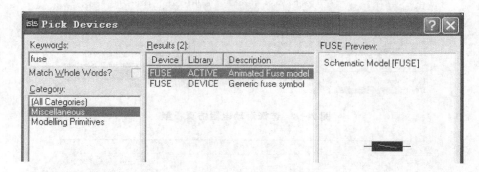

图 2 - 11　添加熔丝仿真元件

图 2 - 12　对象选择器列出所有已选择元件

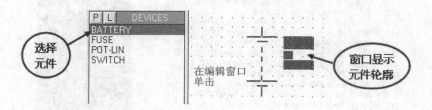

图 2 - 13　添加元件到编辑窗口

　　按照上述操作放置其他元件，并按照图 2 - 7 所示布局布置元件。结果如图 2 - 15 所示。

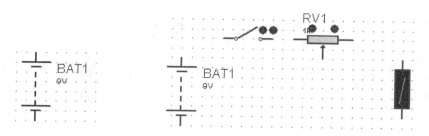

图 2 - 14　在原理图编辑窗口放置电源　　　　　**图 2 - 15　布局元件**

④ 双击电源元件,打开元件属性编辑对话框,如图 2 - 16 所示。

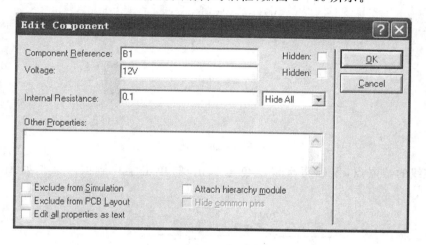

图 2 - 16　电源元件属性编辑对话框

单击 OK 按钮完成设置,结果如图 2 - 17 所示。

按上图所示设置元件属性。其他元件属性值参照电路(图 2 - 7 所示),按照上述方法进行设置。设置结果如图 2 - 18 所示。

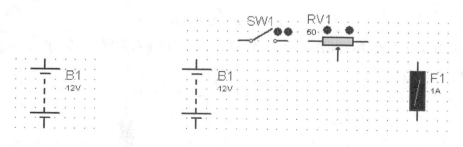

图 2 - 17　电源属性　　　　　　　**图 2 - 18　电路元件属性**

⑤ 按图 2 - 7 所示连接电路。将鼠标放置到元件连接点,鼠标将以绿色笔状出现,如图 2 - 19 所示。

基于 PROTEUS 的电路及单片机设计与仿真（第 3 版）

14

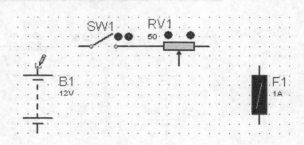

图 2 - 19   在元件连接点鼠标以绿色笔状出现

单击开始画线，如图 2 - 20 所示。

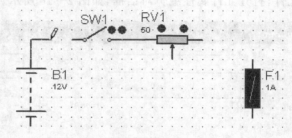

图 2 - 20   画线

在线的结束点，鼠标再次以绿色笔状出现，单击结束画线。结果如图 2 - 21 所示。

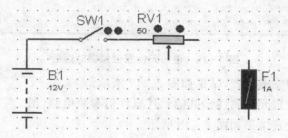

图 2 - 21   放置线结束点

按照上述方式，参照电路 2 - 7 连接电路，连接好的电路如图 2 - 22 所示。

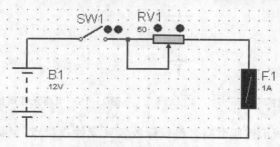

图 2 - 22   连接好的电路

⑥ 单击控制面板的"运行"按钮运行电路。电路运行结果如图 2-23 所示。

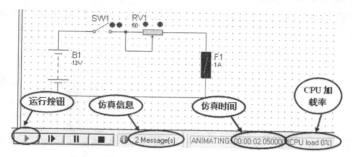

图 2-23　单击控制面板"运行"按钮运行电路

在 PROTEUS ISIS 中给出仿真信息、仿真时间及 CPU 加载率。单击仿真信息，将弹出仿真日志窗口，如图 2-24 所示。单击电路中开关的 ● 标记，闭合电路。单击滑动变阻器的 ●，减小电路中的电阻，此时电路仿真结果如图 2-25 所示。从仿真结果可知，熔丝开始变红。当继续减小电路中电阻值时，熔丝熔断。如图 2-26 所示。

图 2-24　仿真日志

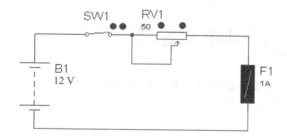

图 2-25　减小电路中的电阻时电路仿真结果

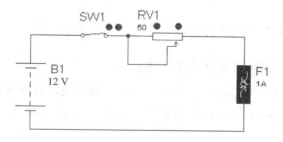

图 2-26　继续减小电路中的电阻，熔丝熔断

单击滑动变阻器的 ⊙ 此时增大电路中的电阻，电路仿真结果如图 2 - 27 所示。单击"停止"按钮结束仿真。再次单击仿真信息，弹出仿真日志如图 2 - 28 所示。

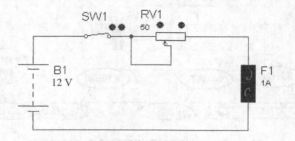

图 2 - 27　增大电路中的电阻时电路仿真结果

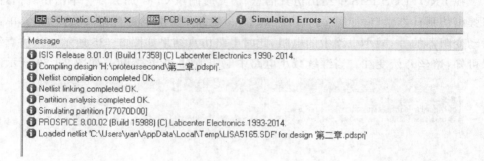

图 2 - 28　仿真结束后的仿真日志信息

2.2　交互式仿真中的电路测量

在交互式仿真中，系统提供了多种人性化测量方法：

➢ 仿真动态实时显示；

➢ 电路参数实时显示；

➢ 电压、电流探针；

➢ 虚拟仪器。

2.2.1　仿真动态实时显示

1. 仿真中实时显示元件管脚逻辑状态

在 PROTEUS ISIS 仿真中，系统可使连接到数字或混合网络的元件管脚显示一个有色的小方块，用以表示元件管脚的逻辑状态。下面以图 2 - 29 所示电路为例说明。

单击 Comptent 图标，单击 P 按钮，从弹出的选取元件对话框中选择仿真元件。

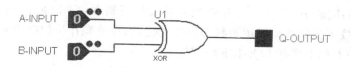

图 2 - 29　电路(实时显示元件管脚逻辑状态)

异或逻辑操作单元仿真元件选取如图 2 - 30 所示。

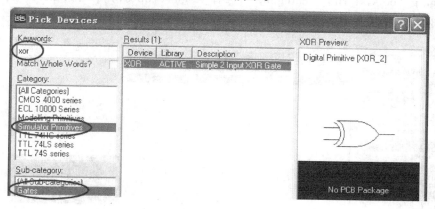

图 2 - 30　选取异或逻辑操作单元

双击 XOR 元件,将元件添加到对象选择器。

选中 Keywords 中的关键字 XOR 并删除。在 Category 中选择 Debugging Tools,在 Sub - category 中选择 Logic Stimuli,则在 Results 中列出如图 2 - 31 所示结果。

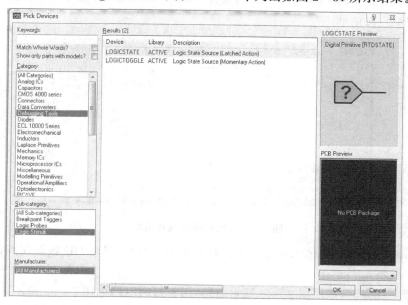

图 2 - 31　选取逻辑状态源

基于 PROTEUS 的电路及单片机设计与仿真(第 3 版)

其中 LOGICSTATE 为具有状态锁存功能的逻辑源,而 LOGICTOGGLE 为瞬态逻辑源,即按下操作按钮时逻辑状态发生变化,当释放操作按钮时逻辑状态恢复到原始状态。在本例中选择 LOGICSTATE。

双击 LOGICSTATE 元件将其放置到对象选择器中。

选取逻辑探针。逻辑探针用于测试电路中的逻辑状态。在 Category 中选择 Debugging Tools,在 Sub – category 中选择 Logic Probes,则在 Results 中列出如图 2 – 32 所示结果。

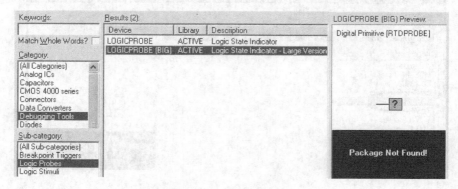

图 2 – 32　选取逻辑探针

选择其中的 LOGICPROBE(BIG)探针。并关闭选择对话框。

从对象选择器中选择元件,按照图 2 – 29 布局电路。

右击选中其中的 LOGICSTATE,选择 Edit Properties 选项,弹出如图 2 – 33 所示的元件编辑对话框。

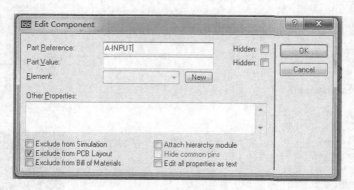

图 2 – 33　逻辑源编辑对话框

在 Component Reference 文本框中输入 A – INPUT,单击 OK 按钮完成设置,如图 2 – 34 所示。

参照上述方法,按照图 2 – 29 编辑电路,编辑好的电路如图 2 – 35 所示。

将鼠标放置到电路连接点单击,拖动鼠标,即可画线。在期望放置转折点的位置

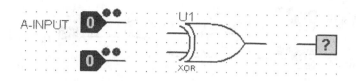

图 2 - 34　编辑逻辑源

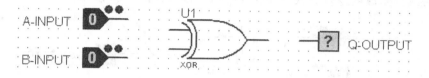

图 2 - 35　编辑好的电路

单击,即可放置转折点。在连线结束点单击,画线完成。参照上述方式,按照图 2 - 29 连接电路,连接好的电路如图 2 - 36 所示。

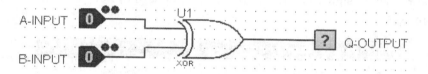

图 2 - 36　连接好的电路

选择 System→Set Animation Options 菜单项,系统弹出如图 2 - 37 所示对话框。

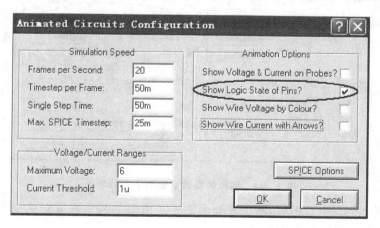

图 2 - 37　设置动态选项

选择 Show Logic State of Pins? 选项。设置完成后单击 OK 按钮,确认设置。单击控制面板中的"运行"按钮。系统仿真结果如图 2 - 38 所示。

从图中可知,电路中的逻辑状态用数字"0"和"1"表示。按动逻辑源 A - INPUT

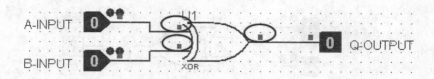

图 2-38　系统仿真结果

的操作按钮🔘，改变逻辑源状态，电路的仿真结果如图 2-39 所示。

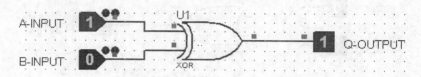

图 2-39　改变电路输入后电路的仿真结果

　　系统默认灰色方框表示"?"未知逻辑。以上 3 种系统默认的颜色可通过选择 Template→Set Design Defaults 菜单项改变。改变管脚默认显示格式对话框如图 2-40 所示。

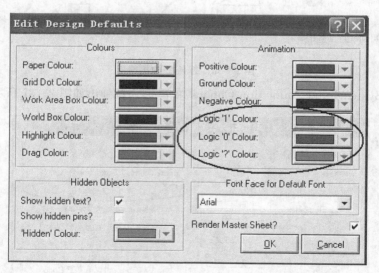

图 2-40　编辑管脚默认显示格式对话框

　　单击图 2-40 中 ▼ 图标，将出现如图 2-41 所示的颜色选取对话框。选择期望的颜色后，单击 OK 按钮，完成修改。

2. 仿真中以不同颜色实时显示电路电压

　　在 PROTEUS ISIS 仿真中，系统使用不同颜色的线表示电路中各支路的电压。下面以图 2-42 所示电路为例介绍。

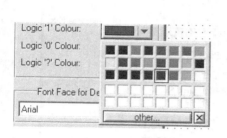

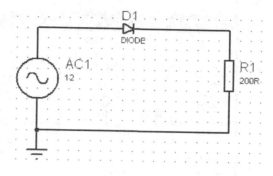

图 2 - 41　颜色选取对话框　　　　图 2 - 42　电路(实时显示电路各支路电压)

　　单击 Comptent 图标,单击 P 按钮,从弹出的选取元件对话框中选择仿真元件。二极管仿真元件选取如图 2 - 43 所示。

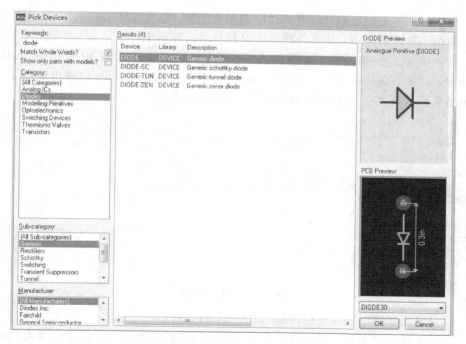

图 2 - 43　选取二极管仿真元件

　　在 Keywords 中输入 DIODE,在 Category 中选择 Diodes,在 Sub - category 中选择 Generic,则在列表框中列出所有符合筛选条件的结果。双击其中的 DIODE 元件,将元件添加到对象选择器中。

　　选中 Keywords 中的关键字 DIODE 并删除。在 Category 中选择 Simulator Primitives,在 Sub - category 中选择 Sources,则在 Results 中列出如图 2 - 44 所示结果。

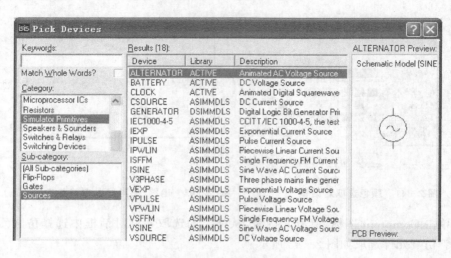

图 2 - 44　选取交流电压源

双击 ALTERNATOR 元件将其放置到对象选择器中。

选取电阻。在 Keywords 中输入 RESISTOR,在 Category 中选择 Modelling Primitives,在 Sub - category 中选择 Analog(SPICE),则在 Results 中列出如图 2 - 45 所示结果。选择其中的 RESISTOR 后关闭选择对话框。

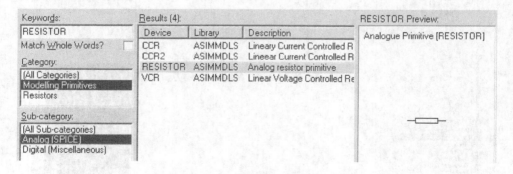

图 2 - 45　选取电阻

从对象选择器中选择元件,按照图 2 - 42 布局电路。

还需选取"地"元件。单击 Terminals Mode 图标,如图 2 - 46 所示。选取其中的 GROUND,此时在预览窗口显示"地"元件外观,如图 2 - 47 所示。在编辑窗口单击放置"地"元件。

双击其中的交流电压源,将弹出如图 2 - 48 所示的元件编辑对话框。

在 Component Reference 文本框中输入 AC1,Component Value 文本框中输入 12,设置电压幅值为 6 V,电源频率为 0.2 Hz,设置完成后单击"OK"按钮完成设置。

参照上述方法,按照图 2 - 42 编辑电路。将鼠标放置到电路连接点单击,拖动鼠标即可画线。在连线结束点单击,画线完成。

图 2 - 46　Terminal Model 图标

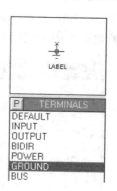

图 2 - 47　预览窗口显示"地"元件外观

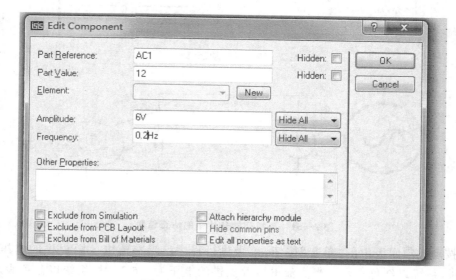

图 2 - 48　交流电压源编辑对话框

参照上述方式，按照图 2 - 42 连接电路，连接好的电路如图 2 - 49 所示。

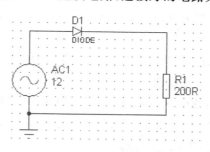

图 2 - 49　连接好的电路

选择 System→Set Animation Options 菜单项，系统弹出如图 2 - 50 所示对话

框。选择 Show Wire Voltage by Colour? 选项。设置完成后单击 OK 按钮，确认设置。单击控制面板中的"暂停"按钮。系统仿真结果如图 2-51 所示。

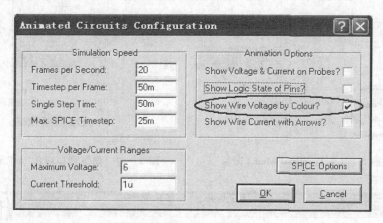

图 2-50　设置动态选项

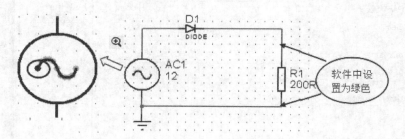

图 2-51　系统初始条件下的仿真结果

　　按动控制面板中的"单步"按钮，单步执行程序。当交流电压源提供的电压为 6 V 时，系统以红色表示。当交流电压源提供的电压为 -6 V 时，系统以蓝色表示。当系统交流电压源提供的电压为 -6～6 V 之间，系统按照从蓝到红的颜色规律渐变。

　　以上系统默认的电压颜色可通过选择 Template→Set Design Defaults 菜单项改变。改变电压默认显示格式对话框如图 2-52 所示。

　　单击图 2-52 中▼图标，将出现如图 2-53 所示的颜色选取对话框。选择期望的颜色后，单击 OK 按钮，完成修改。

　　PROTEUS ISIS 默认的电压上限为 +6 V，如图 2-54 所示。改变 Maximum Voltage 文本框中数值，单击 OK 按钮即可修改设置。

3. 仿真中以箭头显示电流方向

　　在 PROTEUS ISIS 仿真中，系统使用箭头标注电路中电流的流向。下面以图 2-55 所示电路为例说明。

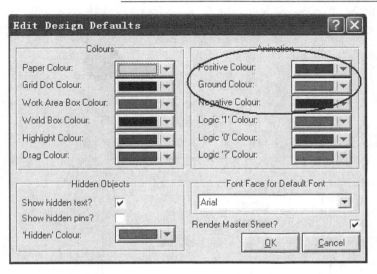

图 2-52　编辑电压默认显示格式对话框

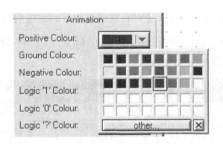

图 2-53　颜色选取对话框

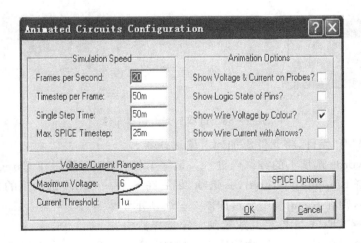

图 2-54　默认电压上下限

基于 PROTEUS 的电路及单片机设计与仿真（第 3 版）

25

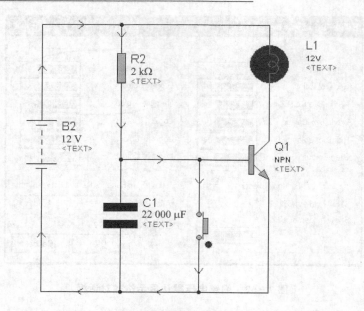

图 2 - 55　电路(实时显示电路中的电流流向)

　　单击 Comptent 图标，单击 P 按钮，从弹出的选取元件对话框中选择仿真元件。日光灯仿真元件选取如图 2 - 56 所示。

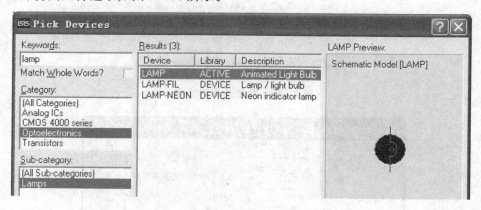

图 2 - 56　选取日光灯仿真元件

　　双击 LAMP 元件，将元件添加到对象选择器。

　　在 Keywords 选项下的方框内输入关键字 BATTERY，然后在 Category 选项下的方框中选择 Simulator Primitives 选项，最后在 Sub-category 选项下的方框中选择 Sources 选项，则在 Results 中显示如图 2 - 57 所示结果。

　　双击 BATTERY 元件将其放置到对象选择器中。

　　选取电容。在 Keywords 中输入 CAPACITOR，在 Category 中选择 Capacitors，在 Sub - category 中选择 Animated，则在 Results 中列出如图 2 - 58 所示结果。

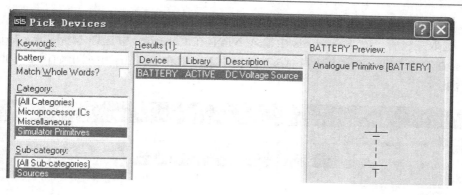

图 2 - 57　选取仿真电源

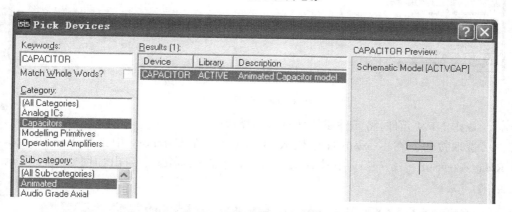

图 2 - 58　选取电容

双击 CAPACITOR 元件将其放置到对象选择器中。

选取电阻。在 Keywords 中输入 RESISTOR,在 Category 中选择 Modelling Primitives,在 Sub - category 中选择 Analog(SPICE),则在 Results 中列出如图 2 - 59 所示结果。

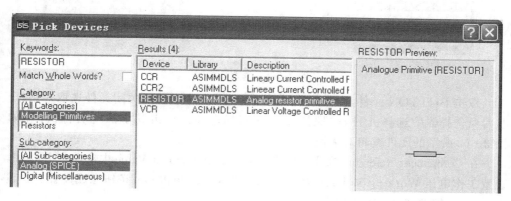

图 2 - 59　选取电阻

双击其中的 RESISTOR 元件，将其放置到对象选择器中。

选取三极管。在 Keywords 中输入 NPN，在 Category 中选择 Modelling Primi-
tives，在 Sub - category 中选择 Analog(SPICE)，则在 Results 中列出如图 2 - 60 所
示结果。

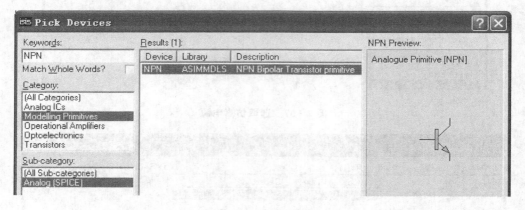

图 2 - 60　选取三极管

双击 NPN 元件，将元件添加到对象选择器中。

选取按钮。在 Keywords 中输入 BUTTON，在 Category 中选择 Switches &
Relays，在 Sub - category 中选择 Switches，则在 Results 中列出如图 2 - 61 所示
结果。

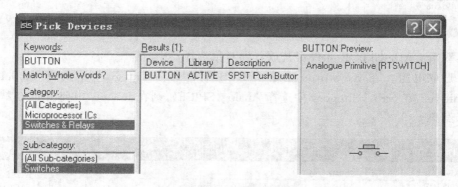

图 2 - 61　选取按钮

双击 BUTTON 元件，将元件添加到对象选择器中。然后关闭元件选取对话框。
从对象选择器中选择元件，按照图 2 - 55 布局电路。双击其中的电容，将弹出如
图 2 - 62 所示的元件编辑对话框。

在 Component Reference 文本框中输入 C1，在 Component Value 中输入 22 000 μF，
设置工作电压 Working Voltage 为 1.5 V，设置完成后单击 OK 按钮完成设置。参照
上述方法，按照图 2 - 55 编辑电路。

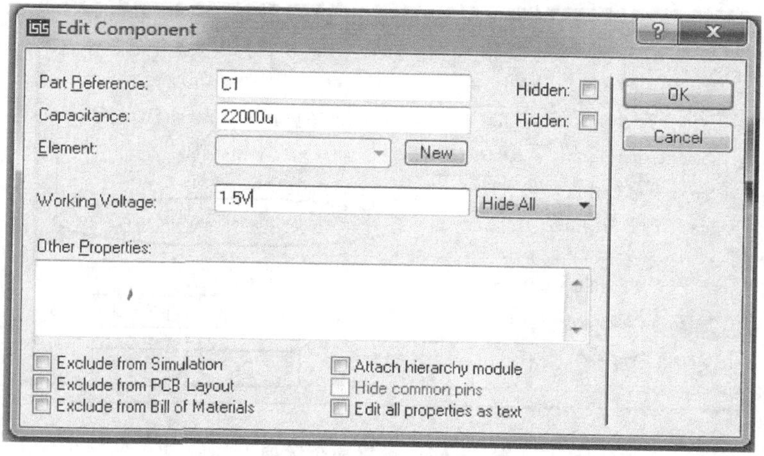

图 2 - 62　电容编辑对话框

　　将鼠标放置到电路连接点单击，拖动鼠标，即可画线。在连线结束点单击，画线完成。

　　参照上述方式，按照图 2 - 55 连接电路，连接好的电路如图 2 - 63 所示。选择 System→Set Animation Options 菜单项，系统弹出如图 2 - 64 所示对话框。选择 Show Wire Current with Arrows? 选项。设置完成后单击 OK 按钮，确认设置。单击控制面板中的"暂停"按钮。系统仿真结果如图 2 - 65 所示。

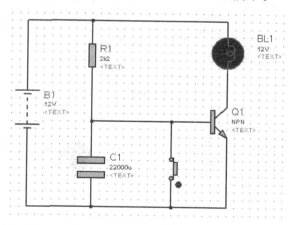

图 2 - 63　连接好的电路

　　从图 2 - 65 中可知，此时日光灯两端的电压未达到日光灯的工作电压，因此此条支路无电流流过。单击控制面板"单步"运行按钮，可查看到电容两端在不断积累电压。当电容电压积累到一定程度，三极管 NPN 开始导通，日光灯点亮。如图 2 - 66 所示。此时电流流经日光灯及三极管。按动电路中的开关按钮，闭合回路，电容被短路，三极管截止，日光灯熄灭，此时电流流经按钮后回到电源负端。

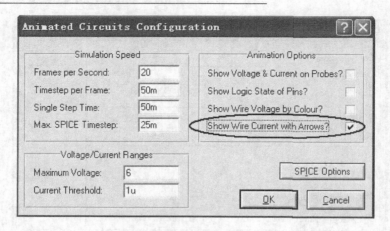

图 2 - 64　设置动态选项

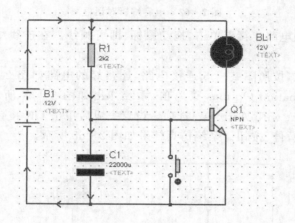

图 2 - 65　系统初始仿真结果

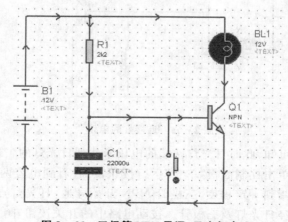

图 2 - 66　三极管 NPN 导通，日光灯点亮

2.2.2　电路参数实时显示

PROTEUS ISIS 中的交互式仿真中，暂停仿真后可查看元件参数信息，如节点电压或(和)管脚逻辑状态，有些元件也可显示相对电压和耗散功率。下面以图 2 - 67 所示电路为例说明。

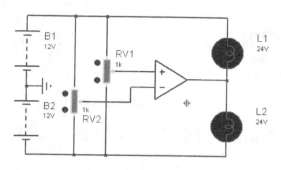

图 2 - 67　电路(实时显示电路元件参数)

单击 Comptent 图标，单击 P 按钮，从弹出的选取元件对话框中选择仿真元件。日光灯仿真元件选取如图 2 - 68 所示。

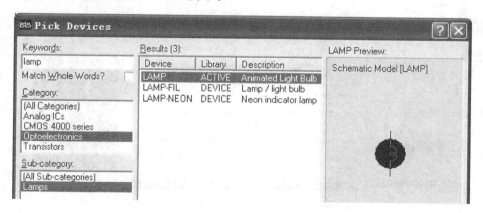

图 2 - 68　选取日光灯仿真元件

双击 LAMP 元件，将元件添加到对象选择器。

在 Keywords 中输入关键字 BATTERY，在 Category 中选择 Simulator Primitives，在 Sub - category 中选择 Sources，则在 Results 中列出如图 2 - 69 所示结果。

双击 BATTERY 元件将其放置到对象选择器中。

选取滑动变阻器。选中 Keywords 中的 Battery 并删除，在 Category 中选择 Resistors，在 Sub - category 中选择 Variable，则在 Results 中列出如图 2 - 70 所示结果。

双击其中的线性变化电阻 POT - LIN 元件，将其放置到对象选择器中。

选取运算放大器。在 Keywords 中输入 OPAMP，在 Category 中选择 Opera-

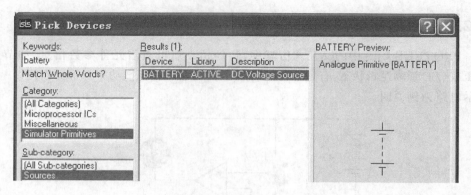

图 2 - 69　选取仿真电源

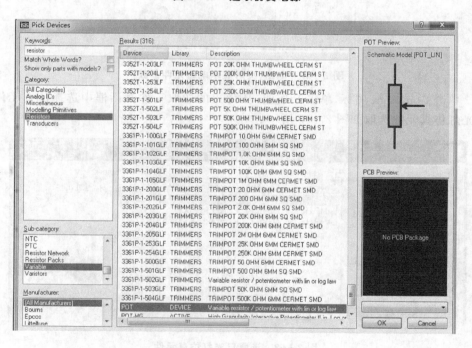

图 2 - 70　选取滑动变阻器

tional Amplifiers，在 Sub - category 中选择 Ideal，则在 Results 中列出如图 2 - 71 所示结果。

　　双击 OPAMP 元件，将元件添加到对象选择器中。

　　从对象选择器中选择元件，按照图 2 - 67 布局电路。

　　还需选择"地"元件。单击 Terminals Mode 图标，在对象选择器中选取其中的 GROUND 并使用旋转按钮调整元件方向。在编辑窗口中单击放置"地"元件。

　　双击其中的运算放大器，将弹出如图 2 - 72 所示的元件编辑对话框。

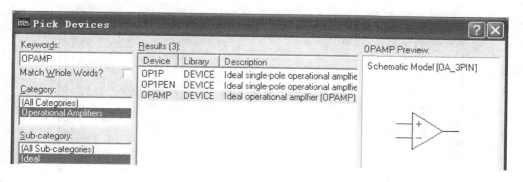

图 2 - 71　选取运算放大器

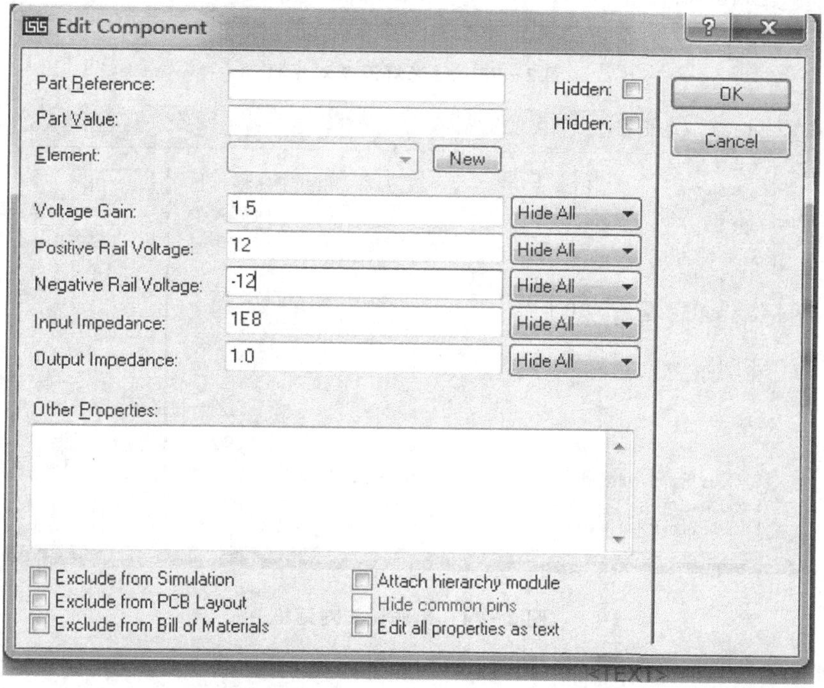

图 2 - 72　运算放大器编辑对话框

设置电压增益 Voltage Gain 为 1.5 V,工作电压为±12 V,设置完成后单击 OK 按钮完成设置。

参照上述方法,按照图 2 - 67 编辑电路。其中日光灯的设置如图 2 - 73 所示。

电源设置对话框如图 2 - 74 所示。

将鼠标放置到电路连接点单击,拖动鼠标,即可画线。在连线结束点单击,画线完成。参照上述方式,按照图 2 - 67 连接电路,连接好的电路如图 2 - 75 所示。

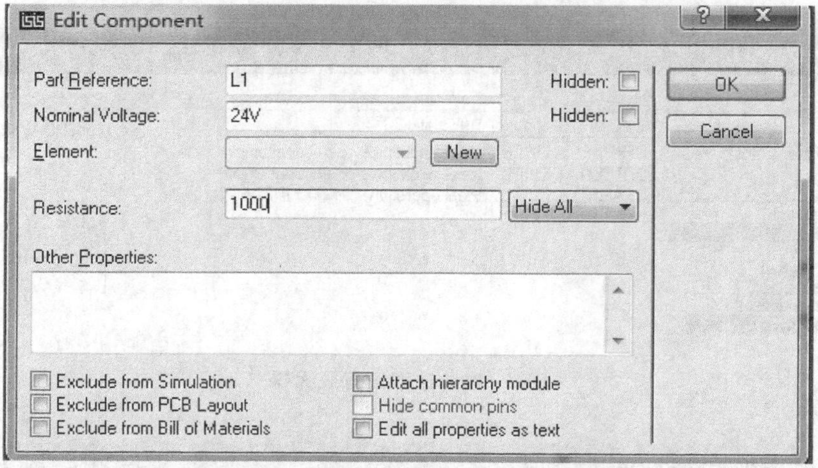

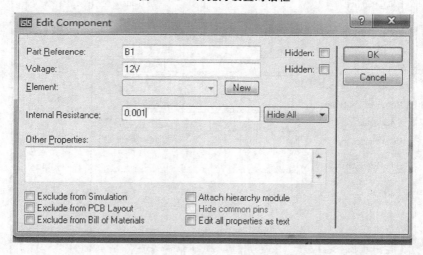

图 2 - 73　日光灯设置对话框

图 2 - 74　电源设置对话框

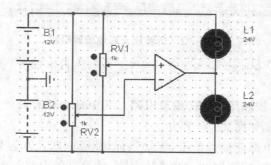

图 2 - 75　连接好的电路

单击控制面板中的"暂停"按钮。系统仿真结果如图 2 - 76 所示。从图中可知，此时日光灯 L1 及 L2 均点亮。单击 Virtual Instruments 图标，如图 2 - 77 所示。

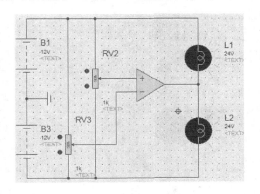

图 2 - 76　系统初始仿真结果　　　　**图 2 - 77　单击 Virtual Instruments 图标**

单击日光灯 L1，PROTEUS ISIS 将显示 L1 灯的相关参数信息，如图 2 - 78 所示。

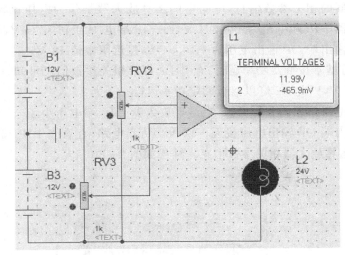

图 2 - 78　L1 灯相关参数信息

从图中信息可知，L1 灯端点电压分别为 +11.99 V 与 -465.9 mV。

单击运算放大器，系统弹出运算放大器的相关参数信息。如图 2 - 79 所示。从图中信息可知，此时运算放大器 +IP、-IP 引脚电压差为 0，OP 引脚输出电压为 -465.9 mV，因此电路中 L1、L2 灯均点亮。

单击 RV2 的操作按钮 增大运算放大器 +IP 输入电压，然后单击控制面板中的"单步"按钮，此时电路的仿真结果是 L1 灯熄灭，而 L2 灯仍然处于点亮状态。查看 L1 灯的相关参数信息，L1 为两端电压差为 1.46 V，远小于额定电压无法使灯丝

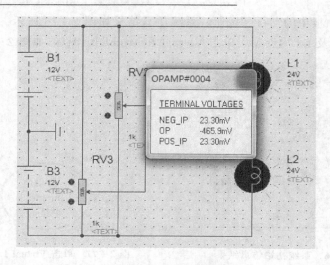

图 2 - 79　运算放大器相关参数信息

正常工作，因此 L1 等熄灭。即此时电压比较器输出端 OP 输出电压值发生了改变。查看运算放大器的相关参数信息，电路中的运算放大器是作为电压比较器使用的。此时运算放大器＋IP 端电压为＋7.694 V，而－IP 端电压为 46.67 mV，接近于 0，因此运算放大器输出端 OP 输出电压为＋10.54 V，接近限幅值 12 V。

此时 L2 灯基本按额定功率运行，查看 L2 灯的相关参数信息可知，L2 灯两端的电压差接近 24 V，因此 L2 灯以接近额定功率运行。

通过上述电路信息的分析可知，当运算放大器＋IP 端电压小于－IP 端电压时，运算放大器输出端 OP 输出电压接近－12 V。仿真电路，查看当＋IP 端电压小于－IP 端电压时，运算放大器相关参数信息。结果如图 2 - 80 所示。

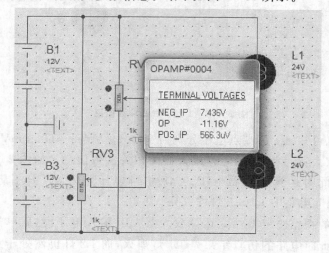

图 2 - 80　＋IP 端电压小于－IP 端电压时运算放大器相关参数信息

在此状态下，L1 灯应点亮，而 L2 灯将熄灭。且 L1 灯将以接近额定功率运行，仿真结果如图 2-81 所示。

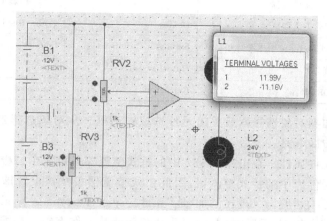

图 2-81　＋IP 端电压小于－IP 端电压时电路仿真结果及 L1 灯相关参数信息

2.2.3　电压探针与电流探针

探针用于记录所连接网络的状态。ISIS 系统提供了两种探针：电压探针和电流探针。

> 电压探针（Voltage probes）——即可在模拟仿真中使用，也可在数字仿真中使用。在模拟电路中记录真实的电压值，而在数字电路中，记录逻辑电平及其强度。

> 电流探针（Current probes）—— 仅可在模拟电路中使用，并可显示电流方向。

下面以图 2-82 所示电路为例说明电压探针与电流探针的功能及使用方法。

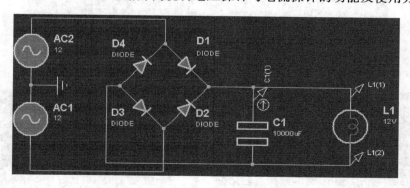

图 2-82　电路（电压探针、电流探针的使用）

单击 Comptent 图标，单击 P 按钮，从弹出的选取元件对话框中选择仿真元件。仿真元件清单如表 2-1 所列。

表2-1 元件清单（电压探针、电流探针使用）

元件名称	所属类	所属子类
BRIDGE(桥式整流器)	Diodes	Bridge Rectifiers
ALTERNATOR(交流电压源)	Simulator Primitives	Sources
LAMP(日光灯)	Optoelectronics	Lamps
CAPACITOR(电容)	Capacitors	Animated

将元件添加到对象选择器后关闭元件选取对话框。从对象选择器中选择元件，按照图2-82布局电路。

编辑电路元件属性。在电路2-82中的桥式整流器是由4个二极管组成。在本例中直接调用元件库中的桥式整流器，因此桥式整流器按默认设置即可。其他元件的编辑参照图2-82编辑。现在添加"地"元件。单击 Terminals Mode 图标，在对象选择器中选取其中的 GROUND 并使用旋转按钮调整元件方向。在编辑窗口单击放置"地"元件。参照图2-82连接电路，连接好的电路如图2-83所示。

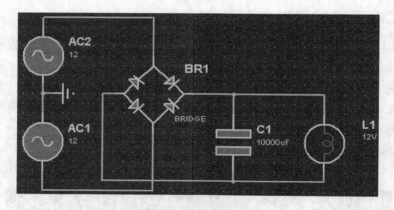

图2-83 连接好的电路

单击控制面板中的"运行"按钮。系统仿真结果如图2-84所示。

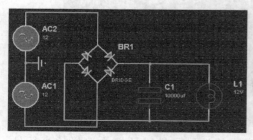 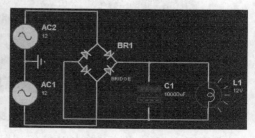

(a) 交流电压源提供电压为0⁺V时的系统仿真结果　　(b) 交流电压源提供电压为+6 V时的系统仿真结果

图2-84 系统仿真结果

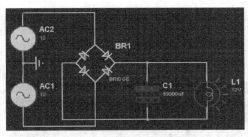
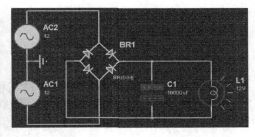

(c) 交流电压源提供电压为0⁻V时的系统仿真结果　　(d) 交流电压源提供电压为−6 V时的系统仿真结果

图 2 − 84　系统仿真结果(续)

从仿真图中可知,当交流电压源的电压经历 0^+ V→+6 V→0^- V→−6 V 过程时,L1 灯的亮度由暗到强,又由强变暗,最后由暗变强,而电容也经历了充电→放电→充电的过程。可以使用电流探针及电压探针定量观测这一过程。

单击工具箱中的 Probe Mode 图标,将在浏览窗口中显示电压探针的外观,如图 2 − 85 所示。

使用旋转或镜像按钮调整探针的方向后,在编辑窗口期望放置探针的位置单击,电压探针被放置到原理图中,如图 2 − 86 所示。

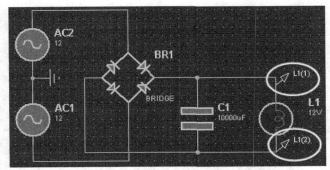

图 2 − 85　电压探针选取　　　　**图 2 − 86　添加电压探针**

图中电压探针被连接到电路中,它以其最接近的元件引脚名称作为标识。

在电路中放置电流探针。单击工具箱中的 Current probe 图标,将在浏览窗口显示电流探针的外观,如图 2 − 87 所示。

电流探针有方向性,探针的方向为小圆圈里的箭头方向。在编辑窗口期望放置探针的位置单击,电流探针被放置到原理图中,如图 2 − 88 所示。

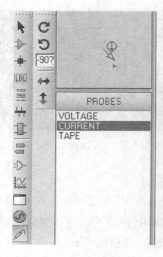

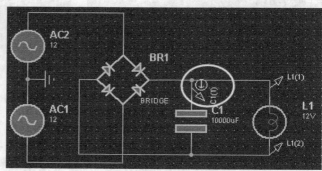

图 2 - 87 电流探针选取　　　　　　**图 2 - 88 放置电流探针**

在放置电流探针时须考虑回路中电流的流向。电流探针指示的电流方向可以和实际电流方向相同或相反，但不可以和实际电流方向垂直。使用旋转按钮或镜像按钮调整电流指针。

按照交流电压源的电压变化过程：0^+ V $\rightarrow +6$ V $\rightarrow 0^-$ V $\rightarrow -6$ V，仿真电路。仿真结果如图 2-89 所示。

电路中的电压探针、电流探针为用户定量分析电路提供帮助。

注：

➢ 当探针未被连接到任何已存在的导线上时，它默认名称为（'？'），说明此时其

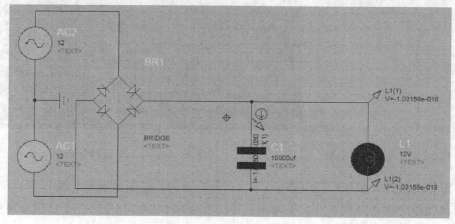

(a) 交流电压源提供电压为 0^+ V时的电容电流及日光灯电压

图 2 - 89　仿真中的电容与日光灯

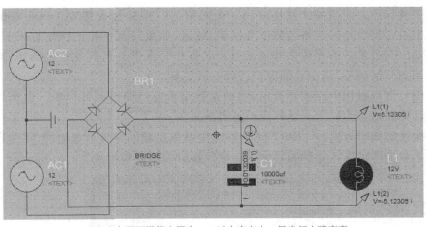

(b) 交流电压源提供电压为+6 V时电容充电，日光灯由暗变亮

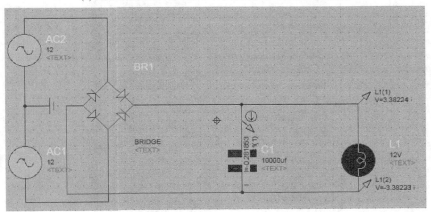

(c) 交流电压源提供电压为+6 V→0⁻V时电容放电，日光灯由亮变暗

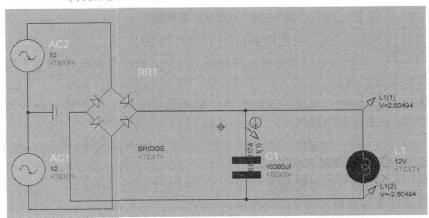

(d) 交流电压源提供电压为0⁻V→−6 V时，电容放电，日光灯由暗变亮

图 2−89　仿真中的电容与日光灯（续）

未被标注。而当探针被连接到一个网络（如：探针被直接置于已存在的导线上），它将以这一网络名称作为标识，或者，如果其所连接的网络也未被标注，则以其最接近的元件参考号或引脚名称作为标识。当其连线被断开，或被拖动到其他网络，则探针的标识将随时被更新。

➤ 用户也可根据电路设计要求，使用探针编辑窗口编辑探针标识。编辑后的探针标识将作为以永久性标识而不再被更新。

➤ 探针的编辑方式与 PROTEUS ISIS 中其他对象的编辑方式相同，在选定探针上双击即可进入探针编辑窗口。电压探针编辑窗口如图 2 - 90 所示。

图 2 - 90　电压探针编辑窗口

在 Edit Voltage Probe 对话框中包含以下设计项目：

➤ LOAD to Ground：负载接地。当测量点与地之间没有直流（DC）通道时，需设置负载电阻值。

➤ Record Filename：记录波形到文件。电压探针可以将数据记录到文件，用以在 Tape 发生器中播放。

➤ Real Time Breakpoint：实时断点。Disable，实时断点使能；Digital，数字实时断点；Analog，模拟实时断点。

➤ Isolate after：与后级隔离。

电流探针编辑窗口如图 2 - 91 所示。

在 Edit Current Probe 对话框中包含以下设计项目：

➤ Record To File：记录波形文件。电流探针可以将数据记录到文件，用以在 Tape 发生器中播放。

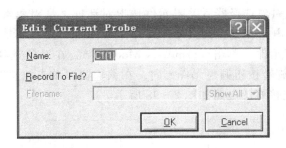

图 2 - 91　电流探针编辑窗口

2.2.4　虚拟仪器

　　PROTEUS ISIS 提供了一系列虚拟仪器用于电路的交互式仿真。下面以图 2 - 92 所示电路为例说明 PROTEUS ISIS 中虚拟仪器的使用。

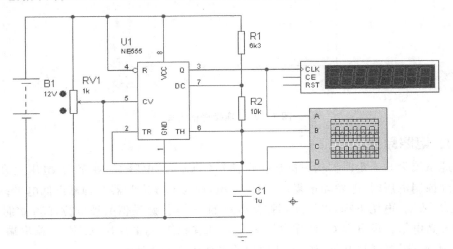

图 2 - 92　电路(虚拟仪器的使用)

　　单击 Comptent 图标,单击 P 按钮,从弹出的选取元件对话框中选择仿真元件。仿真元件清单如表 2 - 2 所列。

表 2 - 2　元件清单(虚拟仪器使用)

元件名称	所属类	所属子类
555(555 定时器)	Analog ICs	Timers
BATTERY(电池)	Simulator Primitives	Sources
RESISTOR(电阻)	Modelling Primitives	Analog(SPICE)
CAP(电容)	Capacitors	Generic
POT - HG	Resistors	Variable

将元件添加到对象选择器后关闭元件选取对话框。从对象选择器中选择元件,按照图 2-92 布局电路。编辑电路元件属性,参照图 2-92 编辑。

现在添加"地"元件。单击 Terminals Mode 图标,在对象选择器中选取其中的 GROUND 并使用旋转按钮调整元件方向。在编辑窗口单击放置"地"元件。参照图 2-92 连接电路,连接好的电路如图 2-93 所示。

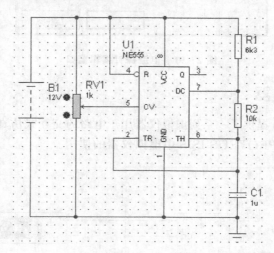

图 2-93　连接好的电路

1. 电路原理

此系统为 555 定时器构成的压控振荡器(VCO)。电容 C_1 被充电,电压上升,当上升到控制电压时,触发器被复位,同时放电,此时 555 定时器 3 脚输出低电平;此后电容 C_1 放电,电压下降,当下降到控制电压的一半时,触发器又被置位,555 定时器 3 脚输出高电平。设电容 C_1 两端电压为 u_c,控制端 CV 的电压用 u_{cv} 表示,输出端电压用 u_o 表示,则控制端电压与输出波形的关系如图 2-94 所示。

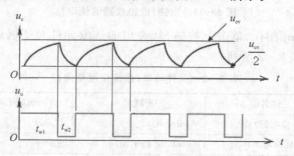

图 2-94　控制电压与输出波形的关系

其中高电平持续时间为 $t_{w1} = (R_1 + R_2)C_1 \ln \dfrac{V_{cc} - u_{cv}/2}{V_{cc} - u_{cv}}$,低电平持续时间为 $t_{w2} =$

$0.7R_2C_1$，系统输出波形周期为 $T=t_{w1}+t_{w2}$。

2. 理论计算

本电路中，当 RV1 处于中间位置，即提供的控制电压为 6 V 时，此时输出端高电平持续时间为 $t_{w1}=(6\ 300+10\ 000)\times 1\times 10^{-6}\times \ln\dfrac{12-6/2}{12-6}=6.6$ ms，低电平持续时间 $t_{w2}=0.7\times 10\ 000\times 1\times 10^{-6}=7$ ms，系统输出波形周期为 $T=6.6+7=13.6$ ms，则系统输出波形频率为 73.5 Hz。

因为需要查看电路中的节点及输出波形，因此需要在电路中连接虚拟示波器。单击 Virtual Instrument 图标，在对象选择器中列出所有虚拟仪器，选中 OSCILLO-SCOPE(示波器)，将在预览窗口显示虚拟示波器的外观，如图 2-95 所示。

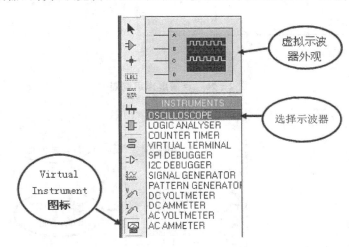

图 2-95　选取虚拟示波器

在编辑窗口单击放置虚拟示波器。并将示波器的 A 端与 555 定时器的输出引脚 3 相连，B 端与 555 定时器的引脚 6 相连，C 端与 555 定时器的电压控制端(引脚5)相连。结果如图 2-96 所示。

同时期望测量电路输出波形的频率，因此单击 Virtual Instrument 图标，在对象选择器中列出的虚拟仪器中选中 COUNTER TIMER(虚拟定时/计数器)，将在预览窗口显示虚拟定时/计数器的外观，如图 2-97 所示。

在编辑窗口单击放置虚拟定时/计数器，并将虚拟定时/计数器的 CLK 端与 555 定时器的输出引脚 3 相连。结果如图 2-98 所示。

单击控制面板中的"运行"按钮，系统开始仿真。系统将弹出如图 2-99 所示的示波器窗口。

虚拟示波器与真实的示波器相同。其中：

① Trigger：示波器触发信号设置，用于设置示波器触发信号的触发方式；

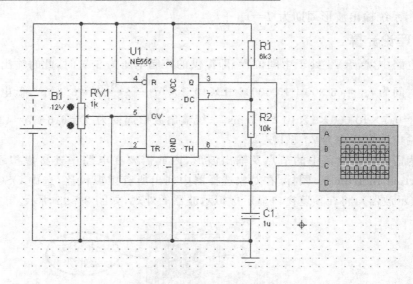

图 2 - 96　连接虚拟示波器

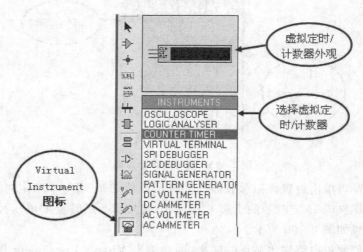

图 2 - 97　选取虚拟定时/计数器

Level ：触发电平，用于调节电平。

选择开关 ：触发电平类型。

触发方式 ：触发电平的触发方式。

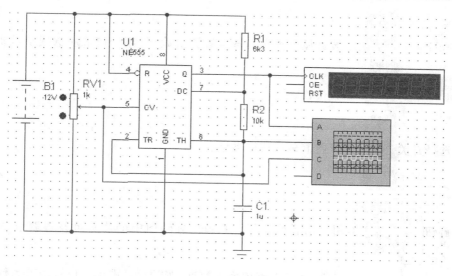

图 2 - 98　连接虚拟定时/计数器

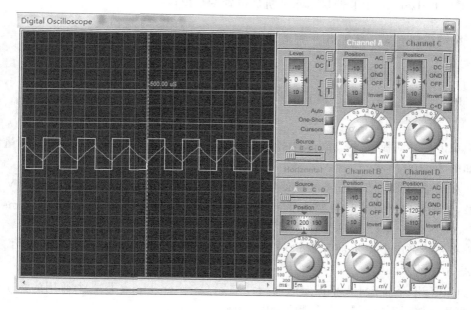

图 2 - 99　系统仿真结果(示波器窗口)

Auto:自动设置触发方式。

One - shot:单击触发。

Cursors:选择指针模式。

② Channel A、B、C 及 D:分别表示通道 A、B、C 及 D;

Position　：示波器显示垂直机械位置调节旋钮，用于调节所选通道波形的

垂直位置。

选择开关　：选择通道显示波形类型。

旋钮　：用于调节垂直刻度系数。旋转图中的箭头可设置调节系统；

另外，在文本框中输入数据，按"回车"键也可设置调节系数。

③ Horizontal：示波器显示水平机械位置调节窗口；

滑动拨钮　：用于调节波形的触发点位置。

旋钮　：用于调节水平比例尺因子。

单击控制面板"暂停"按钮，选择虚拟示波器"指针"模式，在测量点单击，测量结果如图 2-100 所示。

从图中的测量结果可知，当控制端信号为 6.15 V，输出端输出幅值为 +12 V 的方波，其中高电平持续时间为：6.75 ms－0 ms＝6.75 ms，低电平持续 13.50 ms－6.75 ms＝6.75 ms。与理论计算结果相近。

在系统弹出虚拟示波器窗口的同时，系统还弹出虚拟定时/计数器的窗口，如图 2-101 所示。

PROTEUS VSM 提供的定时器与计数器 Counter Timer 是一个通用的数字仪器，可用于测量时间间隔、信号频率和脉冲数。

定时计数器支持以下操作模式：

➤ 计时器方式（显示秒），分辨率为 1 μs。

➤ 计时器方式（显示小时，分，秒），分辨率为 1 ms。

➤ 频率计方式，分辨率为 1 Hz。

➤ 计数器方式，最大计数值为 99 999 999。

在这一弹出式窗口中，手动选择 RESET POLARITY：复位电平极性；GATE

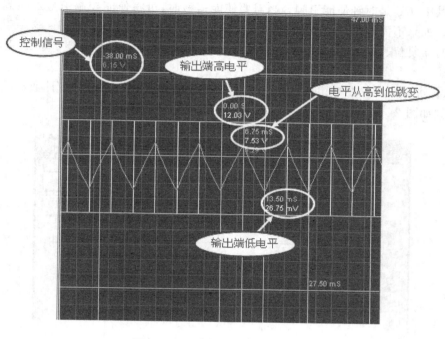

图 2 - 100　虚拟示波器测量波形

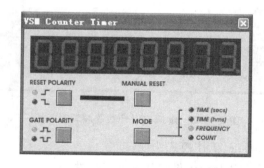

图 2 - 101　虚拟定时/计数器窗口

POLARITY：门信号极性；MANUAL RESET：手动复位；MODE：工作模式。

（1）使用定时计数器测量时间间隔

① 虚拟定时计数器如图 2 - 102 所示。

图 2 - 102　虚拟时间间隔计数测量器

其中,CE 是时钟使能引脚。当需要使能信号时,可将使能控制信号连接到这一引脚。如果不需要时钟使能,可以将这一引脚悬空。RST 是复位引脚。这一引脚可使计时器复位、归零。如果不需要复位功能,也可以将这一引脚悬空。CLK 是时钟引脚。

② 将鼠标放置在 Counter Timer 之上,右击虚拟仪器,打开定时/计数器编辑对话框。如图 2 - 103 所示。

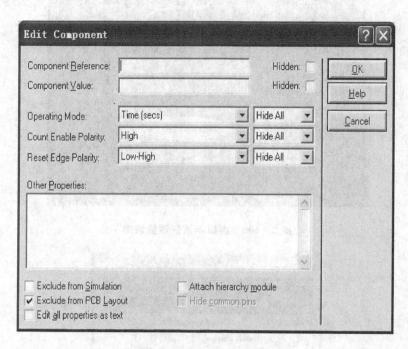

图 2 - 103　虚拟定时计数器编辑对话框

其中,Operation Mode:工作模式选项;

　　　　Count Enable Polarity:设置计数使能极性;

　　　　Reset Edge Polarity:复位信号边沿极性。

③ 根据电路要求,选择需要的计时模式(secs 或 hms),及 CE 和 RST 功能的逻辑极性。

④ 退出编辑窗口,运行仿真。

复位引脚(RST pin)为边沿触发方式,而不是电平触发方式。如果想要使定时计数器保持为零,可同时使用 CE 和 RST 引脚。

定时计数器的弹出式窗口提供了 manual reset(手动复位)按钮。这一按钮可在仿真的任何时间复位计数器。这一功能在嵌入式系统中非常有用。使用这一功能,可以仿真程序的特定部分。

（2）使用定时计数器测量数字信号的频率

① 添加虚拟定时计数器。

② 将待测信号连接到 CLK（时钟引脚）pin。在测量频率模式下，CE 和 RST 引脚无效。

③ 将鼠标放置在 Counter Timer 上，双击打开编辑对话框，选择频率计方式。

④ 退出编辑对话框，运行仿真。

频率计的工作原理是：在仿真期间计数每秒钟信号上升沿的数量，因此要求输入信号稳定，并且在完整的 1 s 内有效。如果仿真不是在实时速率下进行（例如 CPU 超负荷运行），则频率计将在相对较长的时间内实时输出频率值。

定时计数器为纯数字器件。对于低电平模拟信号的频率测量，需要将待测信号通过 ADC 器件及其他逻辑开关，然后送入到定时计数器 CLK 引脚。同时，由于模拟仿真比数字仿真的速率低 1 000 倍，因而定时计数器不适合测量频率高于 10 kHz 的模拟振荡电路的频率。在这种状况下，用户可以使用虚拟示波器（或图表）来测量信号周期。

（3）使用定时计数器计数数字脉冲

① 添加虚拟定时计数器。

CE（时钟使能引脚）：当需要使能信号时，可将使能控制信号连接到这一引脚。如果不需要时钟使能，可以将这一引脚悬空。

RST（复位引脚）：这一引脚可使计时器复位、归零。如果不需要复位功能，也可以将这一引脚悬空。

② 将鼠标放置在 Counter Timer 上，双击打开编辑对话框进行设置。

③ 选择需要的计数模式（secs 或 hms），及 CE 和 RST 功能的逻辑极性。

④退出编辑窗口，运行仿真。

当 CE 有效时，在信号的上升沿开始计数。

复位引脚（RST pin）为边沿触发方式，而不是电平触发方式。如果想要使定时计数器保持为零，可同时使用 CE 和 RST 引脚。

定时计数器的弹出式窗口提供了 manual reset（手动复位）按钮。这一按钮可在仿真的任何时间复位计数器。

从仿真结果可知，此时系统的输出波形频率 73 Hz，与理论计算结果相同。

当增大 555 定时器控制端的电压时，此时系统的输出波形如图 2-104 所示。从图中可知输出信号的占空比发生了变化。此时系统输出信号频率如图 2-105 所示。

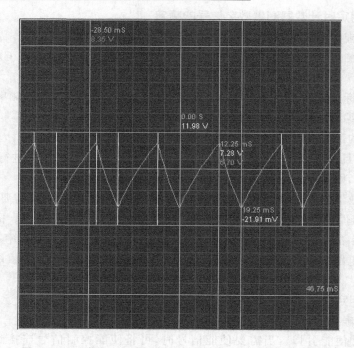

图 2 - 104　增大 555 定时器控制端的电压后系统的输出波形

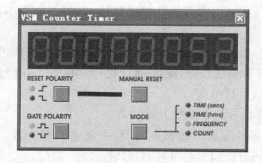

图 2 - 105　增大 555 定时器控制端的电压后系统的输出波形频率

2.3　基于图表的仿真

　　图表分析可以得到整个电路的分析结果，并且可以直观地对仿真结果进行分析。同时，图表分析能够在仿真过程中放大一些特别的部分，进行一些细节上的分析。另外，图表分析也是唯一一种能够实现在实时中难以做出的分析，例如交流小信号分析，噪声分析和参数扫描。

　　图表在仿真中是一个最重要的部分。它不仅是结果的显示媒介并且定义了仿真类型。通过放置一个或若干个图表，用户可以观测到各种数据（数字逻辑输出、电压、阻抗等），即通过放置不同的图表来显示电路在各方面的特性。下面以图 2－106 所示电路为例说明基于图表的仿真过程。

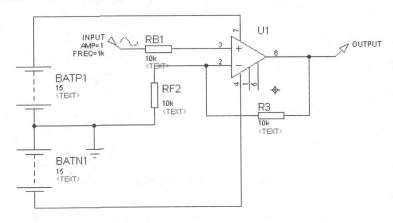

图 2－106　电路（基于图表的仿真）

2.3.1　基于图表的电路仿真——电路输入

单击 Comptent 图标，单击 P 按钮，从弹出的选取元件对话框中选择仿真元件。仿真元件清单如表 2－3 所列。

表 2－3　元件清单（基于图表的仿真）

元件名称	所属类	所属子类
741（运算放大器）	Operational Amplifiers	Single
BATTERY（电池）	Simulator Primitives	Sources
RESISTOR（电阻）	Modelling Primitives	Analog(SPICE)

将元件添加到对象选择器后关闭元件选取对话框。

从对象选择器中选择元件，按照图 2－106 布局电路。编辑电路元件属性，编辑好的电路如图 2－107 所示。

添加"地"元件。选中 Terminals Mode 图标，在对象选择器中选取其中的 GROUND 并使用旋转按钮调整元件方向。在编辑窗口单击放置"地"元件。参照图 2－106 连接电路，连接好的电路如图 2－108 所示。

图 2－108 所示电路为同相比例运算电路。电路引入了电压串联负反馈，故可以认为输入电阻为无穷大，输出电阻为零。即此电路具有高输入电阻、低输出电阻的优点。电路输入（u_i）与输出（u_o）的关系为 $u_o = \left(1 + \dfrac{R_3}{R_{F2}}\right) u_i$。从这一关系可知 u_o 与 u_i 同相且 u_o 大于 u_i。

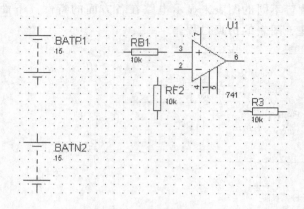

图 2 - 107　编辑好的电路

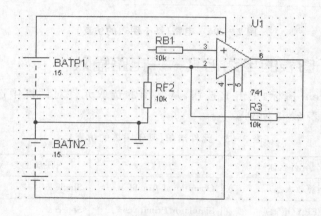

图 2 - 108　连接好的电路

本电路中 $u_\text{o} = \left(1 + \dfrac{10}{10}\right)u_\text{i} = 2u_\text{i}$。

2.3.2　基于图表的电路仿真——放置信号发生器

通过对电路的分析可知，该电路对输入信号有同相放大作用。因此在电路的输入端添加正弦波仿真输入源。单击 Generator 图表 ，系统在对象选择窗口列出各种信号源，选中 SINE 信号源，则在浏览窗口显示正弦波发生器的外观，如图 2 - 109 所示。

在编辑窗口单击，在期望的位置放置正弦波发生器，如图 2 - 110 所示。

连接发生器后，双击发生器，将弹出正弦波发生器编辑窗口，如图 2 - 111 所示。

按图 2 - 111 所示编辑发生器后，选中 Manual Edits？复选框将弹出如图 2 - 112 所示的对话框。

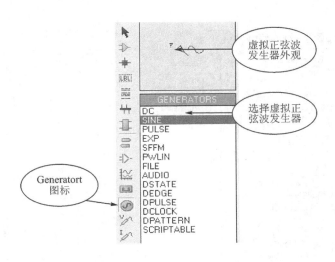

图 2 - 109　选择 SINE 信号源

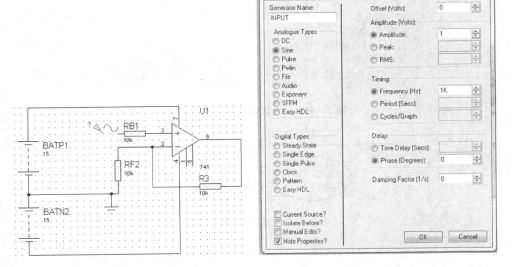

图 2 - 110　放置正弦波发生器　　　　**图 2 - 111　正弦波发生器编辑窗口**

　　按照图 2 - 112 所示格式编辑发生器(删除 AMP＝1 及 FREQ＝1k 的大括号,即将 AMP＝1 及 FREQ＝1k 变为编辑窗口的可视属性项),单击 OK 按钮,完成编辑,结果如图 2 - 113 所示。

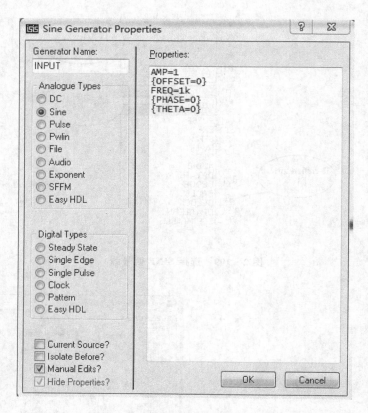

图 2 - 112　手动编辑发生器对话框

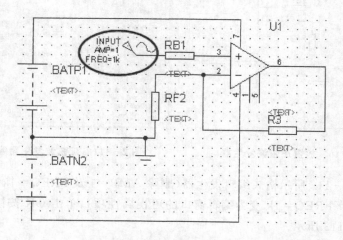

图 2 - 113　发生器设置完成电路

2.3.3　基于图表的电路仿真——放置仿真探针

基于图表的电路仿真是用探针记录电路的波形,最后显示在图表中。因此需在电路的期望观测点放置探针。

图 2－106 所示电路为同相比例运算电路,电路将输入信号进行同相放大。输入信号为电压信号,因此输出信号也应为电压信号,故需在电路的输出端放置电压探针。单击工具箱中的 Voltage probe 图标,将在浏览窗口显示电压探针的外观,如图 2－114 所示。

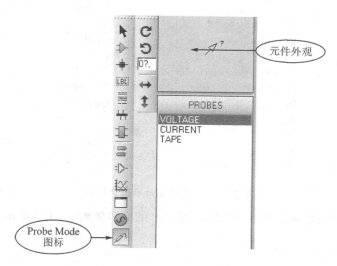

图 2－114　电压探针选取

使用旋转或镜像按钮调整探针的方向后,在编辑窗口期望放置探针的位置单击,电压探针被放置到原理图中,如图 2－115 所示。

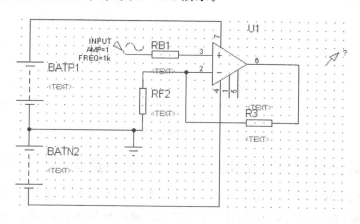

图 2－115　添加电压探针

将电压探针连接到电路中，双击电压探针，弹出电压探针编辑对话框，如图 2-116 所示。

图 2-116　电压探针编辑对话框

按图 2-116 所示编辑电压探针。编辑好的电路如图 2-117 所示。

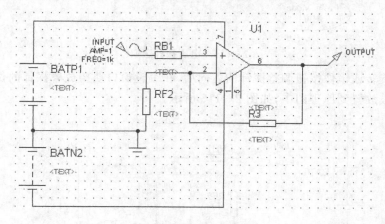

图 2-117　编辑好的电路

2.3.4　基于图表的电路仿真——放置仿真图表

图表在仿真中是结果的显示媒介，并且定义了仿真类型。通过图表用户可以观测到各种数据（数字逻辑输出、电压、阻抗等），即通过放置不同的图表来显示电路在各方面的特性。

本例中期望通过图表显示输入电压波形与输出电压波形之间的关系,因此需要放置一个模拟图表。

注释:模拟分析图表用于绘制一条或多条电压或电流随时间变化的曲线。

单击工具箱中的 Simulation Graph 图标,在对象选择器中将出现各种仿真分析所需的图表(例如:模拟,数字,噪声,混合,AC 变换等)。选择 ANALOGUE 仿真图表,如图 2-118 所示。

在编辑窗口期望放置图表的位置单击,并拖动鼠标,此时将出现一个矩形图表轮廓,如图 2-119 所示。在期望的结束点单击,放置图表,如图 2-120 所示。

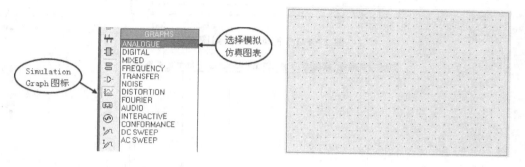

图 2-118　选取模拟仿真图表　　　　　图 2-119　放置图表

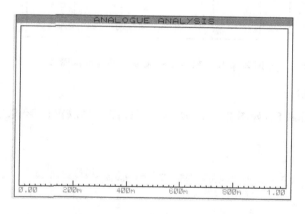

图 2-120　图　表

2.3.5　基于图表的电路仿真——设置仿真图表

仿真图表用于绘制设置时间内电压探针或电流探针及各种发生器随时间变化其变量发生变化的过程。因此需要在仿真图表中添加待仿真探针及发生器。选中电路中的发生器 INPUT,按下左键拖动其到图表中,如图 2-121 所示。松开左键即可放置正弦波发生器到图表中,如图 2-122 所示。从图中可知,探针放置在距离其最近的图表竖轴旁,其标识也放置在与其距离最近的图表竖轴旁。

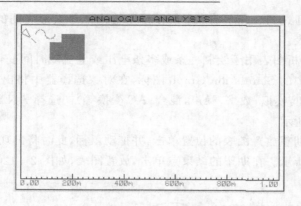

图 2 - 121　拖动发生器到图表

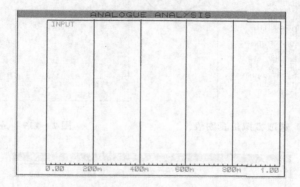

图 2 - 122　放置正弦波发生器到模拟图表

1. 放置探针

单击图表的标题栏,如图 2 - 123 所示。模拟图表将以窗口形式出现,如图 2 - 124 所示。

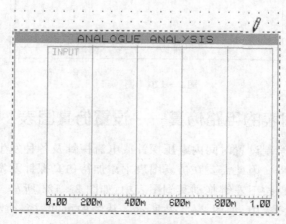

图 2 - 123　单击图表标题栏

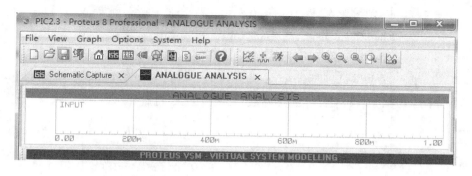

图 2 - 124　以窗口形式出现的模拟图表

选择 Graph→Add Trace 菜单顶,将弹出如图 2 - 125 所示的对话框。

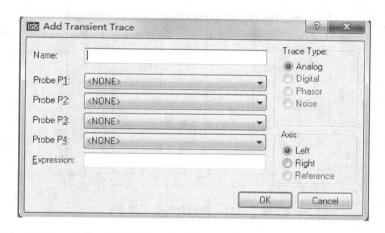

图 2 - 125　添加瞬态曲线对话框

对话框说明如下:

➢ Name:曲线名称。Probe P1:探针 1;Probe P2:探针 2。

➢ Expression:曲线显示表达式。

➢ Trace Type:曲线类型。Analog:模拟;Digital:数字;Phasor:相位;Noise:噪声。

➢ Axis:放置轴。Left:左侧轴;Right:右侧轴;Reference:参考轴。

单击 Probe P1 的下拉式按钮,在出现的选项中选择 OUTPUT 探针,如图 2 - 126 所示。

其他选项采用默认设置,单击 OK 按钮,完成设置。此时模拟图表如图 2 - 127 所示。

2. 设置仿真时间

双击模拟图表,将弹出如图 2 - 128 所示的模拟图表编辑对话框。

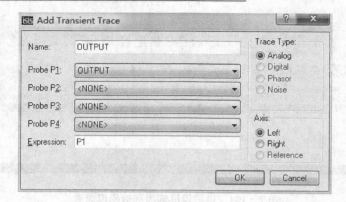

图 2 – 126　添加 OUTPUT 探针

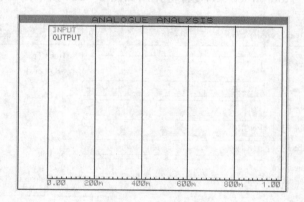

图 2 – 127　编辑好的模拟图表

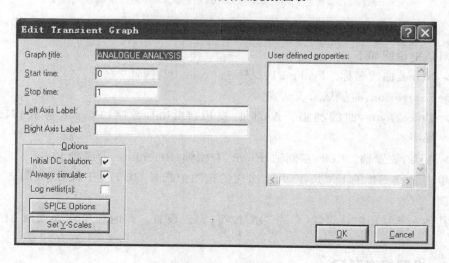

图 2 – 128　模拟图表编辑对话框

对话框中包含如下设置内容：

➤ Graph title：图表标题。

➤ Start time：仿真起始时间。

➤ Stop time：仿真终止时间。

➤ Left Axis Label：左边坐标轴标签。

➤ Right Axis Label：右边坐标轴标签。

本电路中输入信号的频率为 1 kHz，只需观测电路在 1 ms 内信号的输入与输出的对应关系即可。因此电路的设置如图 2－129 所示。

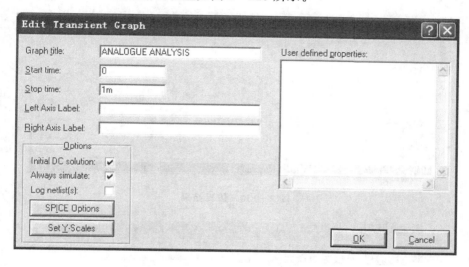

图 2－129 模拟图表的设置

编辑完成，单击 OK 按钮完成设置。

2.3.6 基于图表的电路仿真——电路输出波形仿真

选择 Graph→Simulate 菜单项，系统启动图表仿真（或鼠标放置到模拟图标中，单击 Space 按钮），仿真结果如图 2－130 所示。

从系统的仿真结果可知，输出信号与输入信号为同相位、同频率信号。

单击模拟图表的表头，使模拟图表以窗口形式出现。在图表中输入信号的峰值点并单击，将出现粉色测量指针，如图 2－131 所示。

从图中的测量结果可知，输入信号在 0.25 ms 处的电压值为 998 mV。

按下 Ctrl 键，在图表中输出信号的峰值点单击，将出现一个蓝色的测量指针，如图 2－132 所示。

从图中的测量结果可知，输出信号在 0.25 ms 处的电压值为 2.00 V。系统的输出结果与理论计算结果相符。

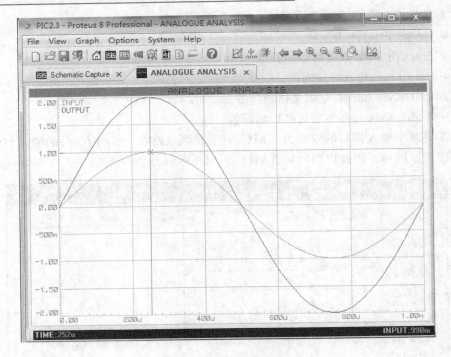

图 2 - 130　仿真结果

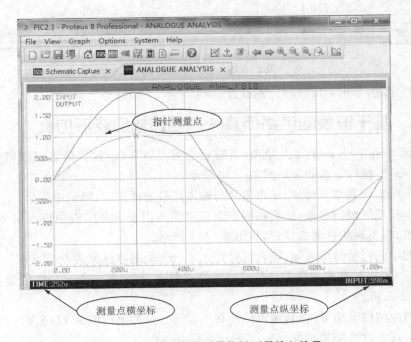

图 2 - 131　模拟图表测量指针测量输入信号

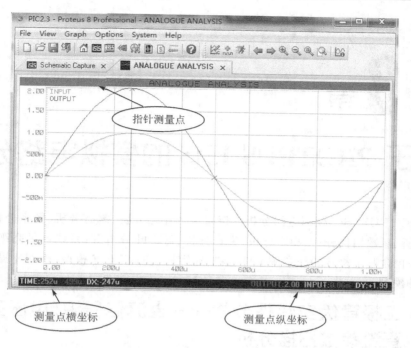

图 2 - 132   模拟图表测量指针测量输出信号

第 3 章

基于 PROTEUS ISIS 的模拟电路分析

PROTEUS ISIS 模拟电路分析支持直流工作点分析、瞬态分析、频率分析、转移特性分析、参数扫描分析、噪声分析、失真分析、傅里叶分析等；系统提供高级信号发生器，并包含基于符号的任意源文件；直接兼容厂商的 SPICE 模型；模型库提供超过8 000 种模型。

3.1 二极管伏安特性分析——直流信号源(电压型)与直流参数扫描分析

注释：二极管伏安特性

与 PN 结一样，二极管具有单向导电性。当正向电压足够大时，二极管的正向电流才从零开始随端电压按指数规律增大。使二极管开始导通的临界电压称为开启电压 U_{on}。不同材料的小功率二极管开启电压、正向导通电压范围不同，如表 3-1 所列。

表 3-1　不同材料的二极管开启电压与正向导通电压范围

材　料	开启电压 U_{on}/V	导通电压 U/V
硅(Si)	≈0.5	0.6～0.8
锗(Ge)	≈0.1	0.1～0.3

3.1.1　二极管伏安特性测量电路

单击 Component 图标，单击 P 按钮，从弹出的选取元件对话框中选择二极管仿真元件。仿真元件信息如表 3-2 所列。

表 3-2　仿真元件信息(二极管伏安特性分析)

元件名称	所属类	所属子类
DIODE(二极管)	Diodes	Generic

将二极管添加到对象选择器后关闭元件选取对话框。

选中对象选择器中的二极管,在编辑窗口单击鼠标放置二极管。

在电路中添加直流仿真输入源。单击 Generator Mode 图表,系统在对象选择窗口列出各种信号源,选中 DC 信号源,则在浏览窗口显示直流发生器的外观,如图 3-1 所示。

在编辑窗口单击,放置直流信号源,并将直流信号源与二极管的阳极相连,如图 3-2 所示。

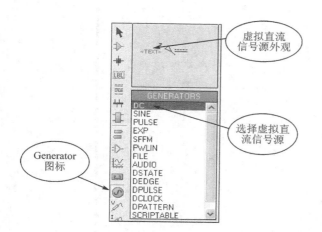

图 3-1　选择 SINE 信号源　　　　　　图 3-2　连接信号源与二极管阳极

选中 Terminals Mode 图标,在对象选择器中选取其中的 GROUND 并使用旋转按钮调整元件方向,如图 3-3 所示。

在编辑窗口单击放置"地"元件。并将二极管的阴极与"地"相连。如图 3-4 所示。

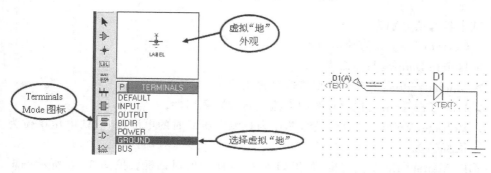

图 3-3　选取"地"元件　　　　　　　图 3-4　连接二极管阴极与"地"

3.1.2 直流信号源编辑

双击直流信号源，将弹出如图 3-5 所示的直流信号源编辑对话框。

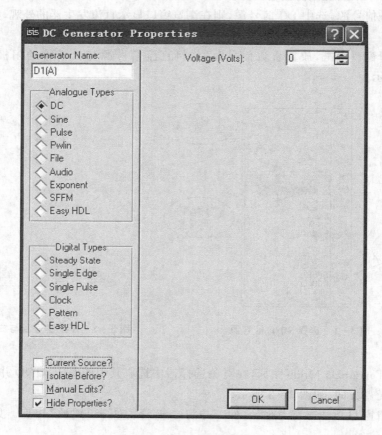

图 3-5 直流信号源编辑窗口

其中各选项分别为：

> Current Source：直流电流源。

> Isolate Before：与前级隔离。

> Manual Edits：手动编辑直流信号源属性。

> Hide Properties：在原理图中直流信号源隐藏属性。

> Voltage(Volts)：当直流信号源作为直流电压源时的电压值，默认电压单位为伏特(V)。

选中 Manual Edits 复选框，弹出如图 3-6 所示的对话框。按图 3-6 所示编辑信号源，编辑好的二极管伏安特性测量电路如图 3-7 所示。

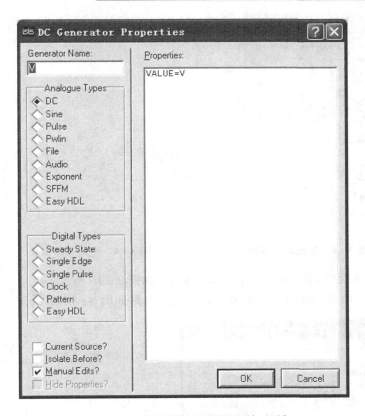

图 3-6　手动编辑直流信号源属性对话框

图 3-7　二极管伏安特性测量电路

3.1.3　探针及直流分析图表编辑

1. 放置测量探针

单击工具箱中的 Current probe 图标，将在浏览窗口显示电流探针的外观，如图 3-8 所示。

使用旋转或镜像按钮调整探针的方向后，在编辑窗口期望放置探针的位置单击，电流探针被放置到电路图中，如图 3-9 所示。

图 3-8　电流探针选取

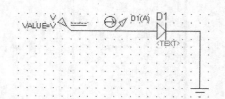

图 3-9　添加电流探针

双击电流探针，弹出电流探针编辑对话框，如图 3-10 所示。

按图 3-10 所示编辑电流探针。编辑后的电路如图 3-11 所示。

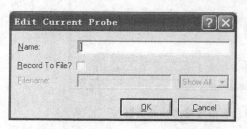

图 3-10　电流探针编辑对话框

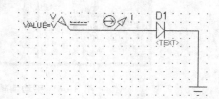

图 3-11　编辑电路中的探针

2. 放置直流扫描分析图表

注释：直流分析图表。

直流扫描分析可以观察电路元件参数值在使用者定义范围内发生变化时对电路工作状态（电压或电流）的影响（如观察电阻值、晶体管放大倍数、电路工作温度等参数变化对电路工作状态的影响），也可以通过扫描激励元件参数值测量元件直流传输特性。

PROTEUS ISIS 系统为模拟电路分析提供了直流扫描图表，使用该图表，可以显示随扫描变化的定态电压或电流值。

单击工具箱中的 Simulation Graph 图标，在对象选择器中将出现各种仿真分析所需的图表（如：模拟，数字，噪声，混合，AC 变换等）。选择 DC SWEEP 仿真图表，如图 3-12 所示。

在编辑窗口期望放置图表的位置单击，并拖动鼠标，此时将出现一个矩形图表轮廓。在期望的结束点单击，放置图表，如图 3-13 所示。

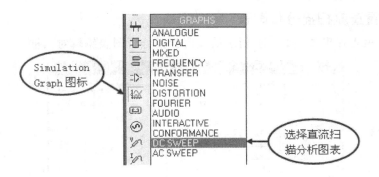

图 3 - 12　选取直流扫描分析图表

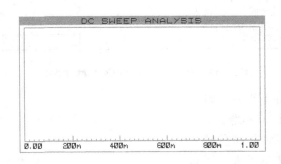

图 3 - 13　直流扫描分析图表

　　仿真图表用于绘制设置时间内电压探针或电流探针及各种发生器随时间变化其变量发生变化的过程。因此需要在仿真图表中添加待仿真探针及发生器。选择 Graph→Add Trace 菜单项，将弹出如图 3 - 14 所示的对话框。

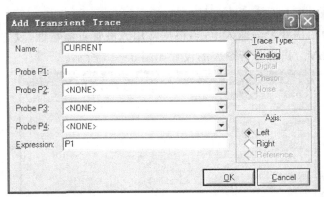

图 3 - 14　添加瞬态曲线对话框

　　按照图 3 - 14 所示编辑添加瞬态曲线对话框，编辑完成后单击 OK 按钮，此时电流探针被添加到直流扫描分析图表中。

3. 设置直流扫描分析图表

双击图表将弹出如图 3－15 所示的直流扫描分析图表编辑对话框。

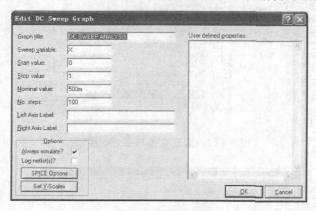

图 3－15　直流扫描分析图表编辑对话框

对话框中包含如下设置内容：

➢ Graph title：图表标题。

➢ Sweep variable：扫描变量。

➢ Start value：扫描变量起始值。

➢ Stop value：扫描变量终止值。

➢ Nominal value：标称值。

➢ No. steps：步幅数。

➢ Left Axis Label：左边坐标轴标签。

➢ Right Axis Label：右边坐标轴标签。

在本电路中扫描变量为输入电压；根据常用二极管直流特性，设置扫描变量范围为－800～800 mV。扫描分析图表的设置如图 3－16 所示。

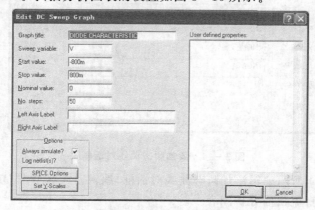

图 3－16　直流扫描分析图表的设置

编辑完成,单击 OK 按钮完成设置。

3.1.4　二极管伏安特性分析

选择 Graph→Simulate 菜单项(快捷键:空格),开始仿真。电路仿真结果如图 3-17 所示。

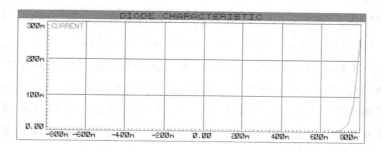

图 3-17　直流扫描分析仿真结果图

单击图表表头,图表将以窗口形式出现。在窗口单击放置测量探针,测量曲线上各点对应的电压值与电流值,如图 3-18 所示。

图 3-18　测量伏安特性曲线中各点对应的电压值与电流值

3.2　晶体管输出特性分析——直流信号源（电流型）与转移特性分析

注释：双极型 NPN 晶体管输出特性。

NPN 型硅管有 3 个引出电极，分别为基极 b、发射极 e 和集电极 c。基极电流 I_B 为一常量时，集电极电流 i_C 与管压降 u_{CE} 之间的函数关系为：$i_C = f(u_{CE})\Big|_{I_B=常数}$。

对于每一个确定的 I_B，都有一条曲线，所以晶体管的输出特性曲线是一族曲线。对于某一条曲线，当 u_{CE} 从零逐渐增大时，集电结电场随之增强，收集基区非平衡少子的能力逐渐增强，因而 i_C 也就逐渐增大；而当 u_{CE} 增大到一定数值时，集电结电场足以将基区非平衡少子的绝大部分收集到集电区来，u_{CE} 再增大，收集能力已不能明显提高，即 i_C 几乎仅仅决定于 I_B。

从输出特性曲线可以看出，晶体管有 3 个工作区域：

➢ 截止区：此时晶体管集电极电流 $i_C \approx 0$；

➢ 放大区：此时晶体管集电极电流 $i_C = \beta I_B$，其中 β 为共射直流电流系数；

➢ 饱和区：此时晶体管集电极电流 i_C 不仅与 I_B 有关，而且明显随 u_{CE} 增大而增大，$i_C < \beta I_B$。

BC108 为低噪声 NPN 晶体管，常用于音频放大器，其共射直流电流系数 $\beta = 120$。

3.2.1　晶体管输出特性测量电路

单击 Component 图标，单击 P 按钮，从弹出的选取元件对话框中选择晶体管仿真元件。仿真元件信息如表 3-3 所列。

表 3-3　仿真元件信息（晶体管输出特性分析）

元件名称	所属类	所属子类
BC108	Transistors	Bipolar

将晶体管添加到对象选择器后关闭元件选取对话框。

选中对象选择器中的晶体管，在编辑窗口单击放置晶体管。

在电路中添加直流仿真输入源。单击 Generator 图表，系统在对象选择窗口列出各种信号源，选中直流（DC）信号源，并在编辑窗口单击，放置直流信号源。将直流信号源与晶体管的集电极相连，如图 3-19 所示。

再次在编辑窗口放置 DC 信号源，并将直流信号源与晶体管基极相连，如图 3-20 所示。

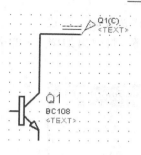

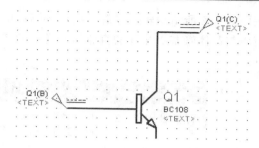

图 3－19　连接直流信号源与
晶体管的集电极

图 3－20　连接直流信号源与
晶体管基极

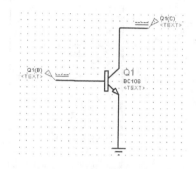

选中 Terminals Mode 图标，在对象选择器中选取其中的 GROUND，然后在编辑窗口单击放置"地"元件。将晶体管的发射极与"地"相连。此时晶体管输出特性测量电路输入完成，如图 3－21 所示。

3.2.2　直流信号源编辑

双击与晶体管集电极相连的直流信号源，将弹出如图 3－22 所示的直流信号源编辑对话框。

图 3－21　晶体管输出特性测量电路

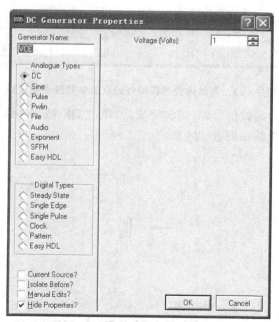

图 3－22　与晶体管集电极相连的直流信号源编辑窗口

按图 3 - 22 所示编辑信号源，编辑完成后，单击 OK 按钮确认设置。

编辑与晶体管基极相连的直流信号源。双击信号源，将弹出如图 3 - 23 所示的对话框。

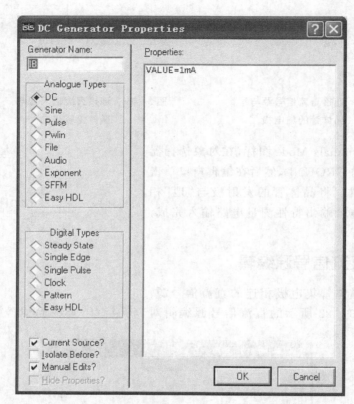

图 3 - 23　与晶体管基极相连的直流信号源编辑窗口

按图 3 - 23 所示编辑信号源，编辑完成后，单击 OK 按钮确认设置。编辑好的晶体管输出特性测量电路如图 3 - 24 所示。

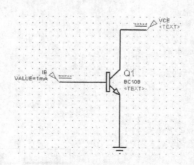

图 3 - 24　晶体管输出特性测量电路（编辑后）

3.2.3　探针及直流分析图表编辑

1. 放置测量探针

单击工具箱中的 Current probe 图标，使用旋转或镜像按钮调整探针的方向后，在编辑窗口期望放置探针的位置单击，电流探针被放置到电路图中，如图 3 - 25 所示。双击电流探针，弹出电流探针编辑对话框，如图 3 - 26 所示。按图 3 - 26 所示编辑电流探针，编辑后的电路如图 3 - 27 所示。

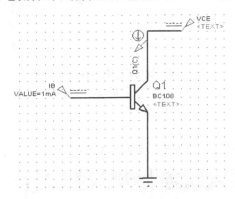

图 3 - 25　添加电流探针

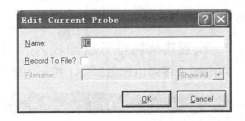

图 3 - 26　电流探针编辑对话框

2. 放置转移特性分析图表

注释：转移特性分析图表。

转移特性分析是一种非线性分析。用于分析在给定激励信号的情况下电路的时域响应。

单击工具箱中的 Simulation Graph 图标，在对象选择器中选择 TRANSFER 仿真图表。在编辑窗口期望放置图表的位置单击，并拖动鼠标，在期望的结束点单击，放置图表，如图 3 - 28 所示。放置电流探针。选中电路中的 IC 电流探针，按下左键

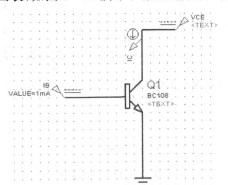

图 3 - 27　编辑电路中的探针

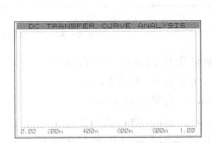

图 3 - 28　转移特性分析图表

拖动其到图表中,如图 3 – 29 所示。松开左键即可放置 IC 电流探针到图表中,如图 3 – 30 所示。

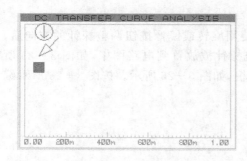 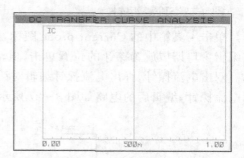

图 3 – 29 拖动 IC 电流探针到图表   图 3 – 30 放置 IC 电流探针到转移
特性分析图表

3. 设置转移特性分析图表

双击图表将弹出如图 3 – 31 所示的转移特性分析图表编辑对话框。

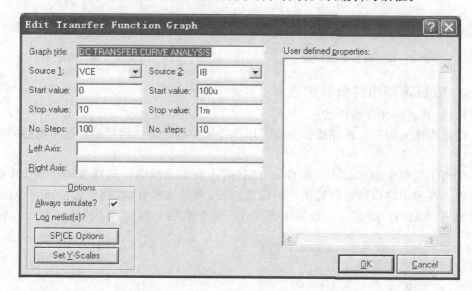

图 3 – 31 转移特性分析图表编辑对话框

对话框中包含如下设置内容:

Graph title:图表标题。

Source1:横轴仿真源。   Source2:激励源。

Start value:横轴仿真源仿真起始值。   Start value:激励源仿真起始值。

Stop value:横轴仿真源仿真终止值。   Stop value:激励源仿真终止值。

No. Steps:步幅数。　　　　　　　　　No. steps:步幅数。
Left Axis:左边坐标轴标签。
Right Axis:右边坐标轴标签。

按照图 3-31 所示设置转移特性分析图表。编辑完成后,单击 OK 按钮完成设置。

3.2.4　晶体管输出特性分析

选择 Graph→Simulate 菜单项(快捷键:空格),开始仿真。电路仿真结果如图 3-32 所示。

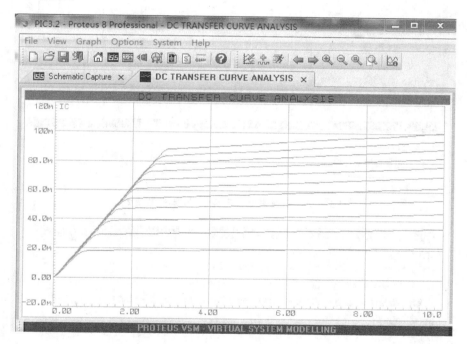

图 3-32　转移特性分析仿真结果图

单击图表表头,图表将以窗口形式出现。在窗口单击放置测量探针,测量曲线上各点对应的集电极电流 i_C 与基极电流 I_B。如图 3-33 所示。

$\beta = \dfrac{i_C}{I_B} = \dfrac{82.9\ \text{mA}}{820\ \mu\text{A}} = 100$,测得在上述测量点的直流电流增益为 100。改变测量点,如图 3-34 所示,此时器件的直流电流增益 $\beta = \dfrac{i_C}{I_B} = \dfrac{83.9\ \text{mA}}{820\ \mu\text{A}} = 100$。即器件在放大区的直流电流增益几乎与晶体管两端的电压值无关,体现了基极电流对集电极电流的控制作用。

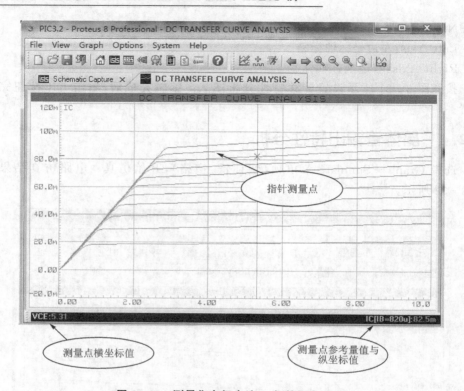

图 3 - 33　测量集电极电流 i_C 与基极电流 I_B

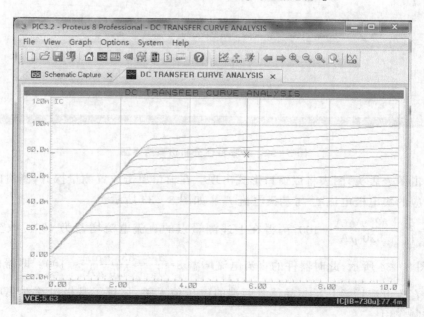

图 3 - 34　改变测量点

3.3 RC 低通滤波器频率特性分析——正弦波信号源与交流参数扫描

注释：RC 低通滤波器。

RC 低通滤波器为无源滤波器。当滤波器输入端的输入信号频率趋于零时,电容 C 的容抗趋于无穷大,故通带放大倍数 $\dot{A}_{up}=1$;当频率从零到无穷大时,电压的放大倍数为 $\dot{A}_u=\dfrac{1}{1+j\omega RC}$。当输入信号频率 f 与截止频率 f_p 有如下关系时:$f=f_p$,$|\dot{A}_u|=0.707|\dot{A}_{up}|$,而当 $f\gg f_p$ 时,$|\dot{A}_u|\approx\dfrac{f}{f_p}|\dot{A}_{up}|$,频率每升高 10 倍,$|\dot{A}_u|$ 下降 10 倍,即过渡带的斜率为 -20 dB/十倍频程。

3.3.1 RC 低通滤波器电路

单击 Component 图标,单击 P 按钮,从弹出的选取元件对话框中选择电路仿真元件。仿真元件信息如表 3-4 所列。

表 3-4 仿真元件信息（RC 低通滤波器）

元件名称	所属类	所属子类
RESISTOR（电阻）	Modelling Primitives	Analog（SPICE）
CAPACITOR（电容）	Modelling Primitives	Analog（SPICE）

81

将仿真元件添加到对象选择器后关闭元件选取对话框。

选中对象选择器中的仿真元件,将电容、电阻元件添加到原理图编辑窗口。

在电路中添加正弦波仿真输入源。单击 Generator 图表,系统在对象选择窗口列出各种信号源,选择正弦波（SINE）信号源,并在编辑窗口单击,放置正弦波信号源。将正弦波信号源与 RC 电路相连,如图 3-35 所示。

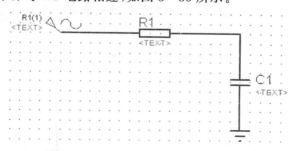

图 3-35 连接正弦波信号源与 RC 电路

1. 编辑 R1 电阻

双击 R1 电阻,弹出电阻编辑对话框,如图 3 - 36 所示。

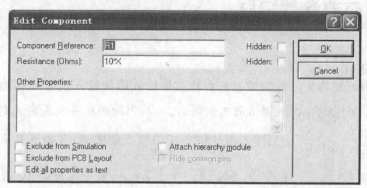

图 3 - 36　编辑 R1 电阻对话框

按图 3 - 36 所示编辑电阻。其中将电阻的阻值设置为与 X 相关的参数表达式。

2. 编辑 C1 电容

双击电容 C1,将弹出电容编辑对话框,如图 3 - 37 所示。如图所示,RC 电路中电容 C1 的电容值为 1 μF。此时,RC 低通滤波电路如图 3 - 38 所示。

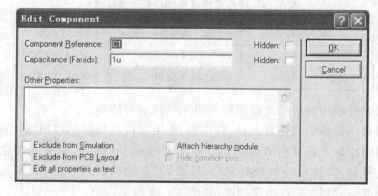

图 3 - 37　编辑电容 C1 对话框

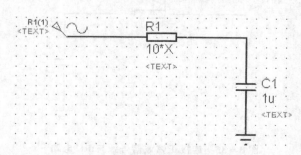

图 3 - 38　RC 低通滤波电路(编辑后)

3.3.2 正弦波信号源编辑

双击正弦波信号源,将弹出如图 3-39 所示的正弦波信号源编辑对话框。

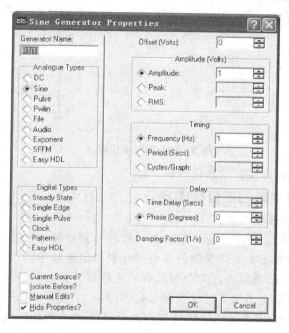

图 3-39 正弦波信号源编辑窗口

信号源属性对话框各选项含义为:

➢ Offset(Volts):补偿电压,即正弦波的振荡中心电平。

➢ 幅值的 3 种定义方法:Amplitude——振幅;Peak——峰峰值;RMS——有效值。

➢ 频率的 3 种定义方法:Frequency——频率;Period——周期;Cycles/Graph——循环/图表。

➢ 时延的两种定义方法:Time Delay(Secs)——延时(秒);Phase(Degrees)——相位(度)。

➢ 阻尼系数——Damping Factor。

设置 RC 低通滤波输入信号为:幅度为 1 V、频率为 1 Hz、相位为 0(的正弦波。编辑完成后,单击 OK 按钮确认设置。

3.3.3 探针及交流参数扫描图表编辑

1. 放置测量探针

单击工具箱中的 Voltage probe 图标,使用旋转或镜像按钮调整探针的方向后,在编辑窗口期望放置探针的位置单击,电压探针被放置到电路图中,如图 3 - 40 所示。

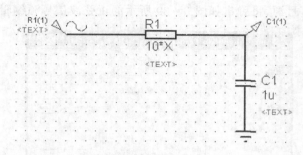

图 3 - 40   添加电压探针

在本电路中取电压探针的默认设置。

2. 放置交流参数扫描分析图表

注释:交流扫描分析图表。

交流扫描分析图表可以建立一组反映元件在参数值发生线性变化时的频率特性曲线。主要用来观测相关元件参数值发生变化时对电路频率特性的影响。

交流扫描分析时,系统内部完全按照普通的频率特性分析计算有关值,不同的是由于元件参数不固定而增加了运算次数,每次计算一个元件参数值相对应的结果。

和频率特性分析相同,左、右 Y 轴分别表示幅度(dB)和相位值。

单击工具箱中的 Simulation Graph 图标,在对象选择器中选择 AC SWEEP 仿真图表。在编辑窗口期望放置图表的位置单击,并拖动鼠标,在期望的结束点单击,放置图表,如图 3 - 41 所示。

3. 放置电压探针

选中电路中的电压探针,单击并拖动其到图表的左轴处,即频率轴,如图 3 - 42 所示。松开左键即可放置电压探针到图表的左轴处,如图 3 - 43 所示。再次选中电路中的电压探针,单击并拖动其到图表的右轴处,即相位轴,如图 3 - 44 所示。松开左键即可放置电压探针到图表的右轴处,如图 3 - 45 所示。

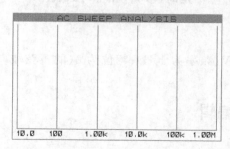

图 3 - 41   交流参数扫描分析图表

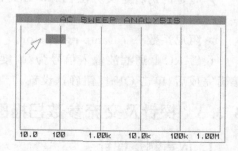

图 3 - 42   拖动电压探针到图表的左轴处

84

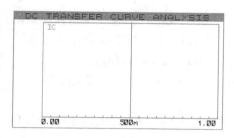

图 3 - 43　放置电压探针到图表的左轴处

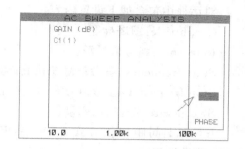

图 3 - 44　拖动电压探针到图表的右轴处

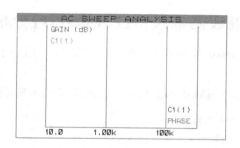

图 3 - 45　放置电压探针到图表的右轴处

4. 设置交流参数扫描分析图表

双击图表将弹出如图 3 - 46 所示的交流参数扫描分析图表编辑对话框。

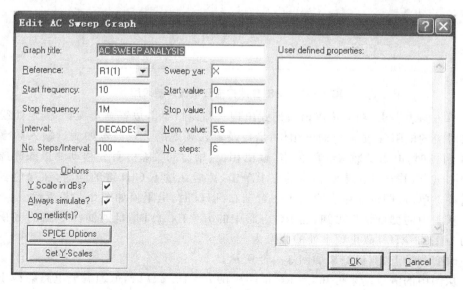

图 3 - 46　交流参数扫描分析图表编辑对话框

对话框中包含如下设置内容：

Graph title：图表标题。

Reference：参考信号源。

Start frequency：参考信号源仿真起始频率。

Stop frequency：参考信号源仿真终止频率。

Sweep variable：扫描变量。

Start value：扫描变量仿真起始值。

Stop value：扫描变量仿真终止值。

Nom. value：标称值。

No. Steps/Interva：步幅数。

Interval：间距取值方式。DECADES，10 倍频程；OCTAVESL，8 倍频程；IN-EAR，线性取值。

编辑完成后，单击 OK 按钮完成设置。

3.3.4　RC 低通滤波器幅频特性、相频特性分析

选择 Graph→Simulate 菜单项（快捷键：空格），开始仿真。电路仿真结果如图 3 - 47 所示。

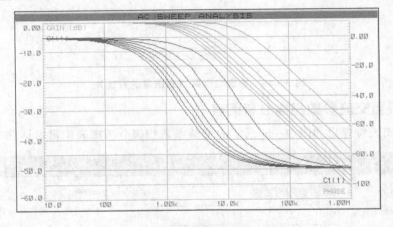

图 3 - 47　交流参数扫描分析仿真结果图

单击图表表头，图表将以窗口形式出现。在窗口单击放置测量探针，测量曲线上各点对应的电阻参数 X 与输出相位、增益及输入频率的关系。例如测量输入频率为 1.64 kHz 时，电阻参数 X=10 的点，输出相位、增益的关系。首先移动测量探针选定一个测量点，并在红色表示相位的点上单击，然后在按下 Ctrl 键的同时，在绿色表示的增益上单击，即可测量当输入频率为 1.63 kHz 时，电阻值如图 3 - 48 所示。

从图中的测量结果可知，当 RC 电路中的 $R=100\ \Omega$ 时，低通滤波电路的截止频率约为 1.63 kHz，截止频率处的相位为 $-45.6°$。

改变测量点，测量结果如图 3 - 49 所示。

从图中的测量结果可知，当 RC 电路中的 $R=16.7\ \Omega$ 时，低通滤波电路的截止频率约为 5.76 kHz，截止频率处的相位为 $-31.1°$。即 RC 电路的低通截止频率与 R 值有关，R 值越大，低通截止频率值越小。

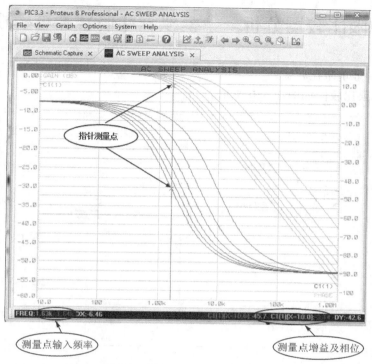

图 3-48　测量曲线上各点对应的电阻参数 X 与输出频率及输入频率

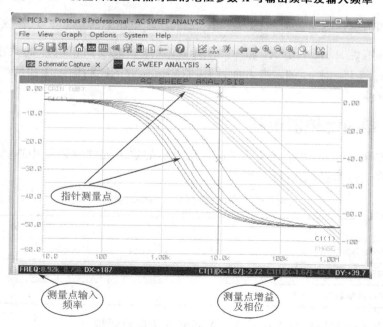

图 3-49　改变测量点

3.4 单限比较器分析——模拟脉冲信号源与模拟分析

注释：一般单限比较器。

一般单限比较器如图 3-50 所示。

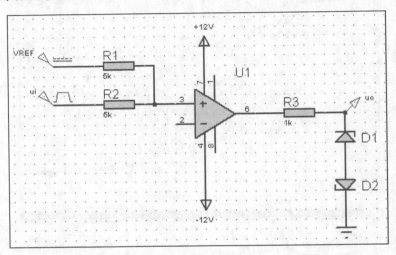

图 3-50　一般单限比较器电路

电路阈值电压为 $U_T = -\dfrac{R_2}{R_1} U_{REF}$，其中 U_{REF} 为外加参考电压。只要改变参考电压的大小和极性，以及电阻 R_1 和 R_2 的阻值，就可以改变阈值电压的大小和极性。若要改变 u_i 过 U_T 时 u_o 的跃变方向，则应将集成运放的同相输入端和反相输入端所接外电路互换。

3.4.1 单限比较器电路

单击 Component 图标，单击 P 按钮，从弹出的选取元件对话框中选择电路仿真元件。仿真元件信息如表 3-5 所列。

表 3-5　仿真元件信息（单限比较器）

元件名称	所属类	所属子类
OP07（运算放大器）	Operational Amplifiers	Single
RESISTOR（电阻）	Modelling Primitives	Analog（SPICE）
MZP4733A（稳压二极管）	Diodes	Zener

将仿真元件添加到对象选择器后关闭元件选取对话框。

选中对象选择器中的仿真元件，将运放、电阻及稳压二极管元件添加到原理图编辑窗口。

选中 Terminals Mode 图标,在对象选择器中选取其中的 POWER 并使用旋转按钮调整元件方向,如图 3-51 所示。

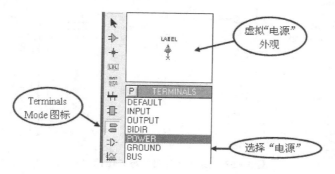

图 3-51　选取"电源"元件

在编辑窗口单击放置"电源"元件。并将 OP07 的电源引脚 7 与"电源"相连。按照上述方法,分别选取"电源"、"地"连接电路。如图 3-52 所示。

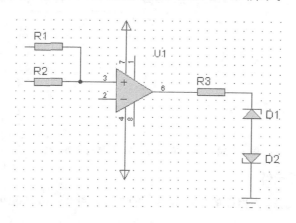

图 3-52　为电路添加"电源"、"地"元件

1. 在电路中添加直流仿真输入源

单击 Generator 图表,系统在对象选择窗口列出各种信号源,选择直流(DC)信号源,并在编辑窗口单击,放置直流信号源。将直流信号源与电阻 R1 相连,如图 3-53 所示。

2. 在电路中添加模拟脉冲信号源

单击 Generator 图表,系统在对象选择窗口列出各种信号源,选择模拟脉冲(PULSE)信号源,并在编辑窗口单击,放置模拟脉冲信号源。将模拟脉冲信号源与电阻 R2 相连,如图 3-54 所示。

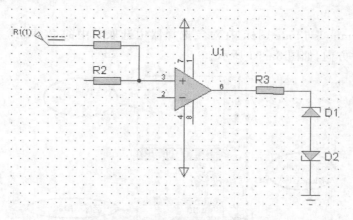

图 3 - 53　连接直流信号源与电阻 R1

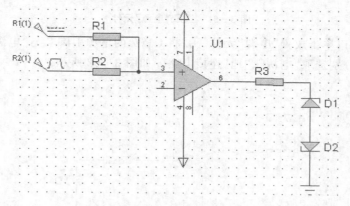

图 3 - 54　连接模拟脉冲信号源与电阻 R2

3. 编辑电源元件

双击与 OP07 引脚 7 相连的电源元件,将弹出如图 3 - 55 所示的对话框。

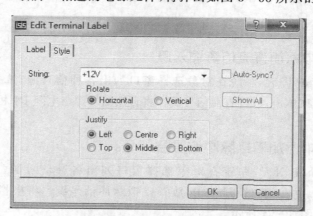

图 3 - 55　电源编辑对话框

按图 3-55 所示编辑后,单击 OK 按钮完成设置。

按照上述方法编辑与 OP07 引脚 4 相连的电源元件,这一引脚的电源电压值为 -12 V。

4. 编辑 R1 电阻

双击 R1 电阻,弹出电阻编辑对话框,如图 3-56 所示。

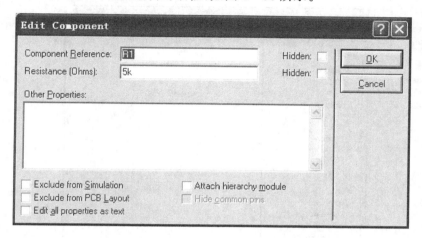

图 3-56　编辑 R1 电阻对话框

按上图所示编辑电阻。

参照上述方法,设置电阻 R2=5 kΩ,R3=1 kΩ。编辑完成的单限比较器电路如图 3-57 所示。

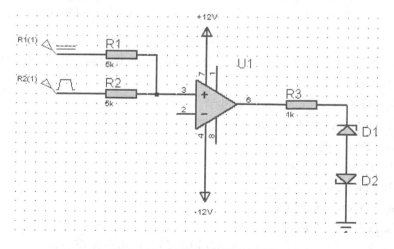

图 3-57　单限比较器(编辑后)

3.4.2　直流信号源与模拟脉冲信号源编辑

　　双击直流信号源,将弹出如图3-58所示的直流信号源编辑对话框。按照图3-58所示编辑直流信号源。编辑完成后单击 OK 按钮确认设置。双击模拟脉冲信号源,将弹出如图3-59所示的模拟脉冲信号源。

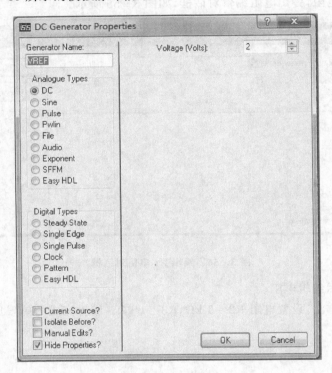

图 3-58　直流信号源编辑对话框

　　Pulse:带有幅值、周期和上升、下降时间控制的模拟脉冲发生器,其编辑框中设置包括以下内容:

➢ Initial(Low) Voltage:初始低电平;

➢ Pulsed(High) Voltage:脉冲高电平;

➢ Start(Secs):起始时刻;

➢ Rise Time(Secs):上升时间;

➢ Fall Tine(Secs):下降时间;

➢ Pulse Width:脉冲宽度。

　　脉冲宽度有两种方法设置:Pulse Width(secs)——脉冲宽度(秒);

　　　　　　　　　　　　　　Pulse Width(%)——占空比(%)。

➢ Frequency/Period:频率或周期。

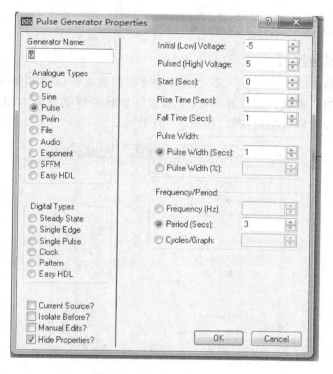

图 3 - 59 模拟脉冲信号源

选中 Current Source? 复选框,可对模拟脉冲发生器电流值进行编辑。

按照图 3 - 59 所示编辑单限比较器脉冲信号源。编辑好的单限模拟比较器电路如图 3 - 60 所示。

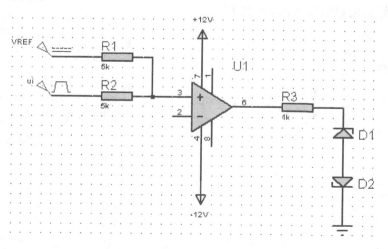

图 3 - 60 编辑好的单限模拟比较器电路

3.4.3　探针及模拟图表编辑

1. 放置测量探针

单击工具箱中的 Voltage probe 图标，使用旋转或镜像按钮调整探针的方向后，在编辑窗口期望放置探针的位置单击，电压探针被放置到电路图中，双击电压探针，打开电压探针编辑窗口编辑探针，如图 3-61 所示。

图 3-61　编辑电压探针

编辑好的电路结果如图 3-62 所示。

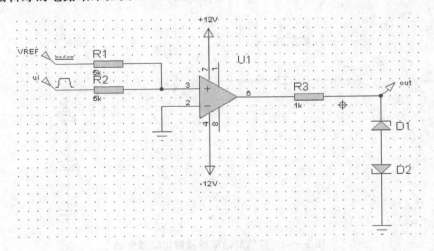

图 3-62　单限模拟比较器（编辑电压探针）

2. 放置模拟分析图表

注释:模拟分析图表:模拟分析图表用于绘制一条或多条电压或电流随时间变化的曲线。

单击工具箱中的 Graph Mode 图标,在对象选择器中选择 ANALOGUE 仿真图表。在编辑窗口期望放置图表的位置单击,并拖动鼠标,在期望的结束点单击,放置模拟图表,如图 3 - 63 所示。在图表中放置模拟脉冲信号探针。选中电路中的模拟信号源 ui,单击并拖动其到图表中。松开左键即可放置信号源探

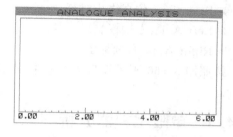

图 3 - 63　模拟分析图表

针到图表,如图 3 - 64 所示。参照图 3 - 64 所示放置电压探针,结果如图 3 - 65 所示。

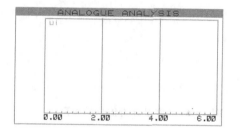

图 3 - 64　放置信号源探针到图表

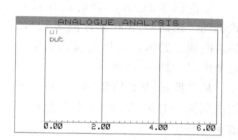

图 3 - 65　放置电压探针到图表

3. 设置模拟分析图表

双击图表将弹出如图 3 - 66 所示的模拟分析图表编辑对话框。

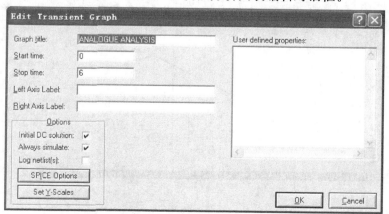

图 3 - 66　模拟分析图表编辑对话框

对话框中包含如下设置内容：
- Graph title：图表标题。
- Start time：仿真起始时刻。
- Stop time：仿真终止时刻。
- Left Axis：左轴标签。
- Right Axis：右轴标签。

按照图 3-66 所示设置参数模拟分析图表。编辑完成后，单击 OK 按钮完成设置。

3.4.4　单限比较器分析

选择 Graph→Simulate 菜单项(快捷键：空格)，开始仿真。电路仿真结果如图 3-67 所示。

单击图表表头，图表将以窗口形式出现。在窗口单击放置测量探针，测量曲线上的阈值电压与输出高电平电平值，如图 3-68 所示。

从电路的仿真结果可知，系统域值电压为 -1.97 V，约等于理论计算结果。

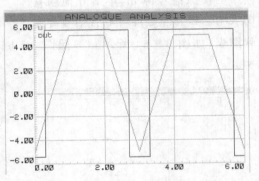

图 3-67　模拟分析仿真结果图

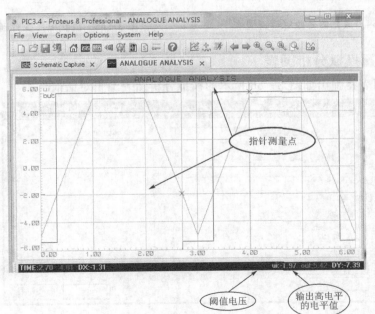

图 3-68　测量域值电压与输出高电平电平值

改变参考电源输入信号。设置参考电源输入信号为 1 V 的直流电压源,如图 3 - 69 所示。

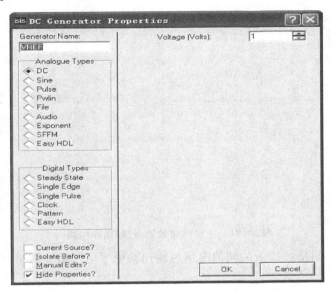

图 3 - 69　改变参考输入信号

测量曲线上的阈值电压与输出高电平电平值,如图 3 - 70 所示。

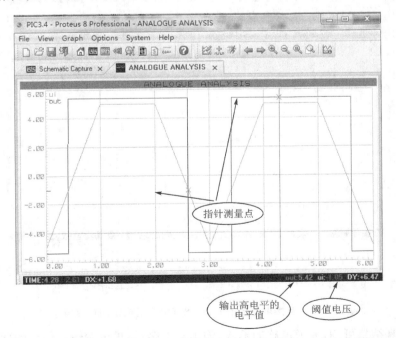

图 3 - 70　改变参考输入信号后电路的阈值电压与输出高电平电平值

从电路的仿真结果可知，系统阈值电压为－1.05 V，约等于理论计算结果。

互换电路的输入、输出端电路，如图 3－71 所示。

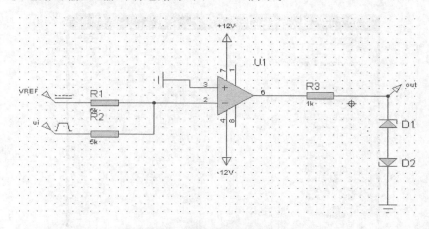

图 3－71　互换电路的输入、输出端电路

仿真电路。测量曲线上的阈值电压与输出高电平电平值。测量结果如图 3－72 所示。

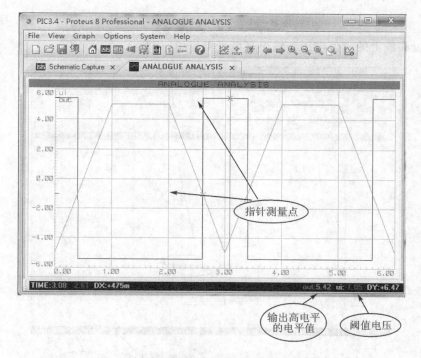

图 3－72　互换电路的输入、输出端电路后电路的仿真结果

从仿真结果可知，互换电路的输入、输出端电路后，可改变输出信号的跃变方向。

3.5　限幅电压放大电路分析——指数信号源、单频率调频波信号源

注释：双击齐纳二极管限幅电路。

双击齐纳二极管限幅电路可把任一方向上的运算放大器输出摆幅限制到稳压二极管的齐纳击穿电压与正向击穿电压之和。采用配对的齐纳二极管，正、负限幅电平是对称的。当采用 10 齐纳二极管时，限幅出现在 10.6 V（10.0 V＋0.6 V）。容许±10 V 的线性摆幅，而不会使运算放大器饱和。电路可根据增益选择电路中的电阻。二极管是配对挑选的，可以产生需要的限制电压。本例中选取 1N758A。

3.5.1　限幅电压放大电路

单击 Component 图标，单击 P 按钮，从弹出的选取元件对话框中选择电路仿真元件。仿真元件信息如表 3－6 所列。

表 3－6　仿真元件信息（限幅电压放大电路）

元件名称	所属类	所属子类
741（运算放大器）	Operational Amplifiers	Single
RESISTOR（电阻）	Modelling Primitives	Analog（SPICE）
1N758A（稳压二极管）	Diodes	Zener

将仿真元件添加到对象选择器后关闭元件选取对话框。

选中对象选择器中的仿真元件，将运放、电阻及稳压二极管元件添加到原理图编辑窗口。

在电路中添加指数脉冲仿真输入源。单击 Generator 图表，系统在对象选择窗口列出各种信号源，选中指数脉冲（EXP）信号源，并在编辑窗口单击，放置指数脉冲信号源。将指数脉冲信号源与电路相连，如图 3－73 所示。在编辑窗口单击放置"电源"元件，并编辑"电源"。结果如图 3－74 所示。

编辑 R3 电阻。双击 R3 电阻，弹出电阻编辑对话框，如图 3－75 所示。

按图 3－75 所示编辑电阻。其他参数取元件的默认设置。从电路的参数可知，本电路的电压放大倍数为 1，为反相放大器。

3.5.2　指数脉冲信号源编辑

双击指数脉冲信号源，将弹出如图 3－76 所示的指数脉冲信号源编辑对话框。

注释：指数脉冲信号源。

指数脉冲信号源用以产生指数脉冲信号，如图 3－77 所示。

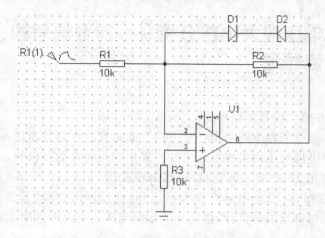

图 3 - 73　连接指数脉冲信号源到电路

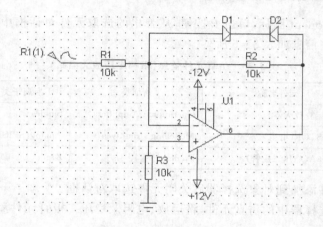

图 3 - 74　编辑电路中的电源

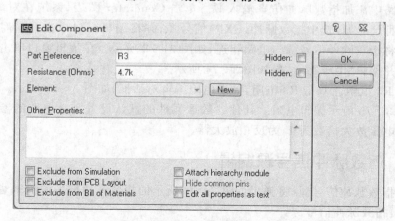

图 3 - 75　编辑 R3 电阻对话框

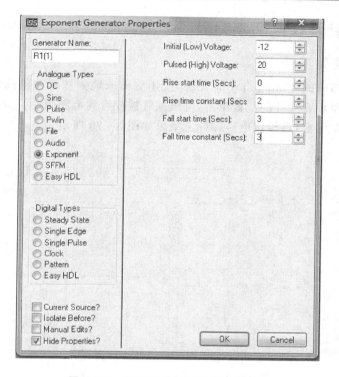

图 3 - 76 指数脉冲信号源编辑对话框

其中,V_1:初始低电压值;V_2:脉冲高电压值;TD1:上升沿起始时刻;TAU1:上升沿持续时间;TD2:下降沿起始时刻;TAV2:下降沿持续时间。

0~TD1 时刻,电压值为 V_1;TD1~TD2 时刻,电压值为 $V_1+(V_2-V_1)(1-e^{\frac{-(t-\text{TD1})}{\text{TAU1}}})$;TD2 时刻后,电压值为 $V_1+(V_2-V_1)(1-e^{\frac{-(t-\text{TD1})}{\text{TAU1}}})+(V_1-V_2)(1-e^{\frac{-(t-\text{TD2})}{\text{TAU2}}})$。

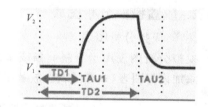

图 3 - 77 指数脉冲信号

其中,Initial (Low) Voltage:初始低电压值;

Plused (High) Voltage:脉冲高电压值;

Rise start time(Secs):上升沿起始时刻,默认时间单位为秒;

Rise time constant(Secs):上升沿持续时间,默认时间单位为秒;

Fall start time(Secs):下降沿起始时刻,默认时间单位为秒;

Fall time constant(Secs):下降沿持续时间,默认时间单位为秒。

按照图 3 - 76 所示编辑指数脉冲信号源。编辑完成后单击 OK 按钮确认设置。

3.5.3　探针及模拟图表编辑

1. 放置测量探针

单击工具箱中的 Voltage probe 图标,使用旋转或镜像按钮调整探针的方向后,在编辑窗口期望放置探针的位置单击,电压探针被放置到电路图中。双击电压探针,打开电压探针编辑窗口,编辑电压探针。结果如图 3 - 78 所示。

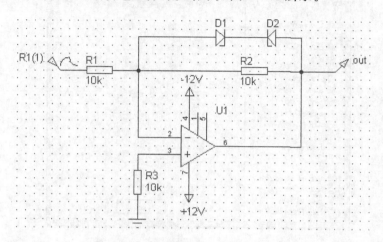

图 3 - 78　限幅电压放大器(编辑电压探针)

2. 放置模拟分析图表

注释:模拟分析图表

模拟分析图表用于绘制一条或多条电压或电流随时间变化的曲线。

添加模拟图表,并在图表中放置指数脉冲信号探针及电压探针。结果如图 3 - 79 所示。

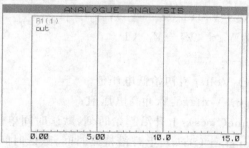

图 3 - 79　放置指数脉冲信号探针及电压探针到图表

设置模拟分析图表。双击图表将弹出如图 3 - 80 所示的模拟分析图表编辑对话框。按照图 3 - 80 所示设置参数扫描分析图表。编辑完成后,单击 OK 按钮完成设置。

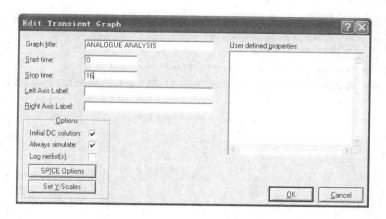

图 3-80　模拟分析图表编辑对话框

3.5.4　限幅电压放大电路分析

选择 Graph→Simulate 菜单项（快捷键：空格），开始仿真。电路仿真结果如图 3-81 所示。

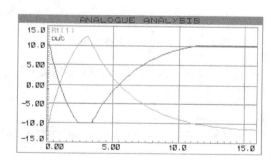

图 3-81　模拟分析仿真结果图

单击图表表头，图表将以窗口形式出现。在窗口单击放置测量探针，测量曲线上各点电压值。如图 3-82 所示。

从电路的仿真结果可知，当电压值低于-10 V 时，系统自动限制输出电压为 10 V。当电压值高于 10 V 时，测量电路输出电压。结果如图 3-83 所示。

从电路的测量结果可知，当电压值高于 10 V 时电路输出电压限制在-10 V。

改变输入信号。设置输入信号为单频率调频波信号源。单击 Generator 图表，系统在对象选择窗口列出各种信号源，选择单频率调频波（SFFM）信号源，并在编辑窗口单击，放置单频率调频波信号源。将单频率调频波信号源与电路相连，如图 3-84 所示。

双击单频率调频波信号源，将弹出如图 3-85 所示的单频率调频波信号源编辑对话框。

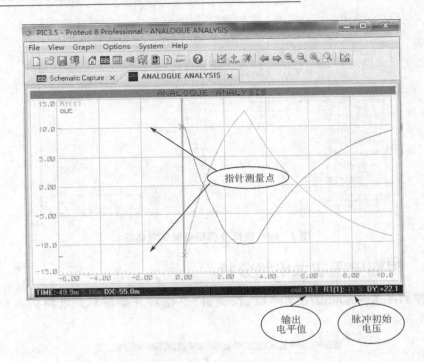

指针测量点

输出电平值

脉冲初始电压

图 3 - 82 测量曲线上各点电压值

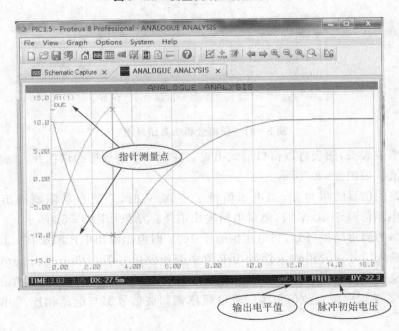

指针测量点

输出电平值

脉冲初始电压

图 3 - 83 当电压值高于 10 V 时电路输出

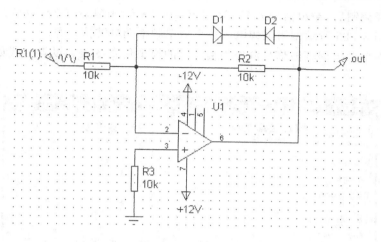

图 3 - 84 改变输入信号为单频率调频波

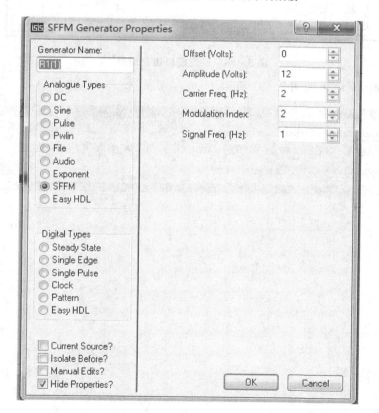

图 3 - 85 单频率调频波信号源编辑对话框

其中，Offset——补偿电压(V_O)；Amplitude——电压幅值 V_A；Carrier Freq——载波频率 F_C；Modulation Index——调制指数 M_DI；Signal Freq——信号频率 F_S。

信号经调制后，输出信号为 $V = V_O + V_A \sin(2\pi F_C t + M_{DI} \sin(2\pi F_S t))$。

按照图 3 - 85 所示编辑限幅电压放大器单频率调频波信号源。

编辑在单频率调频波信号源作为输入时的模拟仿真图表。设置方式如图 3 - 86 所示。

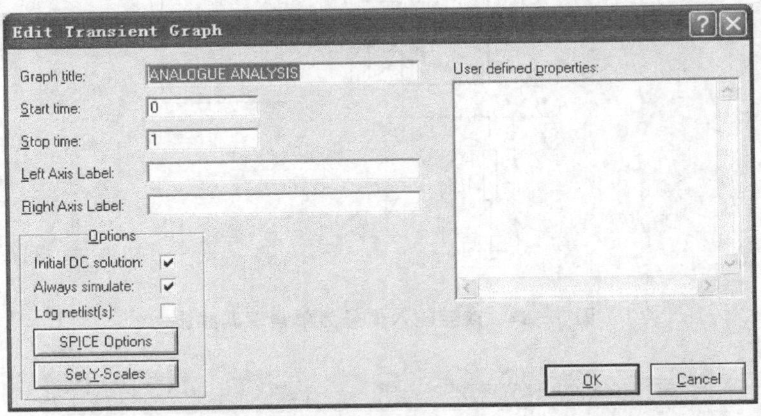

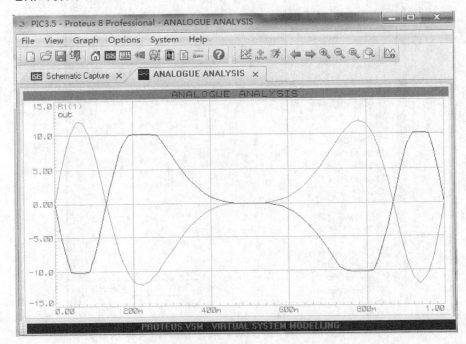

图 3 - 86　设置模拟仿真图表

电路的仿真结果如图 3 - 87 所示。

图 3 - 87　单频率调频波信号为输入时限幅电路输出

从图中结果可知,电路对调制波进行限幅反相输出。电路的输出摆幅为 ± 10 V。

3.6 音频功率放大器电路分析——频率、音频、噪声、傅里叶及失真分析

音频功率放大器是音响系统中的关键部分,其作用是将传声器件获得的微弱信号放大到足够的强度去推动放声系统中的扬声器或其他电声器件,使原声响重现。

一个音频放大器一般包括两部分,如图 3 – 88 所示。

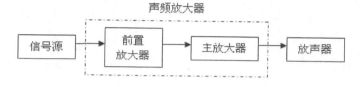

图 3 – 88　音响系统结构图

由于信号源输出幅度往往很小,不足以激励功率放大器输出额定功率,因此常在信号功率放大器之间插入一个前置放大器将信号源输出信号加以放大,同时对信号进行适当的音色处理。

在放大通道的正弦信号输入电压幅度为 5~10 mV、等效负载电阻 RL 为 8 Ω 下放大通道应满足:

> 额定输出功率 POR≥2 W;
> 带宽 BW≥(50~10 000)Hz;
> 在 POR 下和 BW 内的非线性失真系数 γ≤3%;
> 在 POR 下的效率≥55%;
> 当前置放大级输入端交流短接到地时,RL＝8 Ω 上的交流噪声功率≤10 mW。

3.6.1 音频功率放大器前置放大电路

单击 Component 图标,单击 P 按钮,从弹出的选取元件对话框中选择电路仿真元件。仿真元件信息如表 3 – 7 所列。

表 3 – 7　仿真元件信息(前置放大电路)

元件名称	所属类	所属子类
OP07(运算放大器)	Operational Amplifiers	Single
RESISTOR(电阻)	Modelling Primitives	Analog(SPICE)
GENELECT4U716V(电容)	Capacitors	Radial Electrolytic

将仿真元件添加到对象选择器后关闭元件选取对话框。

选中对象选择器中的仿真元件,将运放、电阻、电容及电源等元件添加到原理图编辑窗口。如图 3 - 89 所示。

双击元件,将弹出元件编辑对话框,按照图 3 - 90 设置电路中各元件的参数。

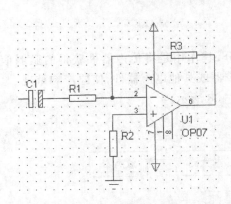

图 3 - 89　前置放大器电路(概略图)

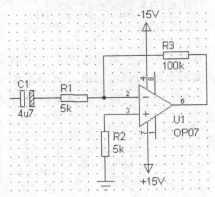

图 3 - 90　音频功率放大电路前置
放大电路(含参数)

1. 放置终端

单击 Terminal 图标,系统在对象选择窗口列出各种终端。选择 INPUT 终端,则在浏览窗口显示 INPUT 终端的外观,如图 3 - 91 所示。

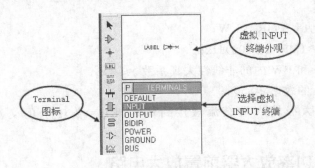

图 3 - 91　选取 INPUT 终端

使用旋转或镜像按钮调整终端方向后,在编辑窗口单击,放置 INPUT 终端,并将 INPUT 终端与电路输入端相连。按照上述方式,选择 OUTPUT 端口,并将 OUTPUT 端口与电路的输出端相连。如图 3 - 92 所示。

2. 编辑输入端口

双击输入端口,将弹出如图 3 - 93 所示的终端编辑窗口。

按照上述方式,双击电路中的输出端口,将输出端口的端口名设置为 OUT1 后,单击 OK 按钮完成设置。编辑好的前置放大器电路如图 3 - 94 所示。

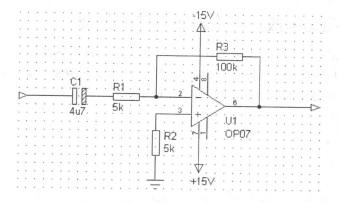

图 3 - 92　连接 OUTPUT 端口与电路的输出端

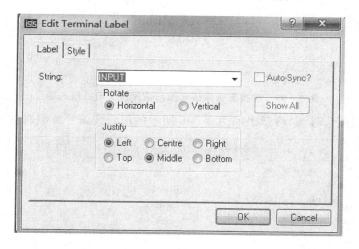

图 3 - 93　终端编辑窗口

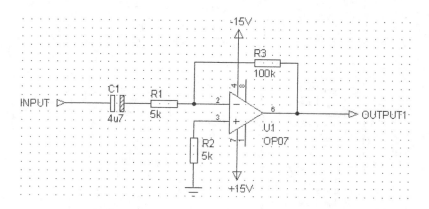

图 3 - 94　前置放大电路(编辑后)

3.6.2　音频功率放大器前置放大电路分析

添加输入信号源。单击 Generator 图表,系统在对象选择窗口列出各种信号源,选择正弦波(SINE)信号源,并在编辑窗口单击,放置正弦波信号源。将正弦波信号源与前置放大电路输入端相连,如图 3-95 所示。

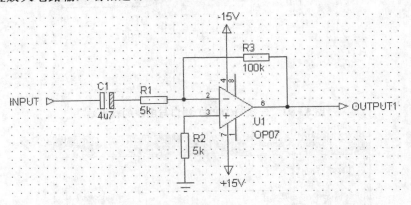

图 3-95　连接正弦波信号源与前置放大电路输入端

双击正弦波信号源,将弹出如图 3-96 所示的正弦波信号源编辑对话框。

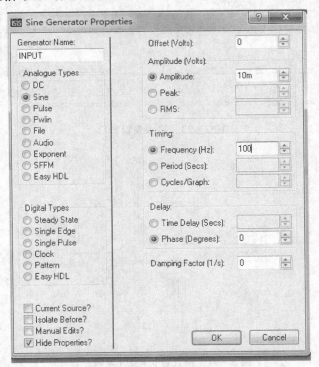

图 3-96　正弦波信号源编辑窗口

按照图 3－96 所示编辑信号源。编辑完成后单击 OK 按钮确认设置。

放置测量探针。单击工具箱中的 Voltage probe 图标，使用旋转或镜像按钮调整探针的方向后，在编辑窗口期望放置探针的位置单击，电压探针被放置到电路图中，如图 3－97 所示。本电路中应用电压探针的默认设置。

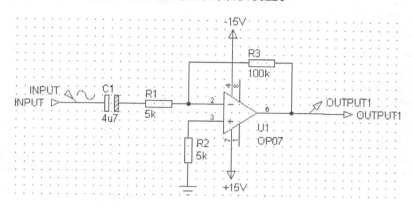

图 3－97　添加电压探针

1. 电路输入与输出分析

（1）放置模拟仿真图表

单击工具箱中的 Simulation Graph 图标，在对象选择器中选择 ANALOGUE 仿真图表。在编辑窗口期望放置图表的位置单击，并拖动鼠标，在期望的结束点单击，放置模拟图表，如图 3－98 所示。

在图表中放置正弦波信号探针及电压探针。选中电路中的正弦波信号源 IN-PUT，单击并拖动其到图表中，松开鼠标即可放置信号源探针到图表。按照上述方式添加电压探针 OUTPUT1 到模拟图表。结果如图 3－99 所示。

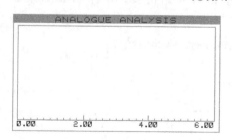

图 3－98　模拟分析图表

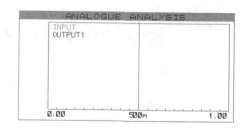

图 3－99　放置信号源探针及电压探针到图表

（2）设置模拟分析图表

双击图表将弹出如图 3－100 所示的模拟分析图表编辑对话框。

按照图 3－100 所示设置模拟分析图表。编辑完成后，单击 OK 按钮完成设置。结果如图 3－101 所示。

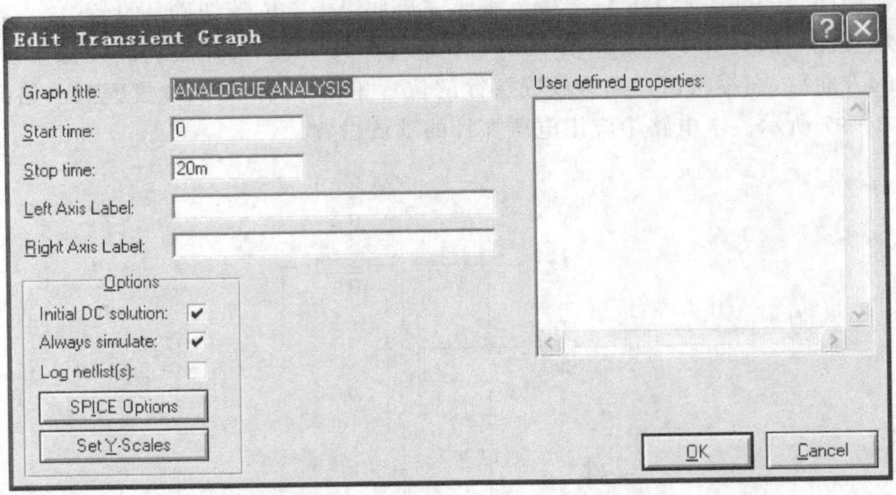

图 3 - 100　模拟分析图表编辑对话框

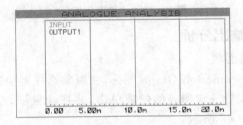

图 3 - 101　编辑好的模拟分析图表

(3) 仿真电路

选择 Graph→Simulate 菜单项(快捷键:空格),开始仿真。电路仿真结果如图 3 - 102 所示。

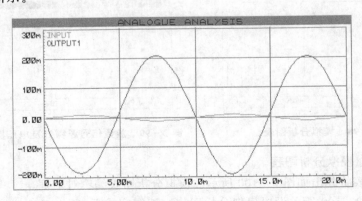

图 3 - 102　模拟分析仿真结果图

单击图表表头,图表将以窗口形式出现。在窗口单击放置测量探针,测量输入电压与输出电压的关系。如图 3 - 103 所示。

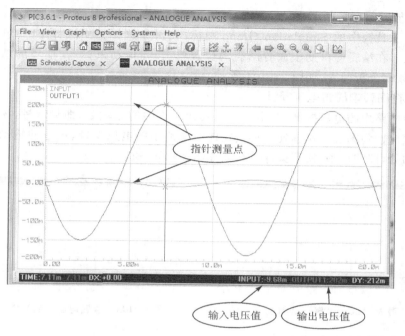

图 3 - 103　测量输入电压值与输出电压值

从电路的仿真结果可知,当系统的输入信号电压值为 -9.68 mV 时,输出信号对应电压值为 202 mV,即系统的电压放大倍数为 20,系统为反向放大电路。

2. 电路频率响应特性分析

注释:频率响应特性分析。

频率分析的作用是分析电路在不同频率工作状态下的运行情况。但不像频谱分析仪,所有频率一起被考虑,而是每次只可分析一个频率。所以,频率特性分析相当于在输入端接一可改变频率的测试信号,在输出端接一交流电表测量不同频率所对应的输出,同时可得到输出信号的相位变化情况。频率特性分析还可以用来分析不同频率下的输入、输出阻抗。

此功能在非线性电路中使用时是没有实际意义的。因为频率特性分析的前提是假设电路为线性的,就是说,如果在输入端加一标准的正弦波,在输出端也相应地得到一标准的正弦波。实际中完全线性的电路是不存在的,但是大多数非线性的电路是在允许分析范围内的,可以按线性电路分析。另外,由于系统是在线性情况下,且引入复数算法(矩阵算法)进行运算,其分析速度要比瞬态分析快得多。

PROTEUS ISIS 的频率分析用于绘制小信号电压增益或电流增益随频率变化的曲线,即绘制波特图。可描绘电路的幅频特性和相频特性。但它们都是以指定的输入发生器为参考。在进行频率分析时,图表的 X 轴表示频率,两个纵轴可分别显示幅值和相位。

(1) 放置频率分析图表

单击工具箱中的 Simulation Graph 图标,在对象选择器中选择 FREQUENCY 仿真图表。在编辑窗口期望放置图表的位置单击,并拖动鼠标,在期望的结束点单击,放置频率分析图表,如图 3 – 104 所示。

(2) 在图表中放置电压探针

选中电路中的电压探针,单击并拖动其到图表中的左轴处,即频率轴,松开鼠标即可放置探针到图表的左轴处。再一次选中电路中的电压探针,单击并拖动其到图标的右轴处,即相位轴,松开鼠标。结果如图 3 – 105 所示。

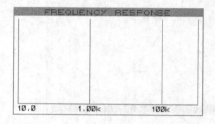

图 3 – 104　频率分析图表

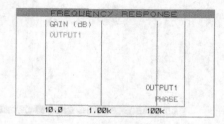

图 3 – 105　放置电压探针到图表

(3) 设置频率分析图表

双击图表将弹出如图 3 – 106 所示的频率分析图表编辑对话框。

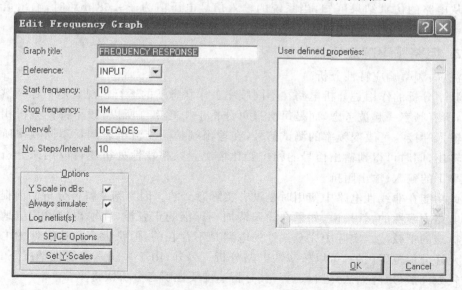

图 3 – 106　频率分析图表编辑对话框

对话框中包含如下设置内容：

➤ Graph title：图表标题。

➤ Reference：参考发生器。

➤ Start time：起始仿真频率。

➤ Stop frequency：终止仿真频率。

➤ Interval：间距取值方式。系统提供 3 种取值方式：DECADES，十倍频程；OC-TAVESL，八倍频程；INEAR，线性取值。

➤ No. Steps/Interva：步幅数。

按照图 3 - 106 所示设置频率分析图表。编辑完成后，单击 OK 按钮完成设置。

（4）仿真电路

选择 Graph→Simulate 菜单项（快捷键：空格），开始仿真。电路仿真结果如图 3 - 107 所示。

单击图表表头，图表将以窗口形式出现。在窗口单击放置测量探针，测量电路的最大频率增益。如图 3 - 108 所示。

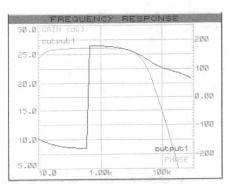

图 3 - 107　频率分析仿真结果图

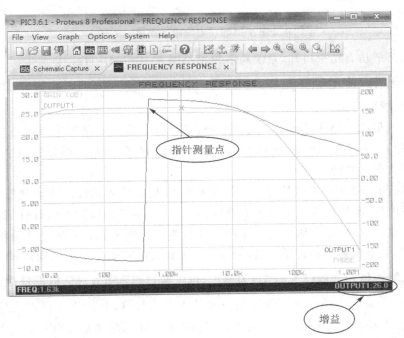

图 3 - 108　测量电路频率特性

从图中的测量结果可知系统的最大频率增益为 26.0 dB,则截止频率处增益为 26.0×0.707＝18.38 dB。测量电路截止频率,如图 3 - 109 所示。

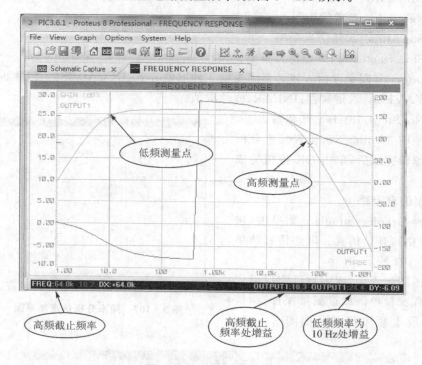

图 3 - 109　电路截止频率

从电路的仿真结果可知,系统通带频率范围为 10～64 kHz。

3. 电路噪声分析

注释:噪声分析。

由于电阻或半导体元件会自然而然地产生噪声,这对电路工作当然会产生相当程度的影响。系统提供噪声分析就是将噪声对输出信号所造成的影响数字化,以供设计师评估电路性能。

在分析时,SPICE 模拟装置可以模拟电阻器及半导体元件产生的热噪声,各元件在设置电压探针(因为该分析不支持噪声电流,故不考虑放置电流探针)处产生的噪声将在该点求和,即为该点的总噪声。分析曲线的横坐标表示的是该分析所在的频率范围,纵坐标表示的是噪声值(分左、右 Y 轴,左 Y 轴表示输出噪声值,右 Y 轴表示输入噪声值。一般以 V/$\sqrt{\text{Hz}}$ 为单位,也可通过编辑图表对话框设置为 dB,0 dB 对应 1V/$\sqrt{\text{Hz}}$)。电路工作点将按照一般处理方法计算,在计算工作点之外的各时间,除了参考输入信号外,各信号发生装置将不被分析系统考虑,所以,分析前不必移除各信号发生装置。PROSPICE 在分析过程中将计算所有电压探针噪声的同时考虑了它们相互间的影响,所以无法知道单纯的某个探针的噪声分析结果。分析过程将对每个探针逐一处理,所以仿真时间大概与电压探针的数量成正比。应当注意的是,噪声分析不考虑外部电、磁等对电路的影响。

PROTEUS ISIS 的噪声分析可显示随频率变化时节点的等效输入、输出噪声电压,同时可产生单个元件的噪声电压清单。

(1) 放置噪声分析图表

单击工具箱中的 Simulation Graph 图标,在对象选择器中选择 NOISE 仿真图表。在编辑窗口期望放置图表的位置单击,并拖动鼠标,在期望的结束点单击,放置噪声分析图表,如图 3 - 110 所示。

图 3 - 110　噪声分析图表

(2) 在图表中放置节点探针

选中电路中的电压探针,单击并拖动其到图表的左轴处,即频率轴,松开鼠标即可放置探针到图表的左轴处。再次选中电路中的电压探针,单击并拖动其到图表的右轴处,即相位轴,松开鼠标。结果如图 3 - 111 所示。

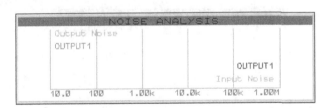

图 3 - 111　放置节点探针到图表

(3) 设置噪声分析图表

双击图表将弹出如图 3 - 112 所示的噪声分析图表编辑对话框。

对话框中包含如下设置内容:

➢ Title:图表标题。

➢ Reference:参考发生器。

➢ Start time:起始仿真频率。

➢ Stop frequency:终止仿真频率。

➢ Interval:间距取值方式。系统提供 3 种取值方式:DECADES,十倍频程;OC-TAVESL,八倍频程;INEAR,线性取值。

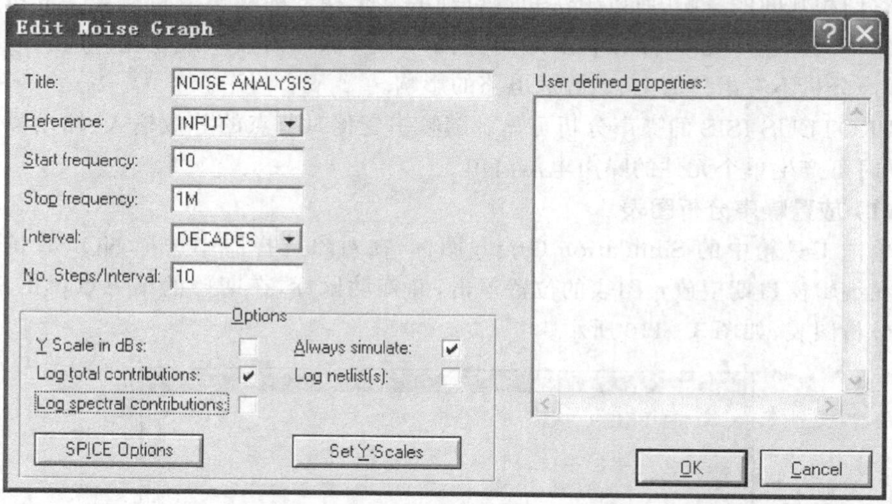

图 3 - 112　噪声分析图表编辑对话框

> No. Steps/Interva：步幅数。

按照图 3 - 112 所示设置噪声分析图表。编辑完成后，单击 OK 按钮完成设置。

(4) 仿真电路

选择 Graph→Simulate 菜单项（快捷键：空格），开始仿真。电路仿真结果如图 3 - 113 所示。

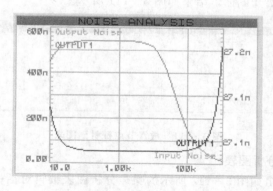

图 3 - 113　噪声分析仿真结果图

从噪声分析仿真结果可知，系统对输入噪声进行了放大。

单击图表表头，图表将以窗口形式出现。在窗口单击放置测量探针，测量频率分别为 10 Hz 和 10 000 Hz 时系统的噪声电压值。如图 3 - 114 所示。

测量系统最大噪声电压，如图 3 - 115 所示。

从系统测量结果可知在音频功率放大器的工作频率范围内，系统的噪声范围为 $512\sim542$ nV/$\sqrt{\text{Hz}}$。

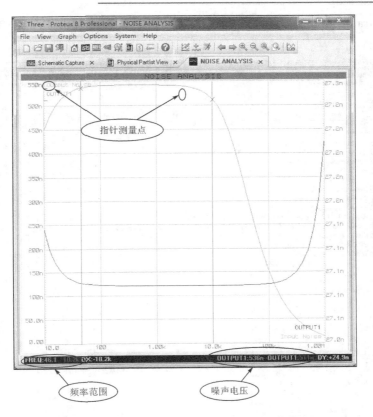

图 3 - 114 测量频率分别为 10 Hz、10 000 Hz 时系统的噪声电压值

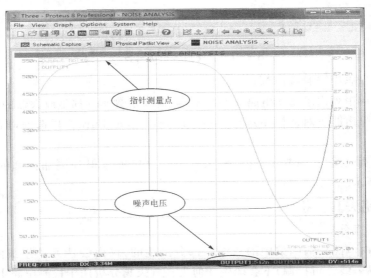

图 3 - 115 系统输出最大噪声电压

选择 Graph→View Log 菜单项（快捷键 CTRL＋V）可弹出如图 3－116 所示的仿真日志。

图 3－116　噪声分析仿真日志

从仿真日志中查看噪声源。

噪声清单中列出了每个电路元件的噪声，但大多数元件都是放大器的内部元件。

在编辑噪声图表对话框中选择 Log Spectral Contribution 复选框，如图 3－117 所示。

重新仿真电路后，选择 Graph→View Log 菜单项可得到更加详细的数据。如图 3－118 所示。

4. 电路失真分析

注释：失真分析。

失真是由电路传输函数中的非线性部分产生的，仅由线性元件组成的电路（例如：电阻、电感、线性可控源）不会产生任何失真。失真分析用于检测电路中的谐波失真和互调失真。

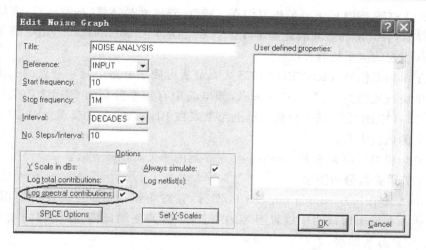

图 3 - 117　选中 Log Spectral Contribution 复选框

图 3 - 118　详细仿真日志

PROTEUS ISIS 的失真分析可仿真二极管、双极性晶体管、场效应管、面结型场效应晶体管（JFET）和金属氧化物半导体场效应晶体管（MOSFET）。用于确定由测试电路所引起的电平失真程度。

对于单频率信号，PROTEUS ISIS 失真分析可确定电路中每一节点的二次谐波和三次谐波造成的失真；对于互调失真，即电路中有频率分别为 F1、F2 的交流信号源，则 PROTEUS ISIS 频率分析给出电路节点在 F1＋F2、F1－F2 及 2F1－F2 在不同频率上的谐波失真。

失真分析对于研究瞬态分析中不易观察到的小失真比较有效。

(1) 放置失真分析图表

单击工具箱中的 Simulation Graph 图标，在对象选择器中选择 DISTORTION 仿真图表。在编辑窗口期望放置图表的位置单击，并拖动鼠标，在期望的结束点单击，放置失真分析图表，如图 3 - 119 所示。

(2) 在图表中放置节点探针

选中电路中的电压探针，单击并拖动其到图表中，松开鼠标即可放置探针到图表，结果如图 3 - 120 所示。

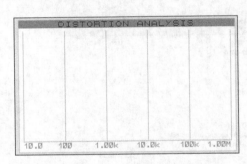

图 3 - 119　失真分析图表

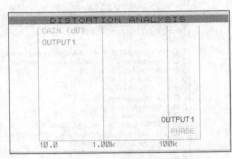

图 3 - 120　放置节点探针到图表

(3) 设置失真分析图表

双击图表将弹出如图 3 - 121 所示的失真分析图表编辑对话框。

对话框中包含如下设置内容：

➤ Graph title：图表标题。

➤ Reference：频率为 F1 的发生器。

➤ IM ratio：F2 与 F1 的比率。

➤ Start time：F1 起始仿真频率。

➤ Stop frequency：F1 终止仿真频率。

➤ Interval：间距取值方式。系统提供 3 种取值方式：DECADES，十倍频程；OCTAVESL，八倍频程；INEAR，线性取值。

➤ No. Steps/Interva：步幅数。

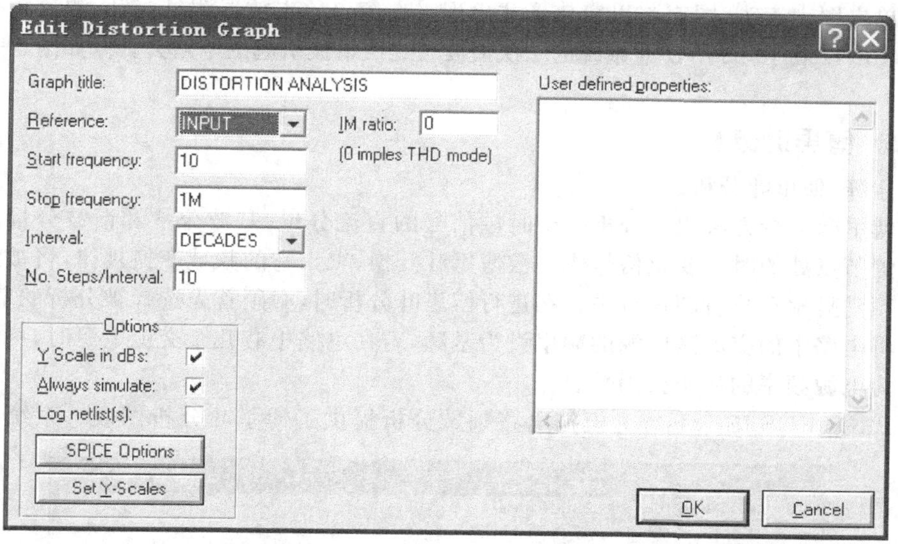

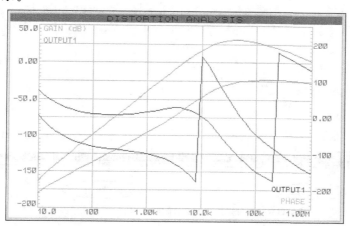

图 3 - 121　失真分析图表编辑对话框

其中 IM ratio 是在仿真电路的互调失真时用于设置 F2 与 F1 的比率;此时设置的频率范围为 F1 的频率范围,F2 的频率范围为 F1 的频率乘以 F2 与 F1 的比率;IM ratio 的值设置为 0～1 之间的数。当 IM ratio 设置为 0 时,系统仿真电路的谐波失真。

按照图 3 - 121 所示设置失真分析图表。编辑完成后,单击 OK 按钮完成设置。

(4) 仿真电路

选择 Graph→Simulate 菜单项(快捷键:空格),开始仿真。电路仿真结果如图 3 - 122 所示。

图 3 - 122　失真分析仿真结果图

单击图表表头，图表将以窗口形式出现。在窗口单击放置测量探针，测量频率分别为 10 Hz 和 10 000 Hz 时系统的二次谐波与三次谐波引起的电路失真。如图 3 - 123 所示。

5. 傅里叶分析

注释：傅里叶分析。

傅里叶分析方法用于分析一个时域信号的直流分量、基波分量和谐波分量。即把被测节点处的时域变化信号作离散傅里叶变换，求出它的频域变换规律，将被测节点的频谱显示在分析图窗口中。在进行傅里叶分析时，必须首先选择被分析的节点，一般将电路中的交流激励源的频率设为基频，若在电路中有几个交流电源时，可将基频设为电源频率的最小公因数。

PROTEUS ISIS 系统为模拟电路频域分析提供了傅里叶分析图表。系统首先

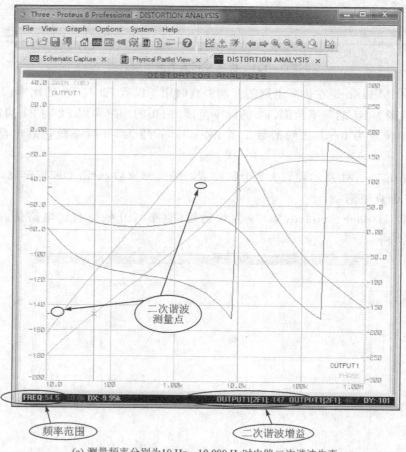

(a) 测量频率分别为 10 Hz、10 000 Hz 时电路二次谐波失真

图 3 - 123　测量频率分别为 10 Hz、10 000 Hz 时电路失真

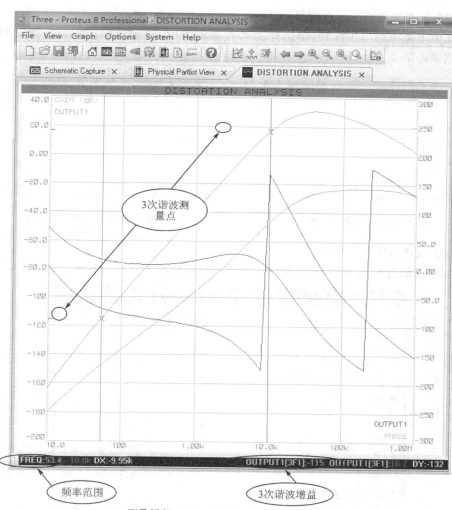

(b) 测量频率10 Hz、10 000 Hz时电路三次谐波失真

图 3 - 123　测量频率分别为 10 Hz、10 000 Hz 时电路失真(续)

对电路进行瞬态分析,后对瞬态分析结果执行快速傅里叶分析(FFT)。为了优化 FFT 分析,在仿真图表中提供了多种窗函数。

由傅里叶分析计算系统失真度(D)的计算公式为: $D \approx \sqrt{\dfrac{V_{om2}^2 + V_{om3}^2}{V_{om1}^2}}$,其中 V_{om1}^2 是基波幅度,而 V_{om2}^2、V_{om3}^2 为二次谐波与 3 次谐波。

(1) 放置傅里叶分析图表

单击工具箱中的 Simulation Graph 图标,在对象选择器中选择 FOURIER 仿真图表。在编辑窗口期望放置图表的位置单击,并拖动鼠标,在期望的结束点单击,放置傅里叶分析图表,如图 3 - 124 所示。

(2) 在图表中放置节点探针

选中电路中的电压探针，单击并拖动其到图表中，松开鼠标即可放置探针到图表。结果如图 3 - 125 所示。

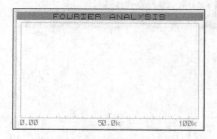

图 3 - 124　傅里叶分析图表

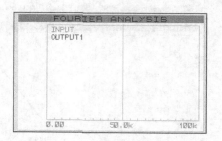

图 3 - 125　放置节点探针到图表

(3) 设置傅里叶分析图表

双击图表将弹出如图 3 - 126 所示的傅里叶分析图表编辑对话框。

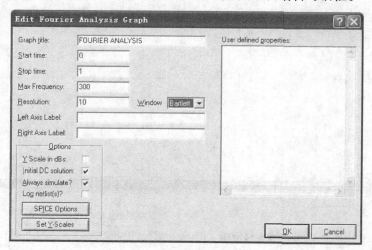

图 3 - 126　傅里叶分析图表编辑对话框

对话框中包含如下设置内容：

➢ Graph title：图表标题。

➢ Start time：仿真起始时间。

➢ Stop time：仿真终止时间。

➢ Max Frequency：最大频率。

➢ Resolution：分辨率。

➢ Window：窗函数。

➢ Left Axis：左边坐标轴标签。

➢ Right Axis：右边坐标轴标签。

按照图 3-126 所示设置傅里叶分析图表。编辑完成后,单击 OK 按钮完成设置。输入信号设置如图 3-127 所示。

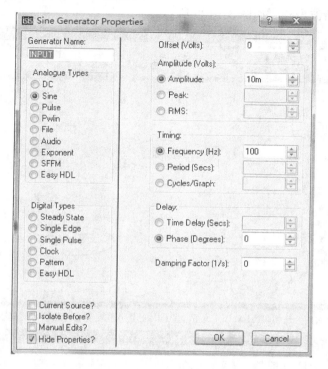

图 3-127 输入信号设置

即电路输入信号是频率为 100 Hz、幅值为 10 mA 的正弦波信号。

(4) 仿真电路

选择 Graph→Simulate 菜单项(快捷键:空格),开始仿真。电路仿真结果如图 3-128 所示。

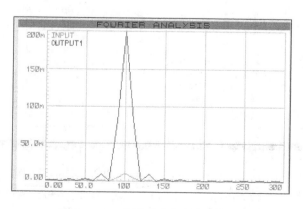

图 3-128 傅里叶分析仿真结果图

从傅里叶分析分析图表中曲线的可知,系统输出信号掺杂有谐波信号。

单击图表表头,图表将以窗口形式出现。在窗口单击放置测量探针,测量系统二次谐波与 3 次谐波增益。如图 3 - 129 所示。

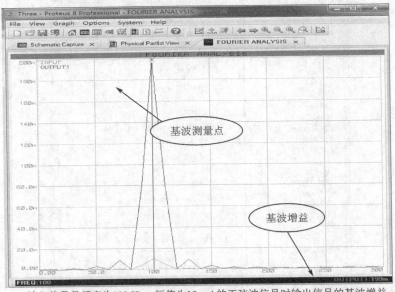

(a) 输入信号是频率为100 Hz、幅值为10 mA的正弦波信号时输出信号的基波增益

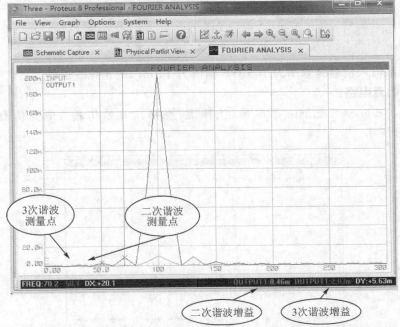

(b) 输入信号是频率为100 Hz、幅值为10 mA的正弦波信号时输出信号的谐波增益

图 3 - 129 输入信号是频率为 100 Hz、幅值为 10 mA 的正弦波信号时的输出信号

此时系统的失真度为：$D \approx \sqrt{\dfrac{8.46^2 + 2.83^2}{199^2}} \approx 0.1\%$。

当系统输入信号如图 3 - 130 所示。同时修改仿真图表参数设置。如图 3 - 131 所示。

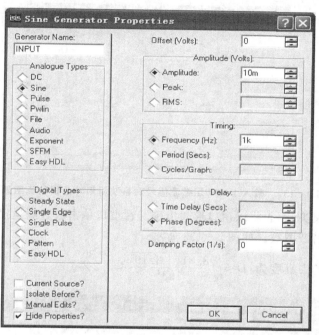

图 3 - 130　改变系统输入

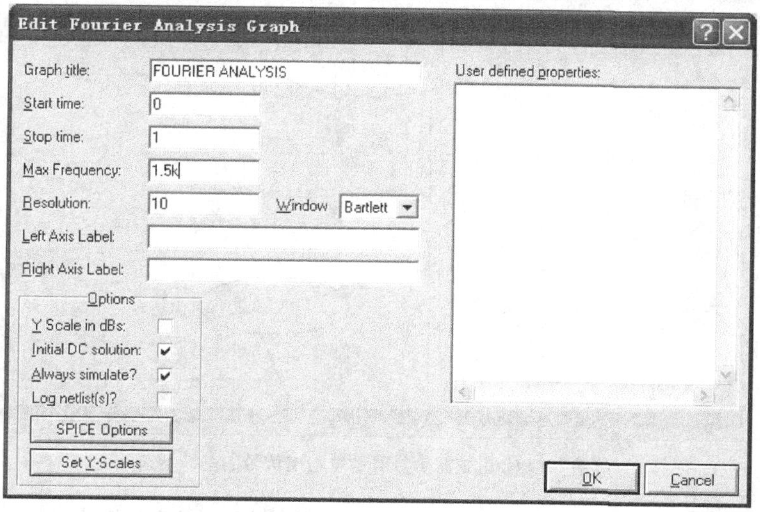

图 3 - 131　输入改变时修改仿真图表参数设置

(5) 仿真电路

选择 Graph→Simulate 菜单项（快捷键：空格），开始仿真。电路仿真结果如图 3-132 所示。

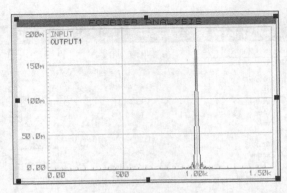

图 3-132　输入 1 kHz 正弦波信号时系统傅里叶分析仿真结果图

单击图表表头，图表将以窗口形式出现。在窗口单击放置测量探针，测量系统二次谐波与 3 次谐波增益。如图 3-133 所示。

此时系统的失真度为：$D \approx \sqrt{\dfrac{8.81^2 + 3.19^2}{198^2}} \approx 0.2\%$。

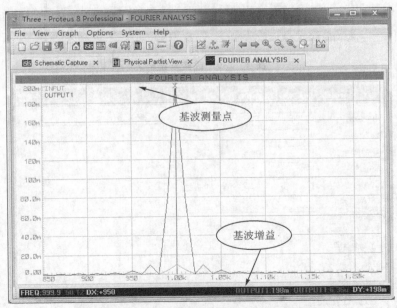

(a) 输入 1 kHz 正弦波信号时系统输出信号的基波增益

图 3-133　输入 1 kHz 正弦波信号时系统输出信号的增益

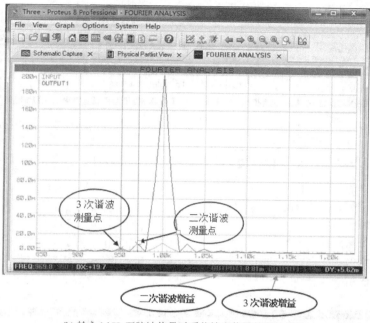

(b) 输入1 kHz正弦波信号时系统输出信号的谐波增益

图 3 - 133　输入 1 kHz 正弦波信号时系统输出信号的增益(续)

按照上述方法改变系统输入信号为 10 kHz 的正弦波信号,设置结果如图 3 - 134 所示。

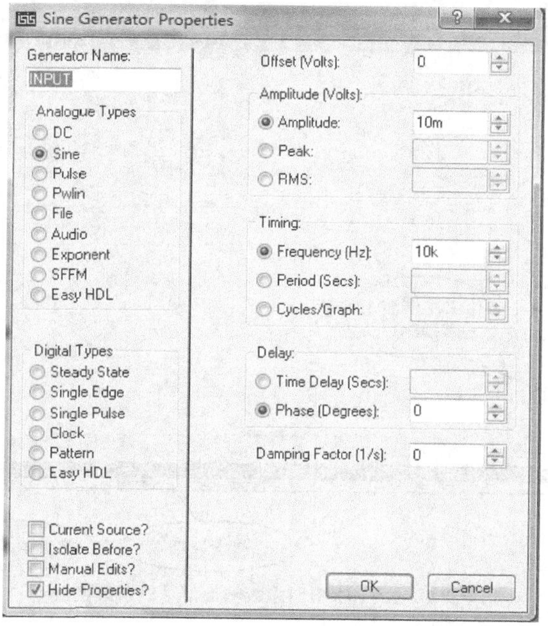

图 3 - 134　改变系统输入

仿真电路,此时系统输出信号的增益如图 3 - 135 所示。

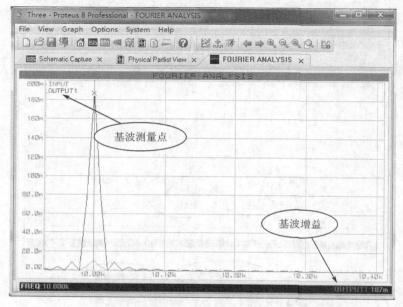

(a) 输入信号为10 kHz时系统输出信号的基波增益

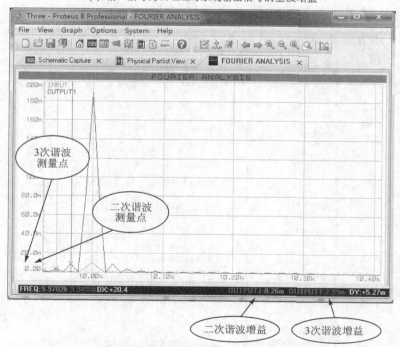

(b) 输入信号为10 kHz时系统输出信号的谐波增益

图 3 - 135　输入信号为 10 kHz 时系统输出信号的增益

此时系统的失真度为：$D \approx \sqrt{\dfrac{8.26^2 + 2.99^2}{187^2}} \approx 0.2\%$。

3.6.3　音频功率放大器二级放大电路

音频功率放大器二级放大用于进一步放大输入信号，并进行适当的音色处理。

单击 Component 图标，单击 P 按钮，从弹出的选取元件对话框中选择电路仿真元件。仿真元件信息如表 3-8 所列。

表 3-8　仿真元件信息（二级放大电路）

元件名称	所属类	所属子类
OP07（运算放大器）	Operational Amplifiers	Single
RESISTOR（电阻）	Modelling Primitives	Analog（SPICE）
GENELECT1U63V（电容）	Capacitors	Radial Electrolytic

将仿真元件添加到对象选择器后关闭元件选取对话框。

选中对象选择器中的仿真元件，将运放、电阻、电容及电源等元件添加到原理图编辑窗口。双击元件，将弹出元件编辑对话框，设置电路中各元件参数。

1．放置终端

单击 Terminal 图标，系统在对象选择窗口列出各种终端。点选合适的终端，使用旋转或镜像按钮调整终端方向后，在编辑窗口单击，放置终端。

2．编辑输入、输出端口

双击端口，将弹出终端编辑窗口。在终端名称设置文本框中输入终端名称后，单击 OK 按钮完成设置。编辑好的二级放大器电路如图 3-136 所示。

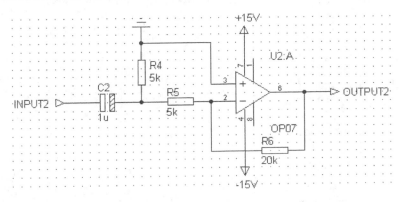

图 3-136　二级放大电路（编辑后）

3.6.4　音频功率放大器二级放大电路分析

添加输入信号源。单击 Generator 图表，系统在对象选择窗口列出各种信号源，选择正弦波（SINE）信号源，并在编辑窗口单击，放置正弦波信号源。将正弦波信号源与二级放大电路输入端相连，如图 3 - 137 所示。

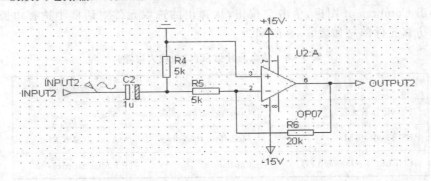

图 3 - 137　连接正弦波信号源与二级放大电路输入端

双击正弦波信号源，将弹出如图 3 - 138 所示的正弦波信号源编辑对话框。

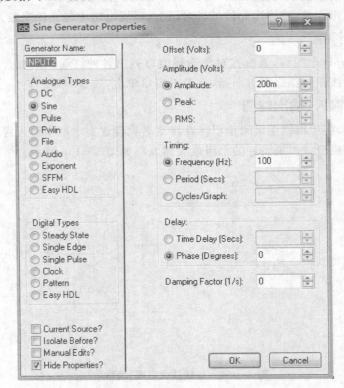

图 3 - 138　正弦波信号源编辑窗口

按照图 3-138 所示编辑信号源。编辑完成后单击 OK 按钮确认设置。

放置测量探针。单击工具箱中的 Voltage probe 图标,使用旋转或镜像按钮调整探针的方向后,在编辑窗口期望放置探针的位置单击,电压探针被放置到电路图中,如图 3-139 所示。

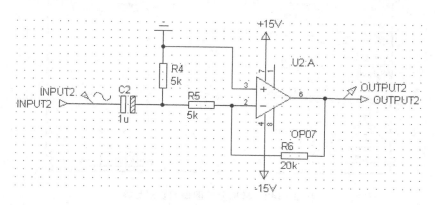

图 3-139　添加电压探针

本电路中应用电压探针的默认设置。

1. 电路输入与输出分析

(1) 放置模拟仿真图表

单击工具箱中的 Simulation Graph 图标,在对象选择器中选择 ANALOGUE 仿真图表。在编辑窗口期望放置图表的位置单击,并拖动鼠标,在期望的结束点单击,放置模拟图表,如图 3-140 所示。

在图表中放置正弦波信号探针及电压探针。选中电路中的正弦波信号源 IN-PUT2,单击并拖动其到图表中,松开鼠标即可放置信号源探针到图表。按照上述方式添加电压探针 OUTPUT2 到模拟图表。结果如图 3-141 所示。

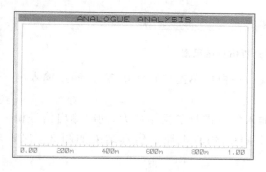

图 3-140　模拟分析图表

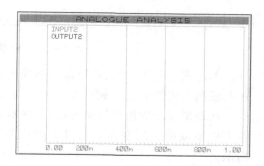

图 3-141　放置信号源探针及电压
探针到图表

(2) 设置模拟分析图表

双击图表将弹出如图 3-142 所示的模拟分析图表编辑对话框。

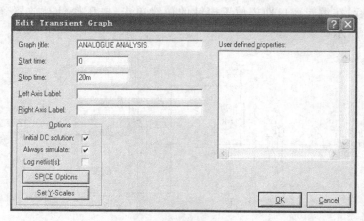

图 3-142　模拟分析图表编辑对话框

按照图 3-142 所示设置模拟分析图表。编辑完成后,单击 OK 按钮完成设置。

(3) 仿真电路

选择 Graph→Simulate 菜单项(快捷键:空格),开始仿真。电路仿真结果如图 3-143 所示。

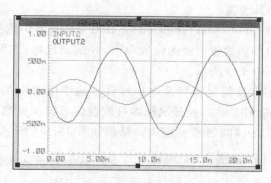

图 3-143　模拟分析仿真结果图

单击图表表头,图表将以窗口形式出现。在窗口单击放置测量探针,测量输入电压与输出电压的关系。如图 3-144 所示。

从模拟图表的仿真结果可知,电路对输入信号进行了反相放大,同时输出信号相位发生了偏移。改变输入信号的频率为 1 kHz,仿真电路。仿真结果如图 3-145 所示。

从模拟图表的仿真结果可知,电路对输入信号进行了放大,放大倍数为 $\dfrac{\text{OUTPUT2}}{\text{INPUT2}}=\dfrac{801}{200}=4$。同时输出信号相位偏移量减小。

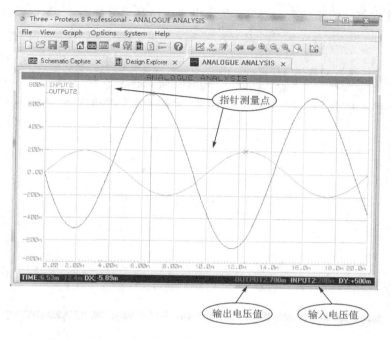

图 3 - 144　测量输入电压值与输出电压值(输入信号频率为 100 Hz)

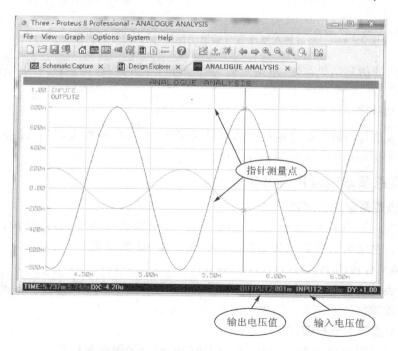

图 3 - 145　测量输入电压值与输出电压值(输入信号频率为 1 kHz)

改变输入信号的频率为 10 kHz,仿真电路。仿真结果如图 3 - 146 所示。

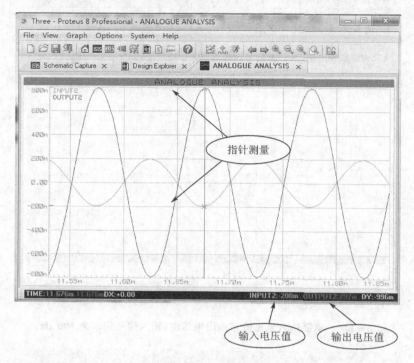

指针测量

输入电压值　　输出电压值

图 3 - 146　测量输入电压值与输出电压值(输入信号频率为 10 kHz)

从电路的仿真结果可知,电路对输入信号进行了放大,放大倍数为 $\dfrac{\text{OUTPUT2}}{\text{INPUT2}} = \dfrac{797}{200} = 4$。同时输出信号相位与输入信号相位反相。

从输入信号与输出信号的模拟仿真结果可知,音频功率放大器的二级放大电路对不同输入信号频率有不同的相位偏移。

2. 电路频率响应特性分析

(1) 放置频率分析图表

单击工具箱中的 Simulation Graph 图标,在对象选择器中选择 FREQUENCY 仿真图表。在编辑窗口期望放置图表的位置单击,并拖动鼠标,在期望的结束点单击,放置频率分析图表,如图 3 - 147 所示。

在图表中放置电压探针。选中电路中的电压探针,单击并拖动其到图表中,松开鼠标即可放置探针到图表。结果如图 3 - 148 所示。

(2) 设置频率分析图表

双击图表将弹出如图 3 - 149 所示的频率分析图表编辑对话框。

按照图 3 - 149 所示设置频率分析图表。编辑完成后,单击 OK 按钮完成设置。

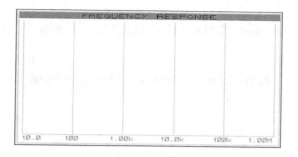

图 3 - 147　频率分析图表

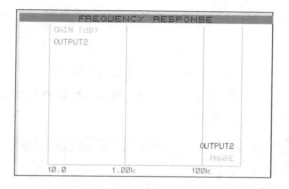

图 3 - 148　放置电压探针到图表

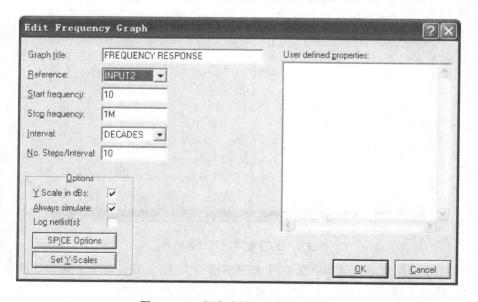

图 3 - 149　频率分析图表编辑对话框

(3) 仿真电路

选择 Graph→Simulate 菜单项(快捷键:空格),开始仿真。电路仿真结果如图 3 - 150 所示。

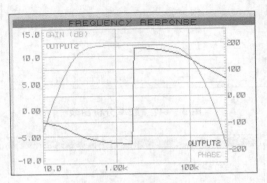

图 3 - 150　频率分析仿真结果图

单击图表表头,图表将以窗口形式出现。在窗口单击放置测量探针,测量电路的最大频率增益。如图 3 - 151 所示。

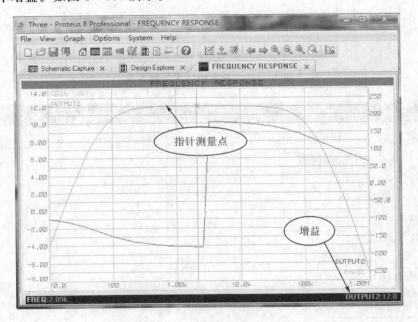

图 3 - 151　测量电路频率特性

从图中的测量结果可知系统的最大频率增益为 12.0 dB,则截止频率处增益为 12.0 dB×0.707=8.5 dB。测量电路截止频率,如图 3 - 152 所示。

从电路的仿真结果可知,系统通带频率范围为 58~144 kHz。

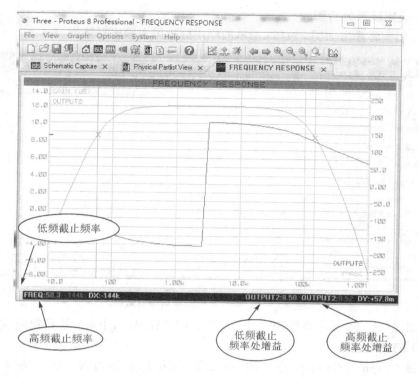

图 3 - 152　电路截止频率

3. 电路噪声分析

(1) 放置噪声分析图表

单击工具箱中的 Simulation Graph 图标,在对象选择器中选择 NOISE 仿真图表。在编辑窗口期望放置图表的位置单击,并拖动鼠标,在期望的结束点单击,放置噪声分析图表,如图 3 - 153 所示。

在图表中放置节点探针。选中电路中的电压探针,按下左键拖动其到图表中,松开左键即可放置探针到图表。结果如图 3 - 154 所示。

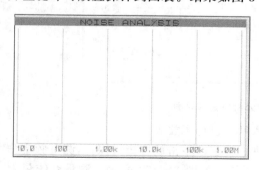

图 3 - 153　噪声分析图表

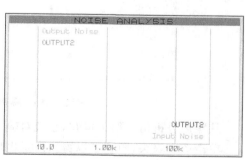

图 3 - 154　放置节点探针到图表

(2) 设置噪声分析图表

双击图表将弹出如图 3 - 155 所示的噪声分析图表编辑对话框。

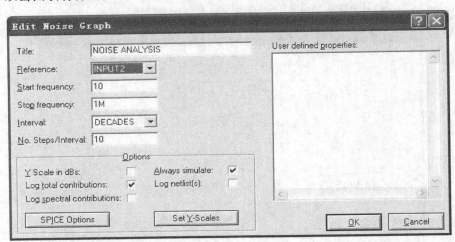

图 3 - 155　噪声分析图表编辑对话框

按照图 3 - 155 所示设置噪声分析图表。编辑完成后，单击 OK 按钮完成设置。

(3) 仿真电路

选择 Graph→Simulate 菜单项（快捷键：空格），开始仿真。电路仿真结果如图 3 - 156 所示。

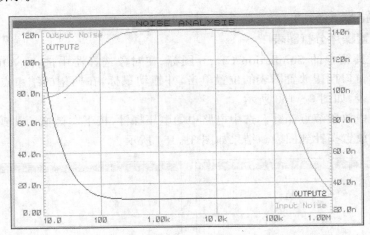

图 3 - 156　噪声分析仿真结果图

从噪声分析仿真结果可知，系统对输入噪声进行了放大。

单击图表表头，图表将以窗口形式出现。在窗口单击放置测量探针，测量频率分别为 10 Hz 和 10 000 Hz 时系统的噪声电压值。如图 3 - 157 所示。测量系统最大噪声电压，如图 3 - 158 所示。

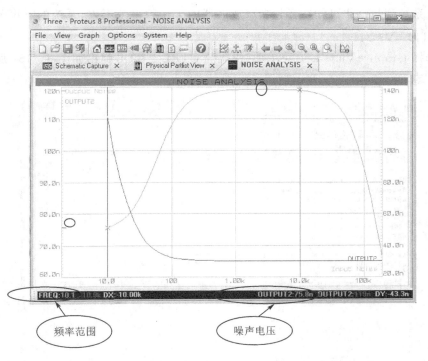

图 3 - 157　测量频率分别为 10 Hz、10 000 Hz 时系统的噪声电压值

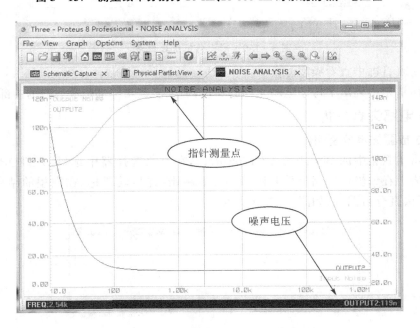

图 3 - 158　系统输出最大噪声电压

从系统测量结果可知在音频功率放大器的工作频率范围内,系统的噪声范围为
$75.8 \sim 119 \ nV/\sqrt{Hz}$。

选择 Graph→View Log 菜单项(快捷键 CTRL＋V)可弹出如图 3－159 所示的
仿真日志。

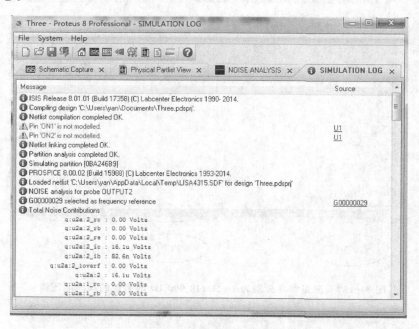

图 3－159　噪声分析仿真日志

从仿真日志中查看噪声源。

噪声清单中列出了每个电路元件的噪声,但大多数元件都是放大器的内部元件。

4. 电路失真分析

(1) 放置失真分析图表

单击工具箱中的 Simulation Graph 图标,在对象选择器中选择 DISTORTION
仿真图表。在编辑窗口期望放置图表的位置单击,并拖动鼠标,在期望的结束点单
击,放置失真分析图表,如图 3－160 所示。

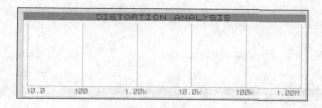

图 3－160　失真分析图表

（2）在图表中放置节点探针

选中电路中的电压探针，单击并拖动其到图表中，松开左键即可放置探针到图表。结果如图 3 - 161 所示。

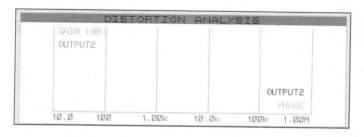

图 3 - 161　放置节点探针到图表

（3）设置失真分析图表

双击图表将弹出如图 3 - 162 所示的失真分析图表编辑对话框。

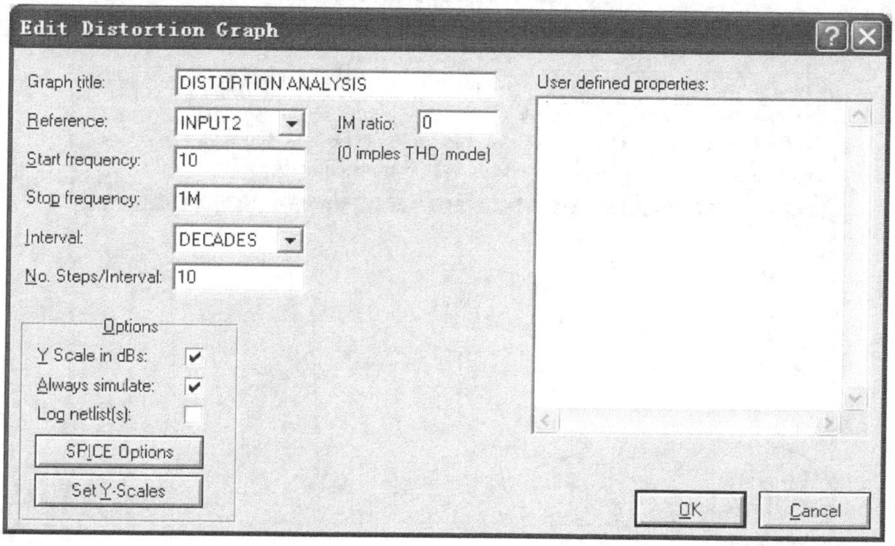

图 3 - 162　失真分析图表编辑对话框

按照图 3 - 162 所示设置失真分析图表。编辑完成后，单击 OK 按钮完成设置。

（4）仿真电路

选择 Graph→Simulate 菜单项（快捷键：空格），开始仿真。电路仿真结果如图 3 - 163 所示。

单击图表表头，图表将以窗口形式出现。在窗口单击放置测量探针，测量频率分别为 50 Hz 和 10 000 Hz 时系统的二次谐波与 3 次谐波引起的电路失真。如图 3 - 164 所示。

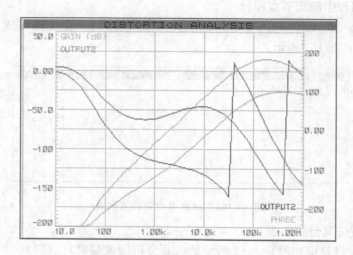

图 3 - 163　失真分析仿真结果图

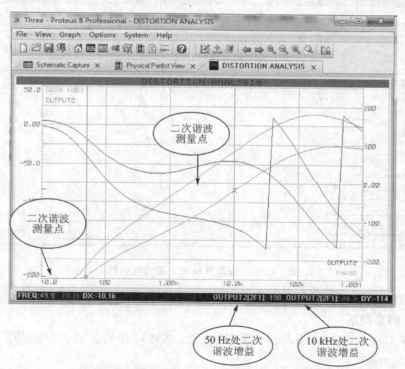

(a) 测量频率分别为 50 Hz、10 000 Hz 时电路二次谐波失真

图 3 - 164　测量频率分别为 50 Hz、10 000 Hz 时电路失真

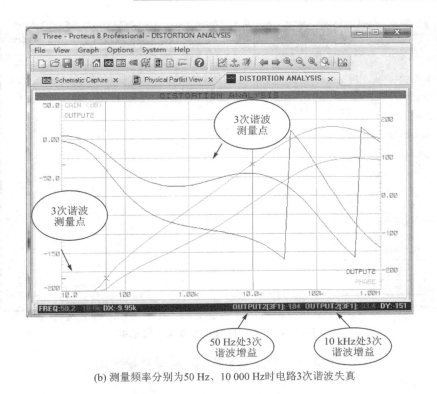

(b) 测量频率分别为50 Hz、10 000 Hz时电路3次谐波失真

图 3 - 164　测量频率分别为 50 Hz、10 000 Hz 时电路失真(续)

5. 傅里叶分析

(1) 放置傅里叶分析图表

单击工具箱中的 Simulation Graph 图标,在对象选择器中选择 FOURIER 仿真图表。在编辑窗口期望放置图表的位置单击,并拖动鼠标,在期望的结束点单击,放置傅里叶分析图表。在图表中放置节点探针。选中电路中的电压探针,按下左键拖动其到图表中,松开左键即可放置探针到图表。

(2) 设置傅里叶分析图表

双击图表将弹出如图 3 - 165 所示的傅里叶分析图表编辑对话框。

按照图 3 - 165 所示设置傅里叶分析图表。编辑完成后,单击 OK 按钮完成设置。

(3) 仿真电路

选择 Graph→Simulate 菜单项(快捷键:空格),开始仿真。电路仿真结果如图 3 - 166 所示。

从傅里叶分析分析图表中曲线的可知,系统输出信号掺杂有谐波信号。

单击图表表头,图表将以窗口形式出现。在窗口单击放置测量探针,测量系统二

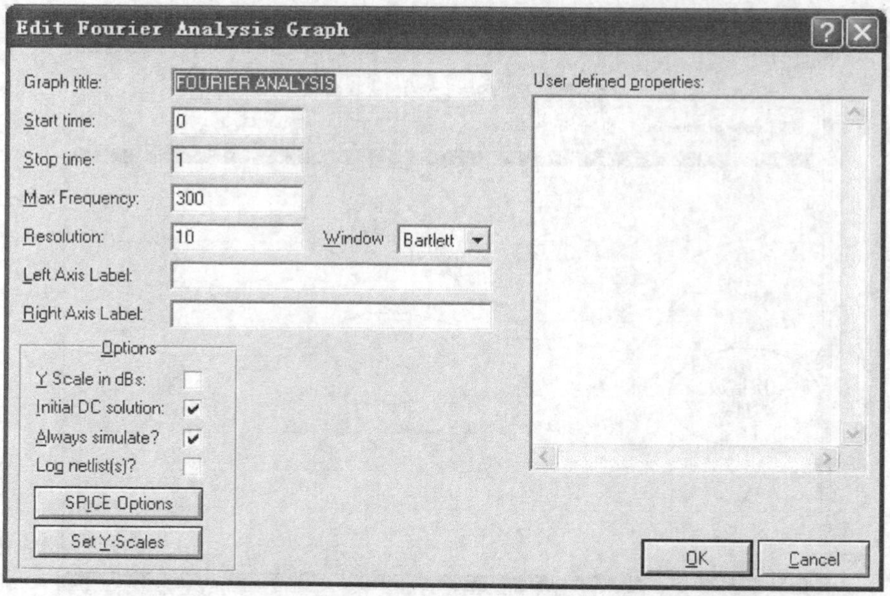

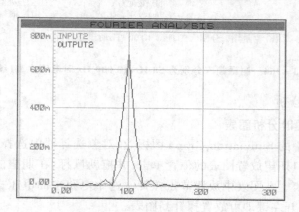

图 3 - 165   傅里叶分析图表编辑对话框

图 3 - 166   傅里叶分析仿真结果图

次谐波与 3 次谐波增益。如图 3 - 167 所示。

此时系统的失真度为:$D \approx \sqrt{\dfrac{29.3^2 + 10.4^2}{675^2}} \approx 0.2\%$。

当输入信号为频率 1 kHz、幅值 200 mA 的正弦波信号时,仿真电路。

(4) 设置傅里叶分析图表

双击图表将弹出如图 3 - 168 所示的傅里叶分析图表编辑对话框。

选择 Graph→Simulate 菜单项(快捷键:空格),开始仿真。电路仿真结果如图 3 - 169 所示。

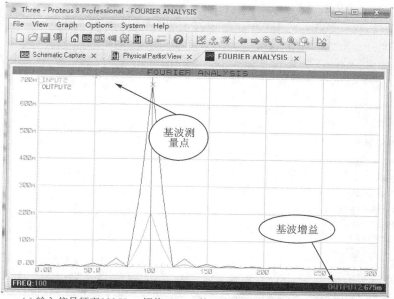

(a) 输入信号频率100 Hz、幅值200 mA的正弦波信号时输出信号的基波增益

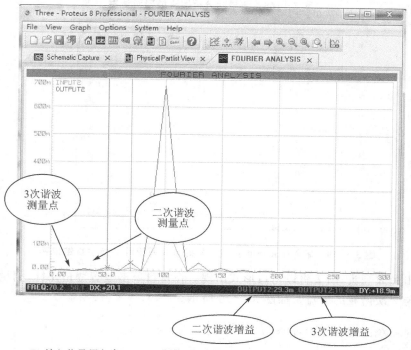

(b) 输入信号频率为100 Hz、幅值200 mA的正弦波信号时输出信号的谐波增益

图 3 - 167　输入信号为频率为 100 Hz、幅值为 200 mA 的正弦波信号时的输出信号

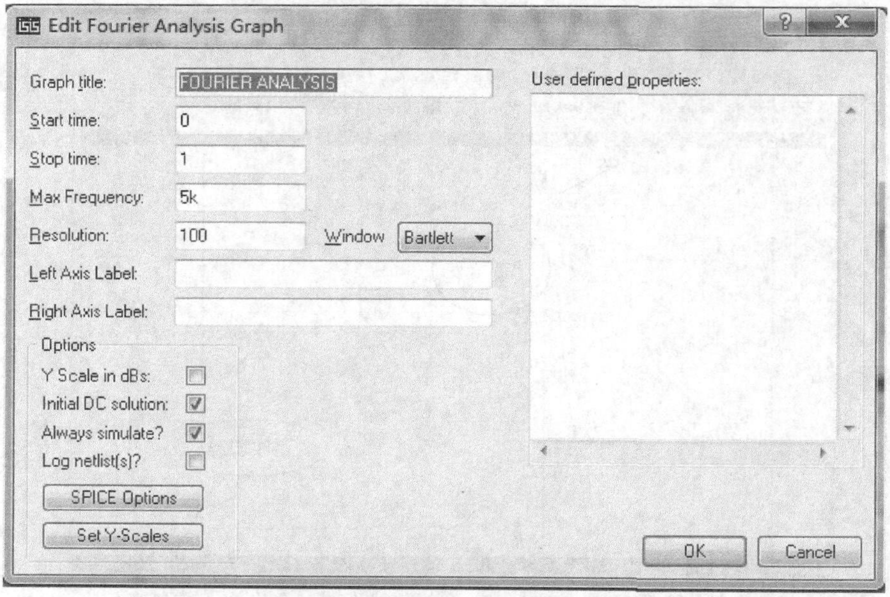

Edit Fourier Analysis Graph

Graph title: FOURIER ANALYSIS

Start time: 0

Stop time: 1

Max Frequency: 5k

Resolution: 100　　Window Bartlett ▾

Left Axis Label:

Right Axis Label:

Options
Y Scale in dBs: ☐
Initial DC solution: ☑
Always simulate? ☑
Log netlist(s)? ☐

[SPICE Options]
[Set Y-Scales]

User defined properties:

[OK] [Cancel]

图 3 - 168　傅里叶分析图表编辑对话框

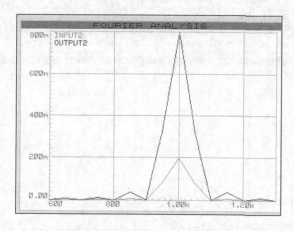

图 3 - 169　输入 1 kHz 正弦波信号时系统傅里叶分析仿真结果图

单击图表表头，图表将以窗口形式出现。在窗口单击放置测量探针，测量系统二次谐波与 3 次谐波的增益。如图 3 - 170 所示。

此时系统的失真度为：$D \approx \sqrt{\dfrac{34.6^2 + 11.4^2}{794^2}} \approx 0.2\%$。

改变系统输入信号为 10kHz 的正弦波信号。设置傅里叶分析图表。双击图表将弹出如图 3 - 171 所示的傅里叶分析图表编辑对话框。

仿真电路，此时系统输出信号的增益如图 3 - 172 所示。

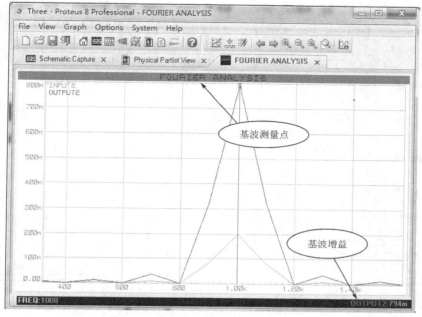

(a) 输入1 kHz正弦波信号时系统输出信号的基波增益

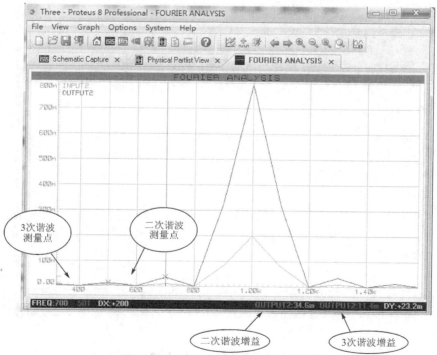

(b) 输入1 kHz正弦波信号时系统输出信号谐波增益

图 3 - 170　输入 1 kHz 正弦波信号时系统输出信号增益

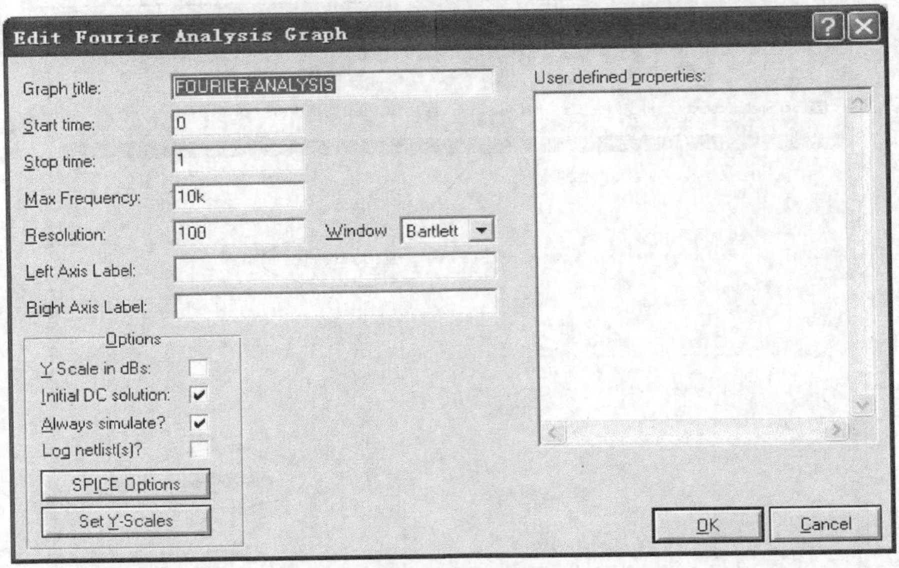

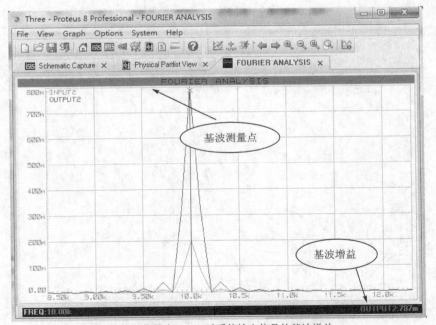

图 3 - 171　傅里叶分析图表编辑对话框

(a) 输入信号为 10 kHz 时系统输出信号的基波增益

图 3 - 172　输入信号为 10 kHz 时系统输出信号的增益

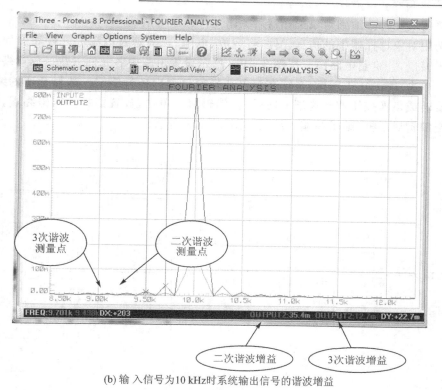

(b) 输入信号为 10 kHz 时系统输出信号的谐波增益

图 3 - 172 输入信号为 10 kHz 时系统输出信号的增益(续)

此时系统的失真度为: $D \approx \sqrt{\dfrac{35.4^2 + 12.7^2}{787^2}} \approx 0.2\%$。

3.6.5 音频功率放大器功率放大电路

单击 Component 图标,单击 P 按钮,从弹出的选取元件对话框中选择电路仿真元件。仿真元件信息如表 3 - 9 所列。

表 3 - 9 仿真元件信息(功率放大电路)

元件名称	所属类	所属子类
BATTERY	Simulator Primitives	Sources
OP07(运算放大器)	Operational Amplifiers	Single
RESISTOR(电阻)	Modelling Primitives	Analog(SPICE)
POT—LIN(可变电阻)	Resistors	Variable
DIODE(二极管)	Diodes	Generic
BDX53(NPN 三极管)	Transistors	Bipolar
BDX54(PNP 三极管)	Transistors	Bipolar
SPEAKER(扬声器)	Speaker & Sounders	——

将仿真元件添加到对象选择器后关闭元件选取对话框。

选中对象选择器中的仿真元件，将运放、电阻、二极管及电源等元件添加到原理图编辑窗口，并绘制电路图。按图 3-173 所示设置电路中各元件参数。放置终端并编辑。单击 Terminal 图标，系统在对象选择窗口列出各种终端。选择合适的终端，使用旋转或镜像按钮调整终端方向后，在编辑窗口单击，放置终端。双击终端，将出现终端编辑对话框，编辑终端。结果如图 3-173 所示。

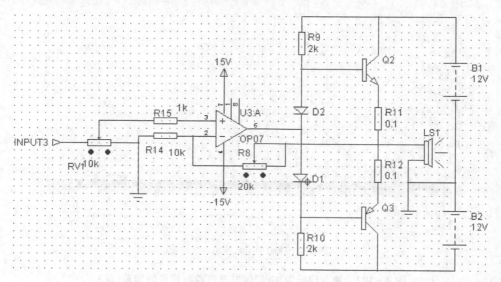

图 3-173　编辑终端

3.6.6　音频功率放大器功率放大电路分析

添加输入信号源。单击 Generator 图表，系统在对象选择窗口列出各种信号源，选择正弦波（SINE）信号源，并在编辑窗口单击，放置正弦波信号源。将正弦波信号源与功率放大电路输入端相连，如图 3-174 所示。设置正弦波为 100 Hz、800 mV 的信号。

放置测量探针。单击工具箱中的 Voltage probe 图标，使用旋转或镜像按钮调整探针的方向后，在编辑窗口期望放置探针的位置单击，电压探针被放置到电路图中。设置测量探针名为 OUTPUT3。

1. 电路输入与输出分析

在电路的测量输入端与输出端添加电流探针，结果如图 3-175 所示。

（1）放置模拟仿真图表

单击工具箱中的 Simulation Graph 图标，在对象选择器中选择 ANALOGUE 仿真图表。在编辑窗口期望放置图表的位置单击，并拖动鼠标，在期望的结束点单击，

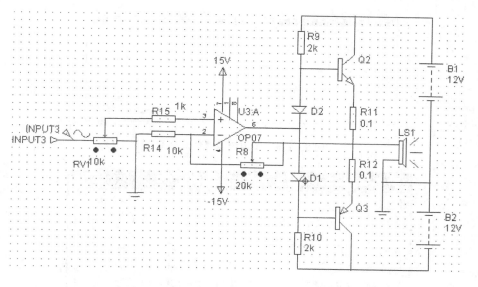

图 3 - 174　连接正弦波信号源与功率放大电路输入端

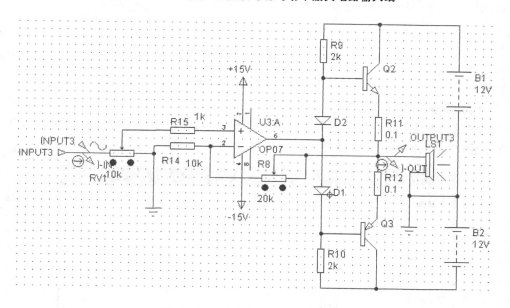

图 3 - 175　在电路中添加电流探针

放置模拟图表。

在图表中放置测量探针,单击并把输入 INPUT3 拖入模拟仿真图表中,结果如图 3 - 176 所示。

再单击图表表头,图表将以窗口形式出现。选择 Graph→Add Trace 菜单项,将弹出如图 3 - 177 所示的对话框,添加输出功率变化曲线。

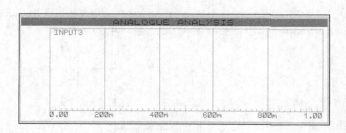

图 3 - 176　添加测量曲线对话框

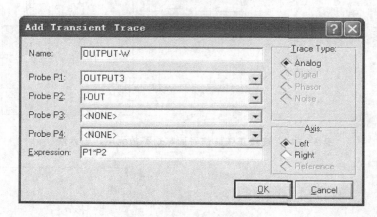

图 3 - 177　添加输出功率曲线

(2) 设置模拟分析图表

双击图表将弹出模拟分析图表编辑对话框,在对话框中设置模拟分析图表仿真选项后,单击 OK 按钮完成设置。如图 3 - 178 所示。

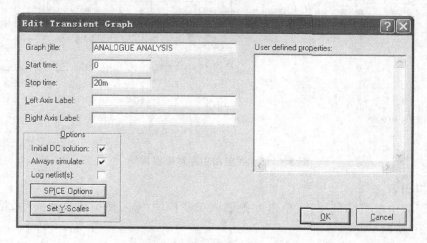

图 3 - 178　编辑模拟分析图表对话框

设置电路中滑动变阻器 RV1 与滑动变阻器 R8 的位置如图 3-179 所示。

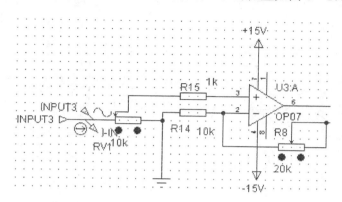

图 3-179　设置滑动变阻器 RV1 与滑动变阻器 R8 的位置

(3) 仿真电路

选择 Graph→Simulate 菜单项(快捷键:空格),开始仿真。电路仿真结果如图 3-180 所示。

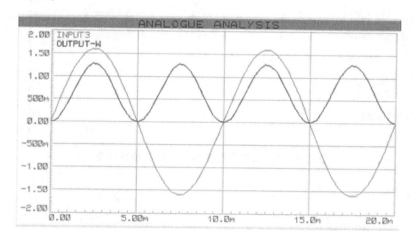

图 3-180　模拟分析仿真结果图

从图中的仿真结果可知,系统输入信号经功率放大电路后功率被放大。

改变电路中滑动变阻器 RV1 的参数,如图 3-181 所示。电路的仿真结果如图 3-182 所示。

改变电路中滑动变阻器 R8 的参数,如图 3-183 所示。电路的仿真结果如图 3-184 所示。

从上述仿真结果可知,系统以恒定功率输入信号,而调节电路中 RV1 与 R8 可调节电路的输入阻抗。

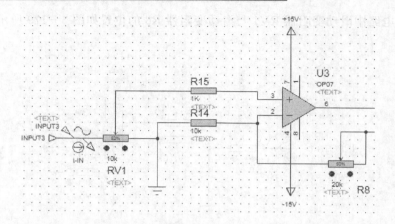

图 3 - 181　改变电路中滑动变阻器 RV1 的参数

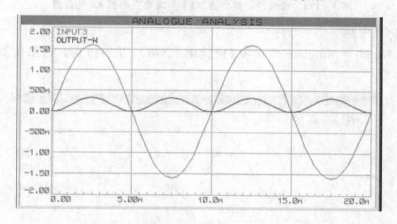

图 3 - 182　改变电路参数后电路的仿真结果

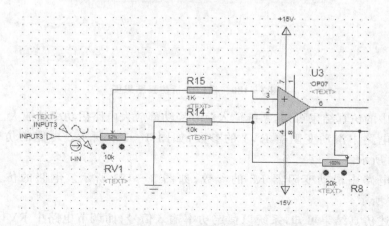

图 3 - 183　改变电路中滑动变阻器 R8 的参数

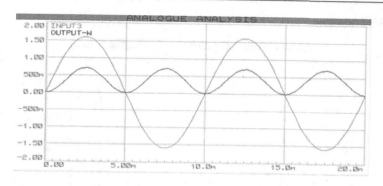

图 3 - 184　改变电路中滑动变阻器 R8 的参数后电路的仿真结果

2. 电路失真分析

（1）放置失真分析图表

单击工具箱中的 Simulation Graph 图标，在对象选择器中选择 DISTORTION 仿真图表。在编辑窗口期望放置图表的位置单击，并拖动鼠标，在期望的结束点单击，放置失真分析图表。

（2）在图表中放置节点探针

选中电路中的电压探针，打开电压探针编辑对话框，如图 3 - 185 所示。

图 3 - 185　设置电压探针

因为电路中扬声器不能进行失真分析，因此设置 Isolate after? 复选框，即仿真时，电路自动与后级隔离。单击并拖动其到图表中，松开鼠标即可放置探针到图表。

结果如图 3 - 186 所示。

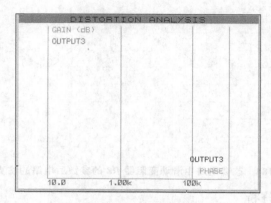

图 3 - 186　放置节点探针到图表

（3）设置失真分析图表

双击图表将弹出如图 3 - 187 所示的失真分析图表编辑对话框。

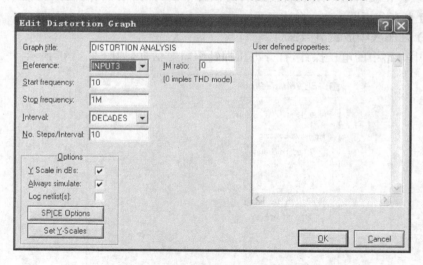

图 3 - 187　失真分析图表编辑对话框

按照图 3 - 187 所示设置失真分析图表。编辑完成后，单击 OK 按钮完成设置。

（4）仿真电路

选择 Graph→Simulate 菜单项（快捷键：空格），开始仿真。电路仿真结果如图 3 - 188 所示。

3.6.7　音频功率放大器电路

将音频功率放大器前置放大电路、二级放大电路及功率放大电路顺序相连即可构成音频功率放大电路，如图 3 - 189 所示。

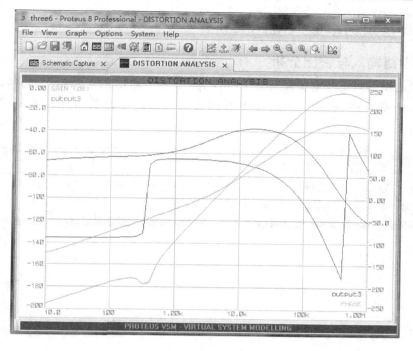

图 3 - 188　失真分析仿真结果图

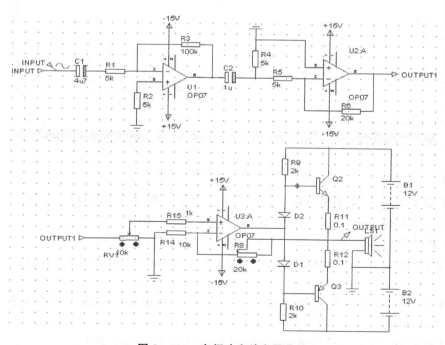

图 3 - 189　音频功率放大器电路

3.6.8　音频功率放大电路分析

1. 电路输入与输出分析

设置电路输入信号电压幅度为 10 mV、频率为 1 kHz 的正弦信号，再将表头的仿真时间结束时间设为 1 ms。即可得到仿真电路。电路仿真结果如图 3 - 190 所示。

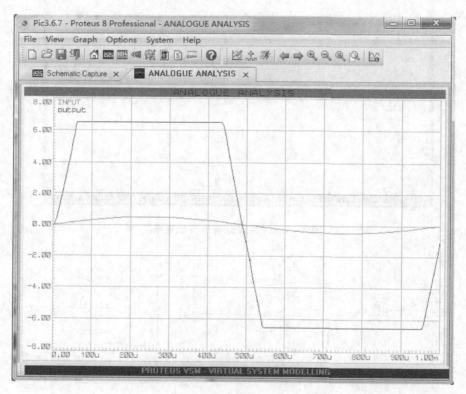

图 3 - 190　模拟分析仿真结果图

单击图表表头，图表将以窗口形式出现。将鼠标放置在 INPUT 上，右击，在弹出的菜单中选择 Edit Trace Properties 选项，如图 3 - 191 所示。

此时将弹出如图 3 - 192 所示对话框。

选择 Show data points? 复选框，此时图表中曲线出现数据点，如图 3 - 193 所示。

在窗口单击，在数据点放置测量探针，测量输入电压与输出电压的关系。如图 3 - 194 所示。

从模拟图表的仿真结果可知，电路对输入信号进行了同相放大。

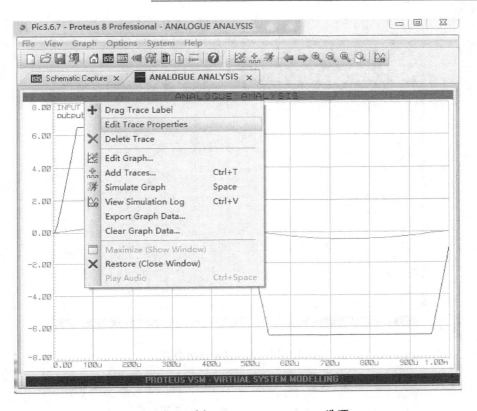

图 3 - 191　选择 Edit Trace Properties 选项

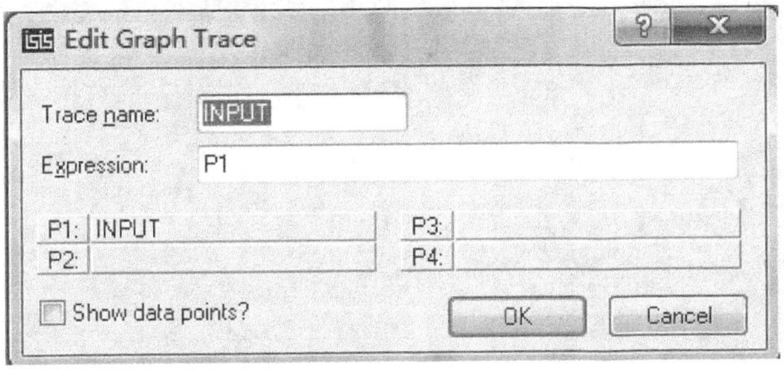

图 3 - 192　编辑曲线属性对话框

2. 电路频率响应特性分析

(1) 放置频率分析图表,并在图表中放置电压探针

选中电路中的电压探针,打开电压探针编辑对话框,如图 3 - 195 所示。因为电路中的扬声器不能进行频率分析,因此选中 Isolate after? 复选框,即仿真时,电路自动与后级隔离。

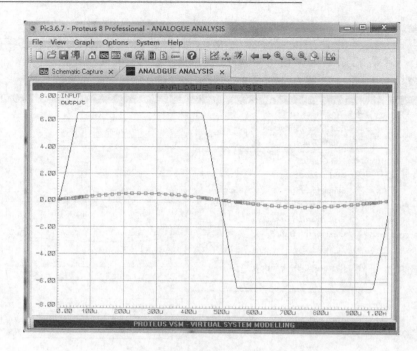

图 3 - 193　曲线上显示数据点

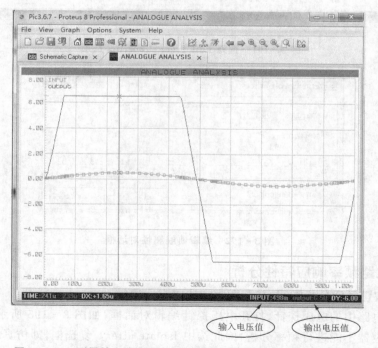

图 3 - 194　测量输入电压值与输出电压值(输入信号频率为 1 kHz)

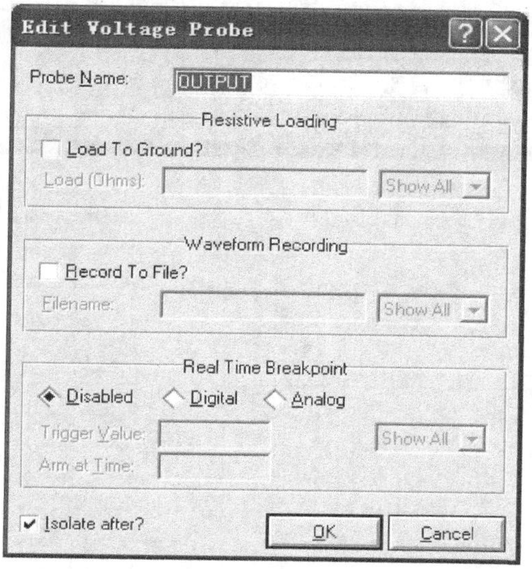

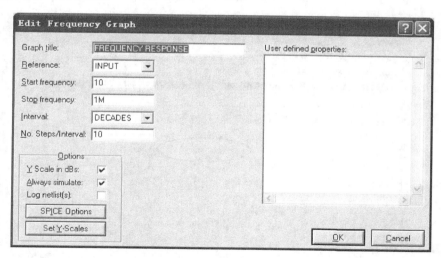

图 3-195 设置电压探针

双击图表设置频率分析图表编辑对话框。编辑完成后,单击 OK 按钮完成设置。结果如图 3-196 所示。

图 3-196 设置后的频率分析图表

(2) 仿真电路

选择 Graph→Simulate 菜单项(快捷键:空格),开始仿真。电路仿真结果如图 3-197 所示。

单击图表表头,图表将以窗口形式出现。在窗口单击放置测量探针,测量电路的最大频率增益。如图 3-198 所示。

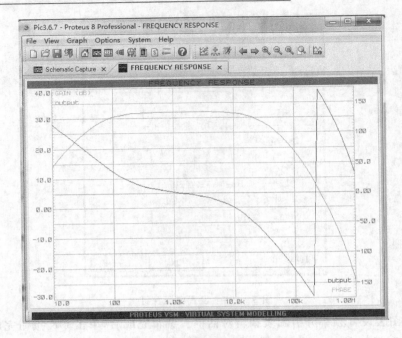

图 3 - 197　频率分析仿真结果图

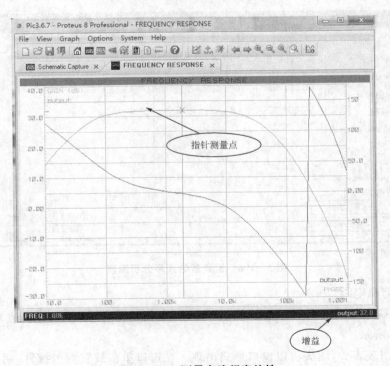

图 3 - 198　测量电路频率特性

从图中的测量结果可知系统的最大频率增益为 32.0 dB,则截止频率处增益为 32.0 dB×0.707＝22.624 dB。测量电路截止频率,如图 3－199 所示。

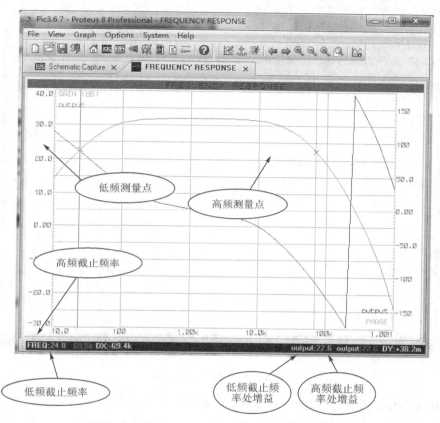

图 3－199　电路截止频率

从电路的仿真结果可知,系统通带频率范围为 24.0～69.5 kHz。

3. 电路噪声分析

(1) 放置噪声分析图表

在图表中放置节点探针。双击图表设置噪声分析图表编辑对话框。编辑完成后,单击 OK 按钮完成设置。结果如图 3－200 所示。

(2) 仿真电路

选择 Graph→Simulate 菜单项(快捷键:空格),开始仿真。电路仿真结果如图 3－201 所示。

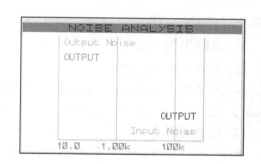

图 3－200　噪声分析图表

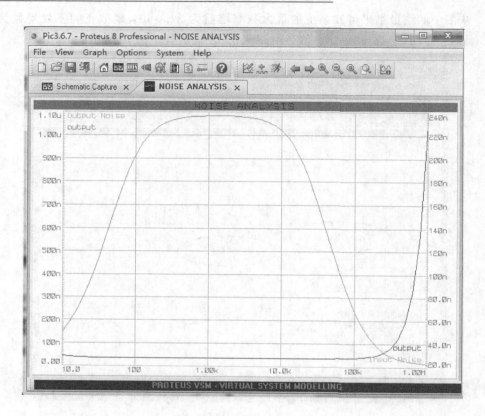

图 3 - 201　噪声分析结果

　　从噪声分析仿真结果可知，系统对输入噪声进行了放大。

　　单击图表表头，图表将以窗口形式出现。在窗口单击放置测量探针，测量频率分别为 50 Hz 和 10 000 Hz 时系统的噪声电压值。如图 3 - 202 所示。

　　测量系统最大噪声电压，如图 3 - 203 所示。

　　从系统测量结果可知在音频功率放大器的工作频率范围内，系统的噪声范围为 $1.33 \sim 2.17 \ \mu V / \sqrt{Hz}$。

3. 电路失真分析

（1）放置失真分析图表

　　在图表中放置节点探针。双击图表设置失真分析图表编辑对话框。编辑完成后，单击 OK 按钮完成设置。结果如图 3 - 204 所示。

（2）仿真电路

　　选择 Graph→Simulate 菜单项（快捷键：空格），开始仿真。电路仿真结果如图 3 - 205 所示。

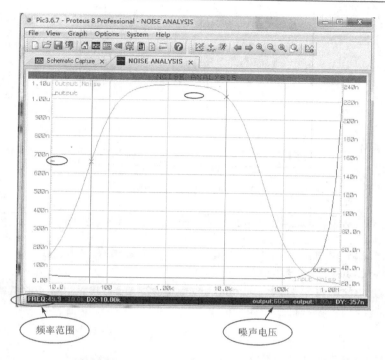

图 3 – 202 测量频率分别为 50 Hz 和 10 000 Hz 时系统的噪声电压值

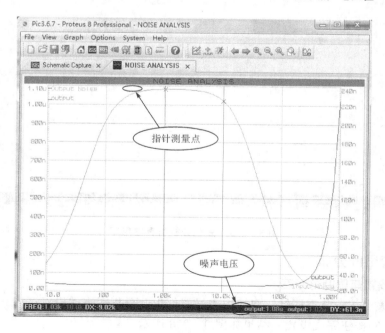

图 3 – 203 系统输出最大噪声电压

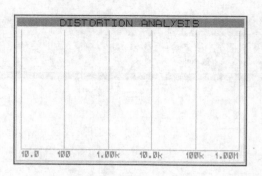

图 3 - 204　失真分析图表

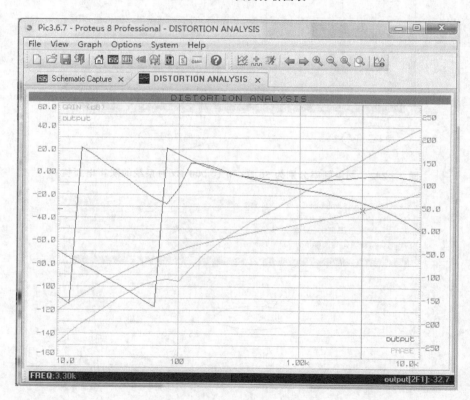

图 3 - 205　失真分析仿真结果图

4. 傅里叶分析

（1）放置傅里叶分析图表

在图表中放置节点探针。双击图表设置傅里叶分析图表编辑对话框。编辑完成后，单击 OK 按钮完成设置。结果如图 3 - 206 所示。

(2) 仿真电路

选择 Graph→Simulate 菜单项(快捷键:空格),开始仿真。电路仿真结果如图 3-207 所示。

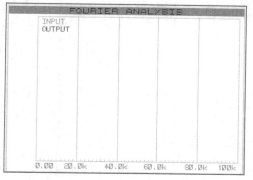

图 3-206 傅里叶分析图表

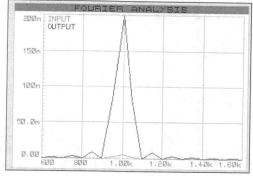

图 3-207 傅里叶分析仿真结果图

从傅里叶分析分析图表中曲线的可知,系统输出信号掺杂有谐波信号。

单击图表表头,图表将以窗口形式出现。在窗口单击放置测量探针,测量系统二次谐波与 3 次谐波增益。如图 3-208 所示。

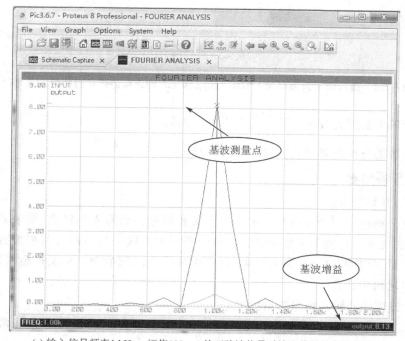

(a) 输入信号频率1 kHz、幅值500 mA的正弦波信号时输出信号的基波增益

图 3-208 输入信号为频率为 1 kHz、幅值 500 mA 的正弦波信号时的输出信号

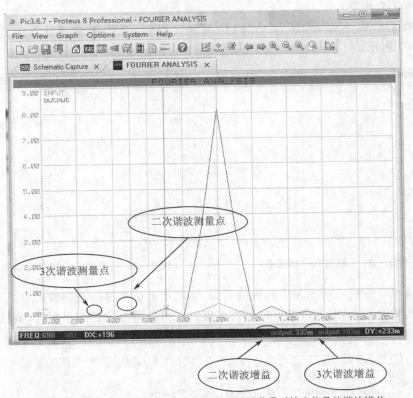

(b) 输入信号频率为1 kHz、幅值500 mA的正弦波信号时输出信号的谐波增益

图 3 - 208　输入信号为频率为 1 kHz、幅值 500 mA 的正弦信号时的输出信号（续）

系统的失真度为：$D \approx \sqrt{\dfrac{335^2 + 103^2}{8130^2}} \approx 0.2\%$。

从系统的分析结果可知，系统满足设计要求。

5．音频分析

注释：音频分析。

音频分析用于用户从设计的电路中分析音频电路的输入和输出（要求系统具有声卡）。实现这一功能的主要元件为音频分析图表。这一分析图表与模拟分析图表在本质上是一样的，只是在仿真结束后，会生成一个时域的 WAV 文件窗口，并且可通过声卡输出声音。

（1）设置电路输入信号为音频信号

单击工具箱中的 Generator 按钮，将在对象选择窗口列出各种信号源。选择AUDIO 信号源，如图 3 - 209 所示。

将信号源添加到电路，如图 3 - 210 所示。

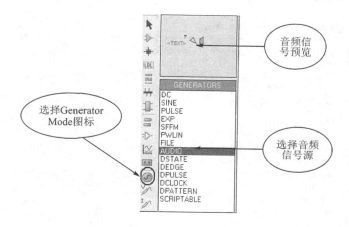

图 3 - 209　选择 FILE 信号源

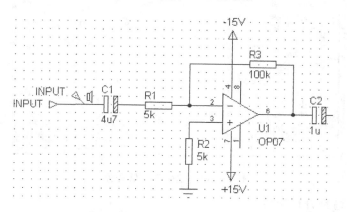

图 3 - 210　添加信号源到电路

（2）编辑音频信号源

双击信号源，将弹出如图 3 - 211 所示的信号源编辑对话框。

在 WAV Audio File 对话框中输入文件的路径及文件名，或使用 Browse 按钮进行路径及文件名选择，即可在电路中使用声音文件。

其中，指定幅值的方式有两种：

　　　　Amplitude：正值、负值的最大偏差的绝对值。

　　　　Peak：峰峰值。

　　　　DC offset：直流偏置。

对于 stereo WAV 文件，用户可指定任意通道输出，也可按照 mono 模式对待。

音频文件的默认扩展名为 WAV，并且应与待分析电路在同一路径下。若不在同一路径，须指定路径。

设置完成后单击 OK 按钮确认设置。

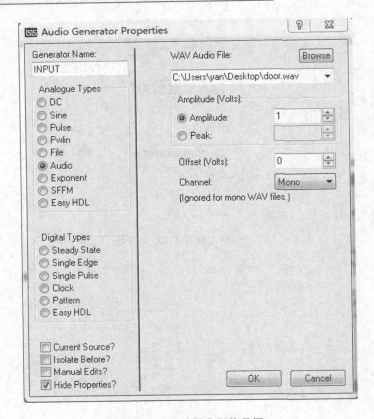

图 3 - 211　编辑音频信号源

(3) 放置音频分析图表

单击工具箱中的 Simulation Graph 图标,在对象选择器中选择 AUDIO 仿真图表。在编辑窗口期望放置图表的位置单击,并拖动鼠标,在期望的结束点单击,放置音频分析图表。如图 3 - 212 所示。

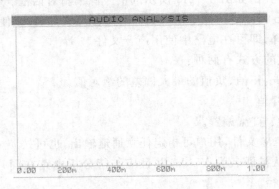

图 3 - 212　音频分析图表

在图表中放置测量探针，设置音频分析图标。如图 3 - 213 所示。

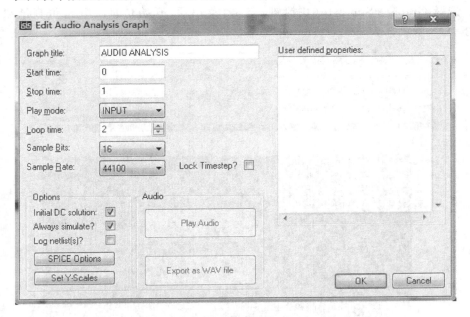

图 3 - 213　设置音频分析图表

对话框中包含如下设置内容：

➢ Graph title：图表标题。

➢ Start time：仿真起始时刻。

➢ Stop time：仿真终止时刻。

➢ Play mode：播放模式。系统提供了 4 种播放模式：MONO、INPUT、OUT-
PUT 和 STEREO。

➢ Loop time：循环时间。

➢ Sample Bits：采样位。系统提供了两种采样位：8 或 16。

➢ Sample Rate：采样率。系统提供了 11 025、22 050、44 100 这 3 种采样率。

按图 3 - 213 所示编辑完成后，单击 OK 按钮完成设置。

在图表中添加输出探针，如图 3 - 214 所示。

图 3 - 214　在图表中添加输出探针

(4) 仿真电路

选择 Graph→Simulate(快捷键:空格)菜单项,开始仿真。电路仿真结果如图 3 - 215 所示。

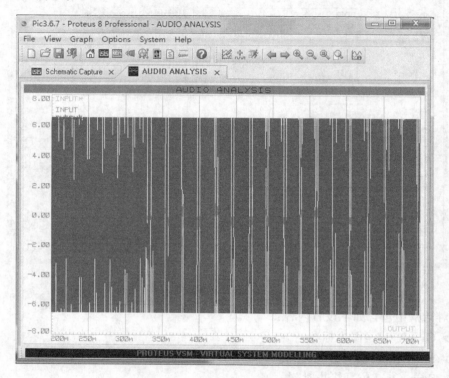

图 3 - 215 音频分析结果

通过声卡,用户可听到音频放大器的输出结果。

第 **4** 章

基于 **PROTEUS ISIS** 的数字电路分析

PROTEUS ISIS 数字电路分析支持 JDEC 文件的物理器件仿真,有全系列的 TTL 和 CMOS 数字电路仿真模型,可对数字电路进行一致性分析。

4.1 异步十进制计数器电路分析——数字时钟、边沿信号源与数字分析

4.1.1 异步十进制计数器电路

根据 8421 码十进制减法计数规则可列出电路的状态转换表,如表 4-1 所列。

表 4-1 十进制减法计数器的状态转换表

计数顺序	电路状态					等效十进制数	输出 B
	Q_1	Q_2	Q_3	Q_4			
0	0	0	0	0		0	1
1	1	0	0	1		9	0
2	1	0	0	0		8	0
3	0	1	1	1		7	0
4	0	1	1	0		6	0
5	0	1	0	1		5	0
6	0	1	0	0		4	0
7	0	0	1	1		3	0
8	0	0	1	0		2	0
9	0	0	0	1		1	0
10	0	0	0	0		0	1

由表 4-1 可画出如图 4-1 所示的状态转换图。

十进制计数器必须有 10 个有效状态,若依次为 s_0、s_9、s_8、$\cdots s_1$,则它们的状态编码应符合表 4-1 的规定。而且,这 10 个状态都是必不可少的,不需要进行状态简化。

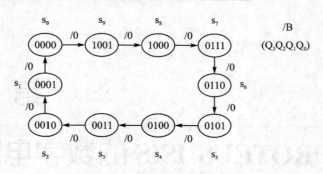

图 4-1 电路的状态转换图

选择 JK 触发器组成异步十进制计数器电路。为了便于选取各个触发器的时钟信号，可以由状态转换图画出电路的时序图，如图 4-2 所示。

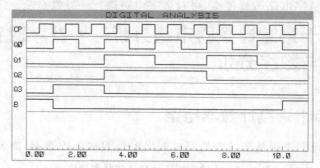

图 4-2 电路的时序图

为触发器选择时钟信号的原则是：第一，触发器的状态应该翻转时必须有时钟信号发生；第二，触发器的状态不应翻转时"多余的"时钟信号越少越好，这将有利于触发器状态方程和驱动方程的简化。根据上述原则，选定 FF1A 的时钟信号 CP_0 为计数输入脉冲，FF1B 的时钟信号 CP_1 取自 $\overline{Q}_0$，FF2A 的时钟信号 CP_2 取自 $\overline{Q}_1$，FF2B 的时钟信号 CP_3 取自 $\overline{Q}_0$。

电路的次态卡诺图如图 4-3 所示。

$Q_3^n Q_2^n$ \\ $Q_1^n Q_0^n$	00	01	11	10
00	1001	0000	0010	0001
01	0011	0100	0110	0101
11	××××	××××	××××	××××
10	0111	1000	××××	××××

图 4-3 次态卡诺图

将图 4-3 进行分解，可得到 Q_3^{n+1}、Q_2^{n+1}、Q_1^{n+1} 和 Q_0^{n+1} 的卡诺图。如图 4-4(a)、(b)、(c)和(d)所示。

$Q_3^n Q_2^n$ \\ $Q_1^n Q_0^n$	00	01	11	10
00	1	×	×	0
01	0	×	×	0
11	×	×	×	×
10	0	×	×	×

(a) Q_3^{n+1}

$Q_3^n Q_2^n$ \\ $Q_1^n Q_0^n$	00	01	11	10
00	×	×	×	×
01	0	×	×	×
11	×	×	×	×
10	1	×	×	×

(b) Q_2^{n+1}

$Q_3^n Q_2^n$ \\ $Q_1^n Q_0^n$	00	01	11	10
00	0	×	×	0
01	1	×	×	0
11	×	×	×	×
10	1	×	×	×

(c) Q_1^{n+1}

$Q_3^n Q_2^n$ \\ $Q_1^n Q_0^n$	00	01	11	10
00	1	0	0	1
01	1	0	0	1
11	×	×	×	×
10	1	0	×	×

(d) Q_0^{n+1}

图 4-4　Q_3^{n+1}、Q_2^{n+1}、Q_1^{n+1}、Q_0^{n+1} 的卡诺图

在这 4 个卡诺图中，把没有时钟信号的次态作为任意项来处理，以利于状态方程的化简。另外，由于正常工作时不会出现 $Q_3 Q_2 Q_1 Q_0 = 1010 \sim 1111$ 这 6 个状态，所以也把它们作为卡诺图中的任意项处理。

由图 4-3 所示的卡诺图可得到电路的状态方程。状态方程为：

$$\begin{cases} Q_3^{n+1} = \overline{Q_3}\,\overline{Q_2}\,\overline{Q_1} \cdot cp_3 \\ Q_2^{n+1} = \overline{Q_2} \cdot cp_2 \\ Q_1^{n+1} = (Q_3 + Q_2 \overline{Q_1}) \cdot cp_1 \\ Q_0^{n+1} = \overline{Q_0} \cdot cp_0 \end{cases} \qquad (4-1)$$

式中用小写的 cp_0、cp_1、cp_2 和 cp_3 表示只有当这些时钟信号到达时，状态方程才是有效的，否则触发器将保持原来的状态不变。cp_0、cp_1、cp_2 和 cp_3 在这里只代表 4 个脉冲信号，而不是 4 个逻辑变量。

将式(4-1)化为 JK 触发器的标准形式得到

$$\begin{cases} Q_3^{n+1} = [(\overline{Q_2}\,\overline{Q_1})\overline{Q_3} + \overline{1} \cdot Q_3] \cdot cp_3 \\ Q_2^{n+1} = (1 \cdot \overline{Q_2} + \overline{1} \cdot Q_2) \cdot cp_2 \\ Q_1^{n+1} = [Q_3(Q_1 + \overline{Q_1}) + Q_2 \overline{Q_1}] \cdot cp_1 \\ \quad = [(Q_3 + Q_2)\overline{Q_1} + Q_3 \cdot Q_1] \cdot cp_1 = [(\overline{\overline{Q_3}\,\overline{Q_2}})\overline{Q_1} + \overline{1} \cdot Q_1] \cdot cp_1 \\ Q_0^{n+1} = (1 \cdot \overline{Q_0} + \overline{1} \cdot Q_0) \cdot cp_0 \end{cases} \qquad (4-2)$$

因为电路正常工作时不会出现 $Q_3Q_1=1$ 的情况，所在 Q_1^{n+1} 的方程式中删去了这一项。

从式（4-2）得到每个触发器应有的驱动方程为：

$$\begin{cases} J_3 = \overline{Q_2}\,\overline{Q_1} & K_3 = 1 \\ J_2 = K_2 = 1 \\ J_1 = \overline{\overline{Q_3}\,\overline{Q_2}} & K_2 = 1 \\ J_0 = K_0 = 1 \end{cases} \qquad (4-3)$$

根据状态转换表画出的输出 B 的卡诺图，如图 4-5 所示。

$Q_3^n Q_2^n$ ＼ $Q_1^n Q_0^n$	00	01	11	10
00	1	0	0	0
01	0	0	0	0
11	×	×	×	×
10	0	0	×	×

图 4-5　输出 B 的卡诺图

由图 4-5 得到

$$B = \overline{Q_3}\,\overline{Q_2}\,\overline{Q_1}\,\overline{Q_0} \qquad (4-4)$$

单击 Component 图标，单击 P 按钮，从弹出的选取元件对话框中选择异步十进制计数器电路仿真元件。仿真元件信息如表 4-2 所列。

表 4-2　仿真元件信息（异步十进制计数器电路分析）

元件名称	所属类	所属子类
74S113（JK 触发器）	TTL 74S series	Flip-Flops & Latches
7400（逻辑"与非"门）	TTL 74 series	Gates & Inverters
AND（逻辑"与"门、2 输入）	Simulator Primitives	Gates
AND_4（逻辑"与"门、4 输入）	Modelling Primitives	Digital（Buffer & Gate）

将仿真元件添加到对象选择器后关闭元件选取对话框。

选中对象选择器中的仿真元件，在编辑窗口单击放置仿真元件，并连接电路，结果如图 4-6 所示。

4.1.2　数字时钟信号源编辑

在电路中添加数字时钟仿真输入源。单击 Generator 图标，系统在对象选择窗口列出各种信号源，选择 DCLOCK 信号源，则在浏览窗口显示数字时钟信号源的外观，如图 4-7 所示。

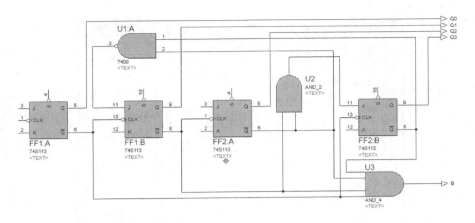

图 4 - 6　异步十进制计数器电路

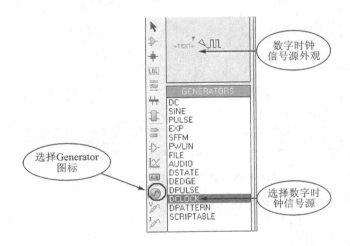

图 4 - 7　选择 DCLOCK 信号源

　　在编辑窗口单击，放置数字时钟信号源，并将数字时钟信号源与 JK 触发器的时钟引脚相连，如图 4 - 8 所示。

　　双击数字时钟信号源，将弹出如图 4 - 9 所示的数字时钟信号源编辑对话框。

　　其编辑框中设置包括以下内容：

➤ Clock Type：时钟类型。系统提供了两种时钟类型：Low - High - Low Clock，低-高-低类型时钟；High - Low - High Clock，高-低-高类型时钟。

➤ Timing：定时。

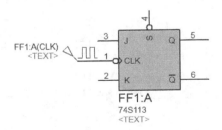

图 4 - 8　连接数字时钟信号源与 JK 触发器的时钟引脚

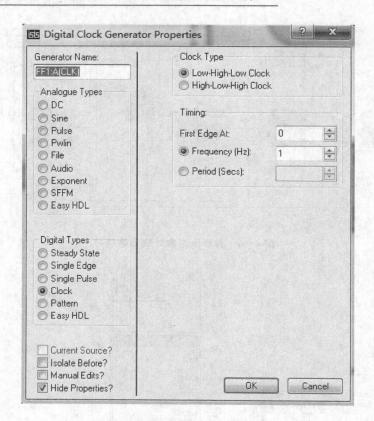

图 4 - 9　数字时钟信号源编辑窗口

First Edge At：第一个边沿发生的时刻。

Frequency（Hz）：频率。

Period（Secs）：周期。

按图 4 - 9 所示编辑信号源，编辑好的异步十进制计数器电路如图 4 - 10 所示。

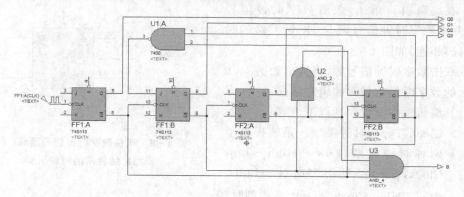

图 4 - 10　异步十进制计数器电路

4.1.3　探针及数字分析图表编辑

1. 放置测量探针

单击工具箱中的 Voltage probe 图标,将在浏览窗口显示电压探针的外观。使用旋转或镜像按钮调整探针的方向后,在编辑窗口期望放置探针的位置单击,电压探针被放置到电路图中,如图 4-11 所示。

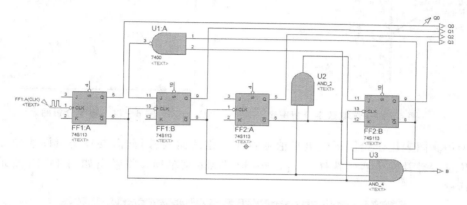

图 4-11　添加电压探针

系统以默认方式编辑电压探针。

按上述方式,在电路的其他输出端口添加电压探针,如图 4-12 所示。

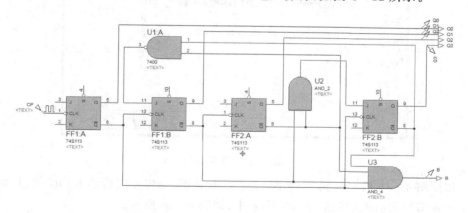

图 4-12　在电路中放置电压探针

2. 放置数字分析图表

注释:数字分析图表。

数字分析图表用于绘制逻辑电平值随时间变化的曲线,图表中的波形代表单一数据位或总线的二进制电平值。

单击工具箱中的 Simulation Graph 图标,在对象选择器中将出现各种仿真分析

基于 PROTEUS 的电路及单片机设计与仿真(第 3 版)

所需的图表(例如:模拟,数字,噪声,混合,AC 变换等)。选择 DIGITAL 仿真图表,如图 4-13 所示。

在编辑窗口期望放置图表的位置单击,并拖动鼠标,此时将出现一个矩形图表轮廓。在期望的结束点单击,放置图表,如图 4-14 所示。

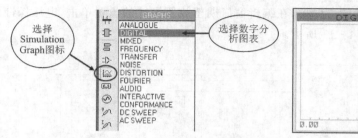

图 4-13　选取数字分析图表　　　　　　　　图 4-14　数字分析图表

仿真图表用于绘制逻辑电平值随时间变化的曲线,因此需要在仿真图表中添加待仿真探针及发生器。选择 Graph→Add Trace 菜单项。将弹出如图 4-15 所示的对话框。

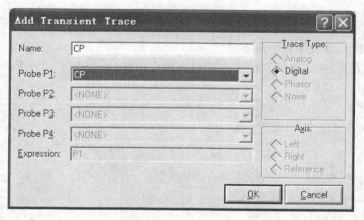

图 4-15　添加曲线

按照图 4-15 所示编辑"添加瞬态曲线"对话框,编辑完成后单击 OK 按钮,此时数字时钟信号源被添加到数字分析图表中,如图 4-16 所示。

按照上述方式,将输出探针添加到数字分析图表。结果如图 4-17 所示。

3. 设置数字分析图表

双击图表将弹出如图 4-18 所示的数字分析图表编辑对话框。

对话框中包含如下设置内容:

➤ Graph title:图表标题。

➤ Start time:仿真起始时间。

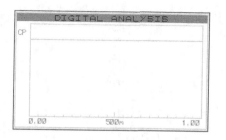

图 4-16　添加数字时钟信号源到图表

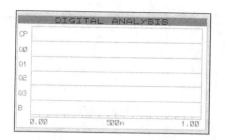

图 4-17　添加输出探针到图表

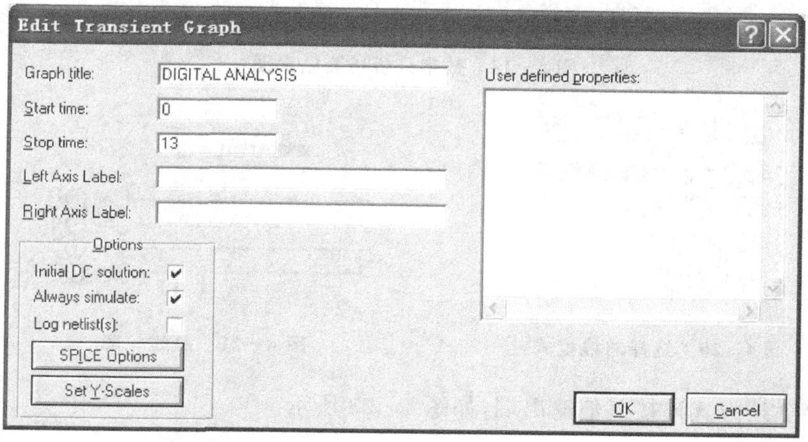

图 4-18　数字分析图表编辑对话框

> Stop time：仿真终止时间。

> Left Axis：左边坐标轴标签。

> Right Axis：右边坐标轴标签。

按图 4-18 所示编辑图表，编辑完成，单击 OK 按钮完成设置。

4.1.4　异步十进制计数器电路分析

选择 Graph→Simulate 菜单项（快捷键：空格），开始仿真。电路仿真结果如图 4-19 所示。

从电路的仿真结果可知，系统从 9 开始递减，一直到 0，后从 9 再次递减，实现了异步十进制计数。为了便于查看结果，现将系统输出以总线形式编辑。单击工具箱中的 Bus 图标，如图 4-20 所示。在期望总线起始端出现的位置单击，后拖动鼠标将出现总线轮廓，如图 4-21 所示。在期望总线路径的拐点处单击，即可放置拐点。在总线的终点处双击即可放置总线。设置鼠标为选择模式，在单线处单击划线到总线，如图 4-22 所示。

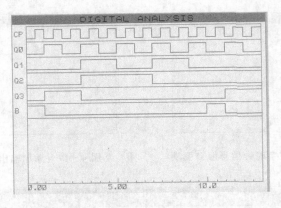

图 4 - 19　数字分析仿真结果图

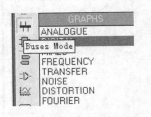

图 4 - 20　选择总线模式

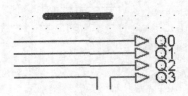

图 4 - 21　总线轮廓

按照上述方式连接其他输出端,如图 4 - 23 所示。

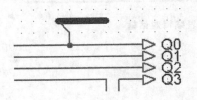

图 4 - 22　单线与总线连接

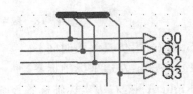

图 4 - 23　连接其他输出端口到总线

编辑总线。单击工具箱中的 Wire Label 图标。单击总线,将弹出如图 4 - 24 所示的线编辑对话框。

在总线上放置电压探针。结果如图 4 - 25 所示。

放置一个新的数字分析图表,选择 Graph→Add Trace 菜单项,在弹出的"添加瞬态曲线"对话框中,添加曲线到图表,如图 4 - 26 所示。

按照上述方式,分别将 CP、Q[0..3]及 B 信号添加到图表,结果如图 4 - 27 所示。

设置图表放置选项后,选择 Graph→Simulate 菜单项(快捷键:空格),开始仿真。电路仿真结果如图 4 - 28 所示。

从电路的仿真结果可直观地看到系统实现了异步十进制计数。

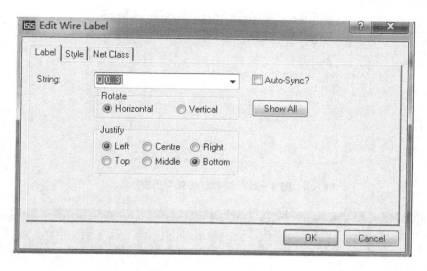

图 4 - 24　线编辑对话框

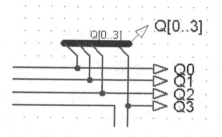

图 4 - 25　放置电压探针

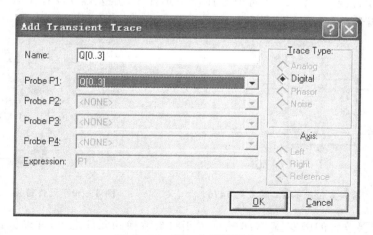

图 4 - 26　添加曲线到图表

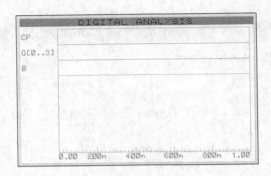

图 4 - 27 编辑好的数字图表

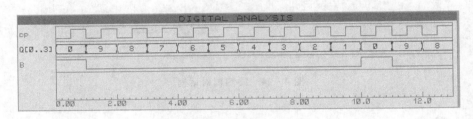

图 4 - 28 电路仿真结果

4.1.5 异步十进制计数器电路完善

从电路的仿真结果可知,电路可实现计数功能,但电路无复位功能。

替换元器件。从元件库中取出带有复位端的 JK 触发器 7476,如图 4 - 29 所示。

从元件外观图可知,7476 元件的 R 引脚为复位端,且为低电平复位。将原电路中的 74S113 替换为 7476。从对象选择器中选择 JK 触发器 7476,在原理图编辑窗口单击,然后将鼠标移动到 JK 触发器 74S113,如图 4 - 30 所示。

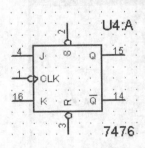

图 4 - 29 带有复位端的 JK 触发器 7476

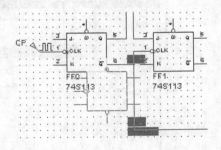

图 4 - 30 元件替换

确保将要放置的触发器 7476 轮廓置于将被替换的元件之上,并确保替换元件与被替换元件引脚重合,然后单击替换元件。此时将弹出如图 4 - 31 所示的对话框。

单击 OK 按钮实现替换。替换后的电路如图 4 - 32 所示。

图 4 - 31   是否替换元件对话框

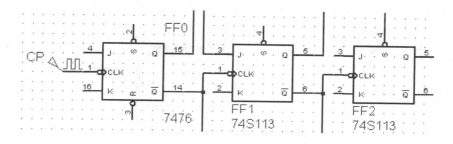

图 4 - 32   将触发器 74S113 替换为 7476 后的电路

ISIS 在替换元件的同时将保留电路替换前的连线方式。按此方式将电路中的其他 74S113 替换为 7476。结果如图 4 - 33 所示。

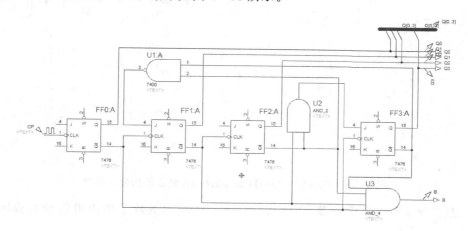

图 4 - 33   将电路中的 74113 替换为 7476

编辑复位信号。在电路中添加直流仿真输入源。单击 Generator 图标,系统在对象选择窗口列出各种信号源,选择 DEDGE 信号源,则在浏览窗口显示数字单边沿信号源的外观,如图 4 - 34 所示。

在编辑窗口单击,放置数字单边沿信号源,并将数字单边沿信号源与 JK 触发器的复位引脚相连,如图 4 - 35 所示。

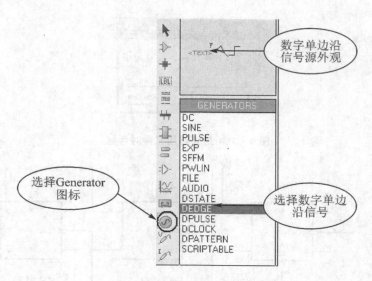

图 4 - 34　选择 DEDGE 信号源

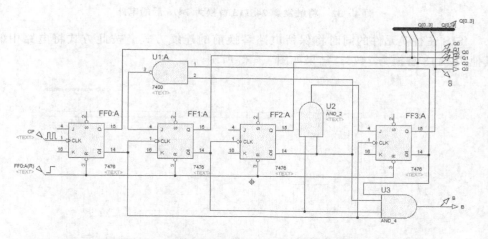

图 4 - 35　连接数字单边沿信号源与 JK 触发器的复位引脚

双击数字单边沿信号源，将弹出如图 4 - 36 所示的数字单边沿信号源编辑对话框。

其中，Edge Polarity：为边沿的极性；Edge At(Secs)：为产生边沿的时刻。

仿真电路。选择 Graph→Simulate 菜单项（快捷键：空格），开始仿真。电路仿真结果如图 4 - 37 所示。

从电路的仿真结果可知，当出现复位信号时，系统停止计数，实现复位功能。

将电路中的单边沿信号用数字单周期信号替代。双击单边沿信号源 R，将弹出单边沿信号编辑窗口，选择 Single Pulse，如图 4 - 38 所示。

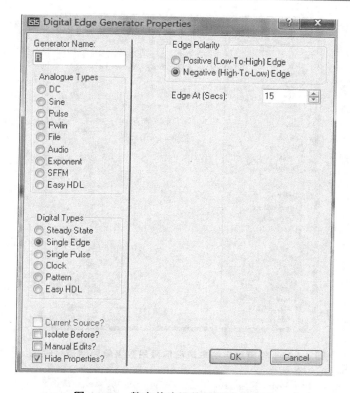

图 4 - 36　数字单边沿信号源编辑窗口

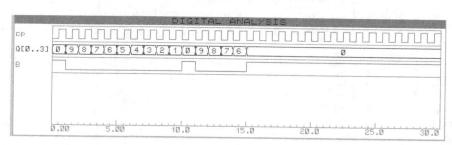

图 4 - 37　数字分析仿真结果图

此时将出现数字单周期信号源编辑选项。

其编辑框中设置包括以下内容：

➤ Pulse Polarity：脉冲极性。系统提供了两种脉冲极性：Positive(Low – High – Low)Pluse,低–高–低类型脉冲；Negative(High – Low – High)Pluse,高–低–高类型脉冲。

➤ Pulse Timing：脉冲定时。系统提供了两种定时方式：Start Time(Secs)：起始时刻。Pulse Width,脉宽；Stop Time,终止时刻。

按照图 4 - 39 所示编辑数字单周期信号。

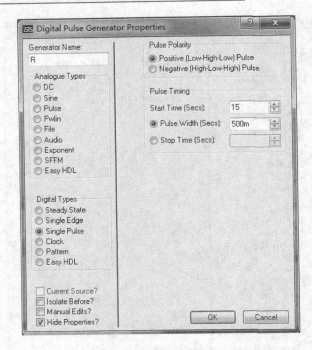

图 4 - 38　将电路中的单边沿信号用数字单周期信号替代

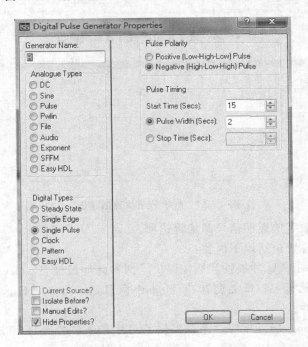

图 4 - 39　编辑数字单周期信号

编辑完成后单击 OK 按钮完成设置。

仿真电路。选择 Graph→Simulate 菜单项(快捷键:空格),开始仿真。电路仿真结果如图 4-40 所示。

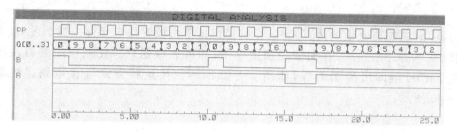

图 4-40　仿真结果图

从电路的仿真结果可知,系统复位后,当复位信号撤销后,重新计数。

4.2　RS 触发器电路分析——数字模式信号源与数字分析

4.2.1　RS 触发器电路

把两个"与非"门的输入、输出端交叉连接,即可构成基本 RS 触发器,如图 4-41 所示。

它有两个输入端 R、S 和两个输出端 Q、$\overline{Q}$。根据与非门的逻辑关系,触发器的逻辑表达式为:$Q=\overline{S\overline{Q}}$,$\overline{Q}=\overline{RQ}$。

根据输入信号 R、S 不同状态的组合,触发器的输出与输入之间的关系如表 4-3 所列。

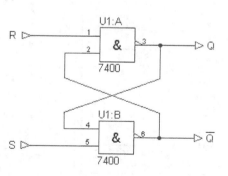

图 4-41　两个"与非"门构成的基本 RS 触发器

**表 4-3　用两个与非门组成的基本
RS 触发器的功能表**

R	S	Q
1	0	1
0	1	0
1	1	不变
0	0	不定

单击 Component 图标,单击 P 按钮,从弹出的选取元件对话框中选择 RS 触发器电路仿真元件。仿真元件信息如表 4-4 所列。

将仿真元件添加到对象选择器后关闭元件选取对话框。

表 4 - 4　仿真元件信息(RS 触发器电路分析)

元件名称	所属类	所属子类
NAND_2("与非"门)	TTL 74S series	Flip - Flops & Latches

选中对象选择器中的仿真元件,在编辑窗口单击放置仿真元件。在 NAND_2 的连接端子单击开始划线,在期望的拐点单击,即可放置拐点。在期望绘制斜线的部分,按下 Ctrl 键即可绘制斜线,如图 4 - 42 所示。按这种方式连接电路。结果如图 4 - 43 所示。

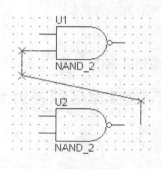

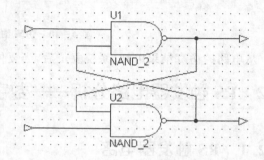

图 4 - 42　绘制斜线　　　　　　　图 4 - 43　RS 触发器电路

编辑端口。双击端口,打开端口编辑对话框,将 U1 元件的一个端口定义为 S,如图 4 - 44 所示。编辑完成后单击 OK 按钮确认设置。结果如图 4 - 45 所示。

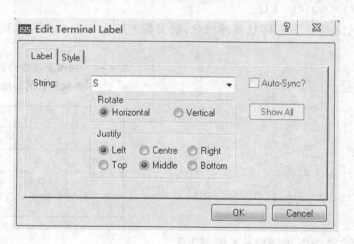

图 4 - 44　编辑端口 S

按照上述方式编辑端口 R 和 Q。定义 U2 的输出为 $\overline{Q}$,如图 4 - 46 所示。编辑好的电路如图 4 - 47 所示。

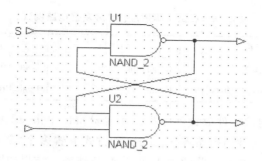

图 4 - 45　设置 S 端口

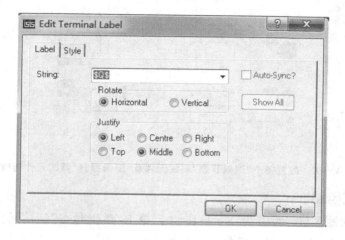

图 4 - 46　定义 U2 的输出为 $\overline{Q}$

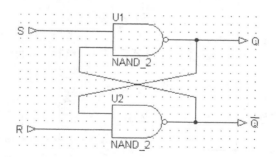

图 4 - 47　编辑好的 RS 触发电路

4.2.2　RS 触发器电路调试

1. 放置调试工具

单击 Component 图标,单击 P 按钮,将弹出元件选取对话框。从元件库中选取数字电路调试工具。调试工具信息如表 4 - 5 所列。

表 4 - 5　调试工具信息（RS 触发器电路调试）

元件名称	所属类	所属子类
LOGICSTATE（逻辑状态）	Debugging Tools	Logic Stimuli
LOGICPROBE（BIG）（逻辑探针）	Debugging Tools	Logic Probes

　　将"逻辑状态"调试元件放置到电路。在编辑窗口单击，即可放置"逻辑状态"调试元件到电路，并将元件与电路连接。按这种方式放置多个"逻辑状态"调试元件及"逻辑探针"调试元件，并与电路的输入、输出端口连接。结果如图 4 - 48 所示。

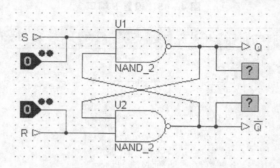

图 4 - 48　放置多个"逻辑状态"调试元件及"逻辑探针"调试元件到电路

2. 调试电路

　　将电路的输入信号设置为：S＝1、R＝0。单击"逻辑状态"调试元件的活性标识●●即可实现信号的设置。如图 4 - 49 所示。

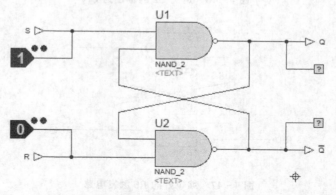

图 4 - 49　设置电路输入信号为：S＝1、R＝0

3. 仿真电路

　　单击控制面板中的"运行"按钮 ▶，电路开始仿真。仿真结果如图 4 - 50 所示。

　　从电路的调试仿真结果可知，当输入信号为：S＝1、R＝0 时，系统输出为：Q＝0、

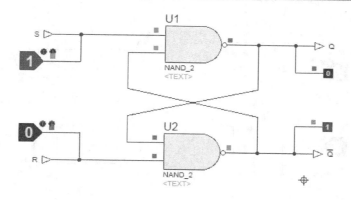

图 4 - 50　S＝1、R＝0 时电路的仿真结果

$\overline{Q}$＝1,符合表 4 - 5 列出的功能。即由两个"与非"门组成的 RS 触发器的 R 端称为置
0 端,且为低电平有效。

　　分别设置输入信号为:S＝0、R＝1;S＝1、R＝1;S＝0、R＝0 调试电路。电路的
仿真结果如图 4 - 51 所示。

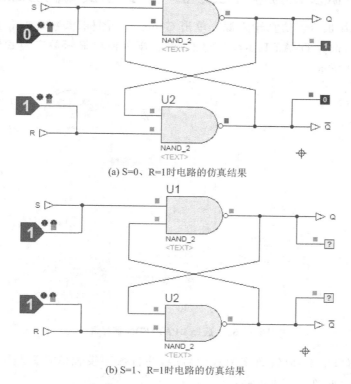

(a) S=0、R=1时电路的仿真结果

(b) S=1、R=1时电路的仿真结果

图 4 - 51　不同输入信号下,电路的仿真结果

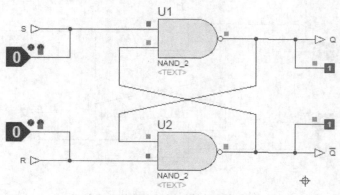

(c) S＝0、R＝0时电路的仿真结果

图 4 - 51　不同输入信号下，电路的仿真结果（续）

　　从上述仿真结果可知，S 为 RS 触发器的置 1 端，且为低电平有效。而当 S＝1、R＝1及 S＝0、R＝0时无法确定电路的功能。因此用数字图表仿真电路输出。

4.2.3　RS 触发器数字图表分析——数字模式信号源编辑

　　在电路中添加直流仿真输入源。单击 Generator 图标，系统在对象选择窗口列出各种信号源，选择 DPATTERN 信号源，则在浏览窗口显示数字模式信号源的外观，如图 4 - 52 所示。

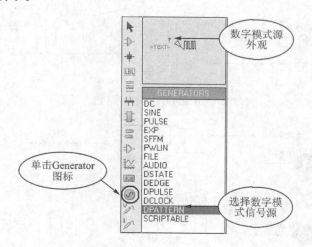

图 4 - 52　选择 DPATTERN 信号源

　　在编辑窗口单击，放置数字模式信号源，并将数字模式信号源与 RS 触发器的 R、S 引脚相连，如图 4 - 53 所示。

　　双击数字模式信号源，将弹出如图 4 - 54 所示的数字模式信号源编辑对话框。

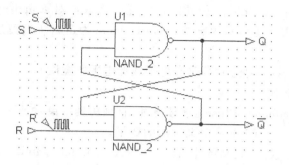

图 4－53　连接数字模式信号源与 RS 触发器的 R、S 引脚

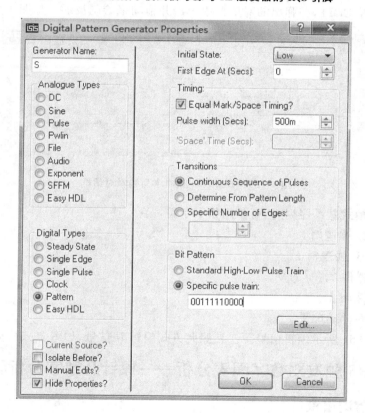

图 4－54　数字模式信号源编辑窗口

其编辑框中设置包括以下内容：

Initial State：初始状态。系统提供了 7 种状态：Power Low、Low、Weak Low、Float、Weak High、High、Power High。

First Edge：第一个边沿出现时刻。

Timing：定时。

Equal mark/space timing:相同的占空比。当取消对 Equal mark/space timing 选择时,则可设置占空比不同的脉冲。Mark Time 为逻辑 1 的宽度;Space Time 为逻辑 0 的宽度。

Pulse Width(Secs):脉冲宽度(高电平或低电平的宽度)。

Transitions:转换。

Continuous Sequence Pluses:连续脉冲,直到仿真结束时脉冲结束。

Specific Number of Edge:定义边沿的数量。

Bit Pattern:位模式,定义脉冲的输出模式。Standard High - Low Pulse Train,标准高低脉冲序列;Specific Pulse Train,设置脉冲的输出波形,如 1011110hl001。

也可选择 EDIT,在弹出的对话框中单击并拖动来绘制波形。如图 4 - 55 所示。

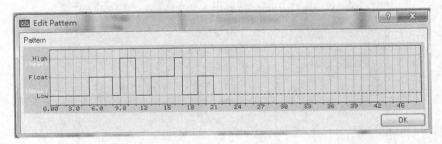

图 4 - 55　DPattern 脉冲序列编辑对话框

在编辑模式脉冲序列时,可使用如下字符:

➢ 0 或 L:强逻辑 0。

➢ 1 或 H:强逻辑 1。

➢ l:弱逻辑 0。

➢ h:弱逻辑 1。

➢ F 或 f:浮动电平。

按图 4 - 54 所示编辑信号源。参照此方式编辑 R 信号,如图 4 - 56 所示。

4.2.4　RS 触发器数字图表分析——探针及数字分析图表编辑

1. 放置测量探针

单击工具箱中的 Voltage probe 图标,将在浏览窗口显示电压探针的外观。使用旋转或镜像按钮调整探针的方向后,在编辑窗口期望放置探针的位置单击,电压探针被放置到电路图中,如图 4 - 57 所示。

系统以默认方式编辑电压探针。

2. 放置数字分析图表

单击工具箱中的 Graph Mode 图标,在对象选择器中将出现各种仿真分析所需

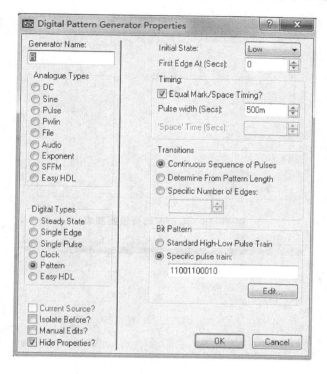

图 4 - 56　编辑 R 信号

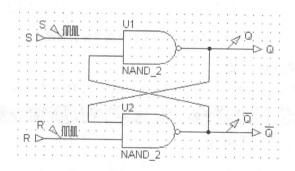

图 4 - 57　添加电压探针

的图表(例如:模拟,数字,噪声,混合,AC 变换等)。选择 DIGITAL 仿真图表,在编辑窗口期望放置图表的位置单击,并拖动鼠标,此时将出现一个矩形图表轮廓。在期望的结束点单击,放置图表。

　　仿真图表用于绘制逻辑电平值随时间变化的曲线,因此需要在仿真图表中添加待仿真探针及发生器。选中 S 信号源,将其拖动到数字图表,结果如图 4 - 58 所示。按照此方式,将其他信号源及测量探针添加到数字分析图表。结果如图 4 - 59 所示。

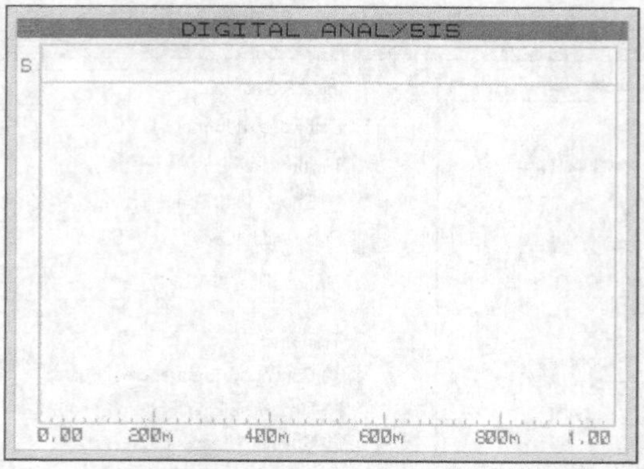

图 4 - 58 添加 S 信号源到图表

图 4 - 59 添加其他信号源及测量探针到图表

3. 设置数字分析图表

双击图表将弹出如图 4 - 60 所示的数字分析图表编辑对话框。

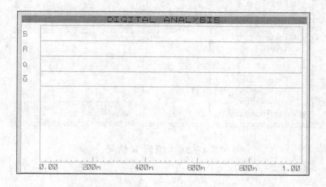

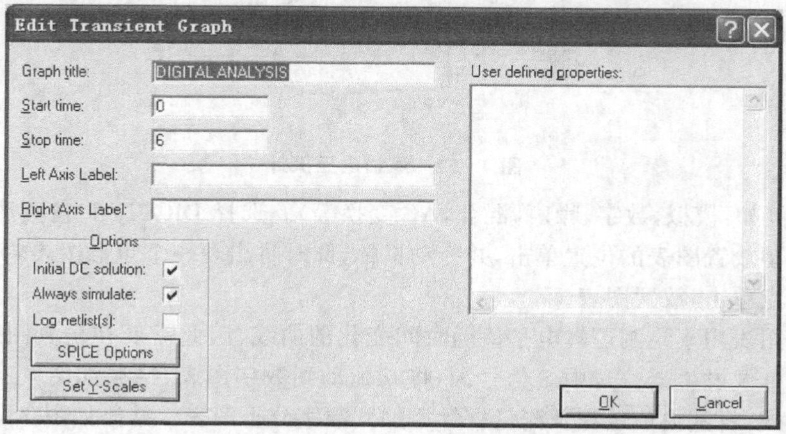

图 4 - 60 数字分析图表编辑对话框

按图 4 - 60 所示编辑图表,编辑完成,单击 OK 按钮完成设置。

4.2.5　RS 触发器电路分析

选择 Graph→Simulate 菜单项(快捷键:空格),开始仿真。电路仿真结果如图 4 - 61 所示。

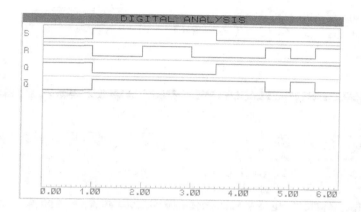

图 4 - 61　数字分析仿真结果图

单击图表表头,图表将以窗口形式出现。在窗口单击放置测量探针,测量 R、S 值与 Q、$\overline{Q}$ 的关系。如图 4 - 62 所示。

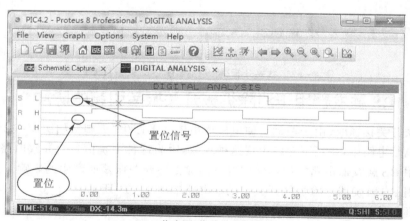

(a) S 作为置 1 信号时系统输出

图 4 - 62　结果分析(R、S 值与 Q、$\overline{Q}$ 的关系)

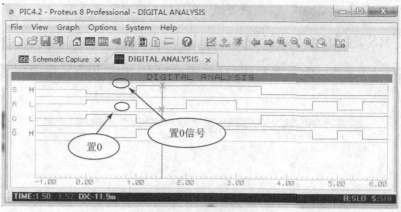

(b) R作为置0信号时系统输出

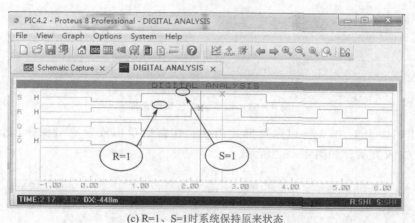

(c) R=1、S=1时系统保持原来状态

图 4 - 62　结果分析（R、S 值与 Q、$\overline{Q}$ 的关系）(续)

4.2.6　RS 触发器用于消除机械开关振荡引起的脉冲

机械开关接通时，由于振动会使电压或电流波形产生"毛刺"，如图 4 - 63 所示。

在电子电路中，一般不允许出现这种现象，因为这种干扰信号会导致电路工作出错。利用 RS 触发器电路的记忆作用可以消除上述开关振荡所产生的影响。

利用 RS 触发器消除机械开关振动的电路如图 4 - 64 所示。

仿真元件信息如表 4 - 6 所列。

表 4 - 6　仿真元件信息（RS 触发器消除机械开关振动）

元件名称	所属类	所属子类
NAND_2（"与非"门）	TTL 74S series	Flip - Flops & Latches
RES（电阻）	Resistors	Generic
SW - SPDT（单刀双掷开关）	Switches & Relays	Switches

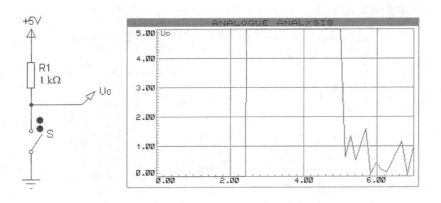

图 4 - 63　机械开关及其输出电压波形

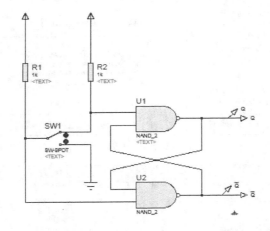

图 4 - 64　RS 触发器消除机械开关振动电路

在本电路的仿真中使用分段线性信号源作为仿真电路的输入信号。仿真电路如图 4 - 65 所示。

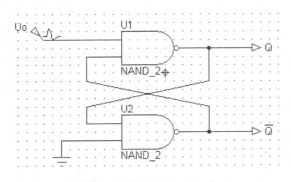

图 4 - 65　RS 触发器消除机械开关振动仿真电路

其中信号源的设置如图 4-66 所示。

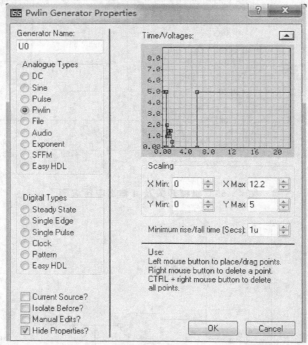

(a) 分段线性信号源的设置

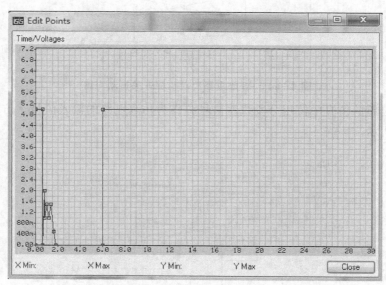

(b) 设置信号源节点位置

图 4-66　分段线性信号源设置

在电路中添加测量探针,结果如图 4-67 所示。

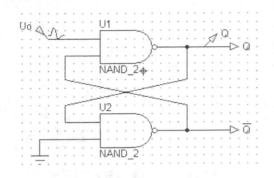

图 4-67　在电路中添加测量探针

1. 放置混合仿真图表

混合分析图表可以在同一图表中同时显示模拟和数字信号的波形。

单击工具箱中的 Graph Mode 图标,在对象选择器中将出现各种仿真分析所需的图表(例如:模拟,数字,噪声,混合,AC 变换等)。选择 MIXED 仿真图表,如图 4-68 所示。

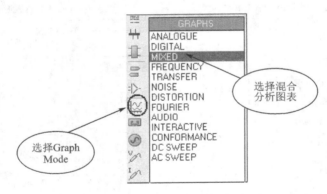

图 4-68　选取混合分析图表

在编辑窗口期望放置图表的位置单击,并拖动鼠标,此时将出现一个矩形图表轮廓。在期望的结束点单击,放置图表。选择 Graph→Add Trace 菜单项,将弹出如图 4-69 所示对话框。

按照图 4-69 所示编辑"添加瞬态曲线"对话框,编辑完成后单击 OK 按钮,此时模拟分段线性信号源被添加到混合分析图表中,如图 4-70 所示。

再次选择 Graph→Add Trace 菜单项,按图 4-71 所示编辑对话框。此时混合图表中的信号如图 4-72 所示。

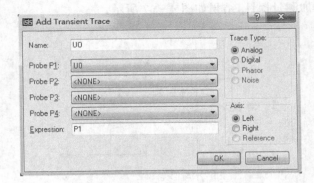

图 4 - 69 "添加瞬态曲线"对话框

图 4 - 70 添加模拟分段线性信号源到图表

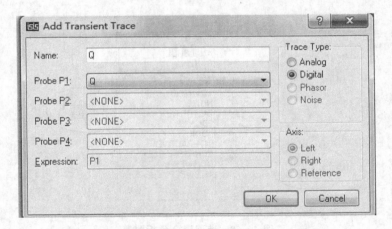

图 4 - 71 将输出信号作为数字信号添加到图表

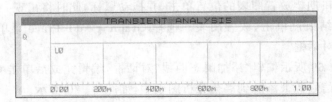

图 4 - 72 混合图表中的信号

2. 设置混合分析图表

双击图表将弹出如图 4 - 73 所示的混合分析图表编辑对话框。

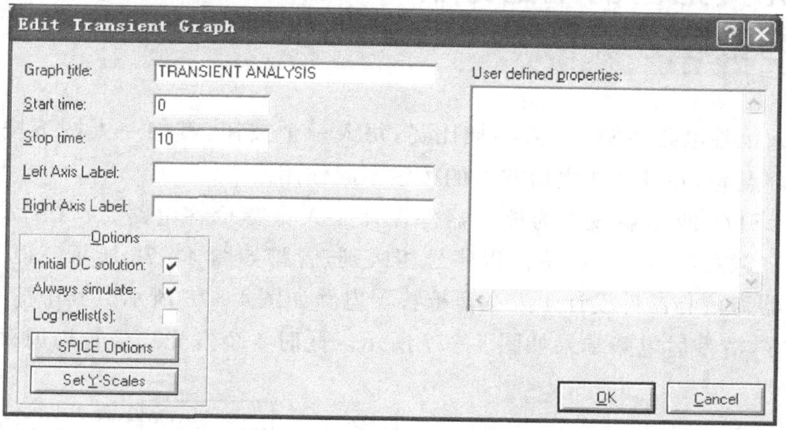

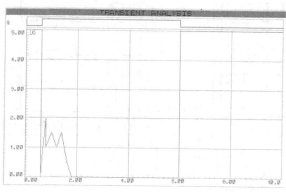

图 4 - 73   混合分析图表编辑对话框

对话框中包含如下设置内容:

➢ Graph title:图表标题。

➢ Start time:仿真起始时间。

➢ Stop time:仿真终止时间。

➢ Left Axis:左边坐标轴标签。

➢ Right Axis:右边坐标轴标签。

按图 4 - 73 所示编辑图表,编辑完成,单击 OK 按钮完成设置。

3. 仿真电路

选择 Graph→Simulate 菜单项(快捷键:空格),开始仿真。电路仿真结果如图 4 - 74 所示。

图 4 - 74   消除振动电路仿真结果

从系统的仿真结果可知，Q 端输出的信号没有"毛刺"。

4.3　竞赛抢答器电路分析——数字单周期脉冲信号源与数字分析

以 4 人抢答电路为例。4 人参加比赛，每人一个按钮，其中一人按下按钮后，相应的指示灯点亮，并且其他之后按下的按钮不起作用。

以 74LS171 四 D 触发器为核心器件设计 4 人竞赛抢答电路。74LS175 内部包含了 4 个 D 触发器，各输入、输出以序号相区别，管脚如图 4-75 所示。以 74LS171 四 D 触发器为核心器件设计 4 人竞赛抢答器电路如图 4-76 所示。其中清零信号用于赛前清零，清零后电路结果如图 4-77 所示。此时 4 个发光二极管均熄灭，电路的

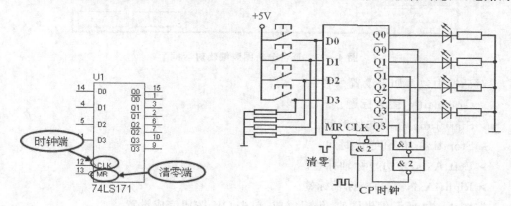

图 4-75　74LS171 管脚图

图 4-76　74LS171 四 D 触发器为核心器件
设计的 4 人竞赛抢答电路

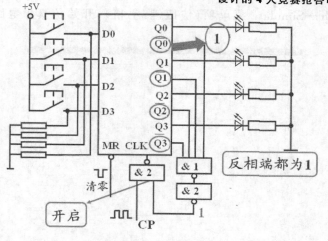

图 4-77　电路清零

反相端输出均为 1,时钟端"与"门开启,等待输入信号。当第一个按钮被按下时,Q0端输出信号为高,点亮发光二极管,而$\overline{Q0}$端输出信号为低,如图 4 - 78 所示。

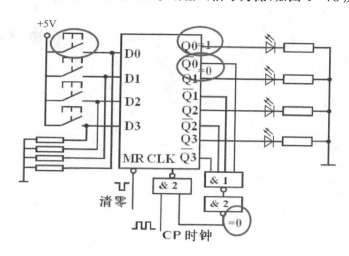

图 4 - 78　当第一个按钮被按下时,Q0 端、$\overline{Q0}$ 端的输出

当$\overline{Q0}$端输出信号为低时,74LS171 时钟端被封,此后其他输入信号对系统输出不起作用。

4.3.1　竞赛抢答器电路

1. 放置仿真元件

单击 Component 图标,单击 P 按钮,从弹出的选取元件对话框中选择竞赛抢答器电路仿真元件。仿真元件信息如表 4 - 7 所列。

表 4 - 7　仿真元件信息(RS 触发器电路分析)

元件名称	所属类	所属子类
74LS171(四"D"触发器)	TTL 74S series	Flip - Flops & Latches
74LS20(四输入"与"门)	TTL 74S series	Gates & Inverters
74LS00(二输入"与"门)	TTL 74S series	Gates & Inverters
RES(电阻)	Resistors	Generic
BUTTON(按钮)	Switches & Relays	Switches
LED - GREEN(绿色指示灯)	Optoelectronics	LEDs

将仿真元件添加到对象选择器后关闭元件选取对话框。选中对象选择器中的仿真元件,在编辑窗口单击放置仿真元件,并连接电路。结果如图 4 - 79 所示。

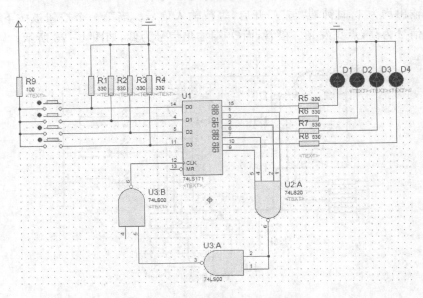

图 4 - 79　竞赛抢答器电路(含参数)

2. 标注设计

　　使用文本编辑(text scripts)标注电路。单击工具箱中的 Script 图标，如图 4 - 80 所示。

　　在期望放置标注的位置单击，将出现如图 4 - 81 所示的 Edit Script Block 对话框。

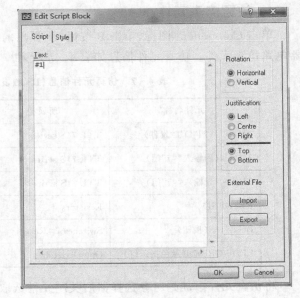

图 4 - 80　单击文本编辑图标　　　　　　　图 4 - 81　Edit Script Block 对话框

在 Text 区域输入如图 4 - 81 所示的文本后,单击 OK 按钮,完成 script 的编辑。结果如图 4 - 82 所示。

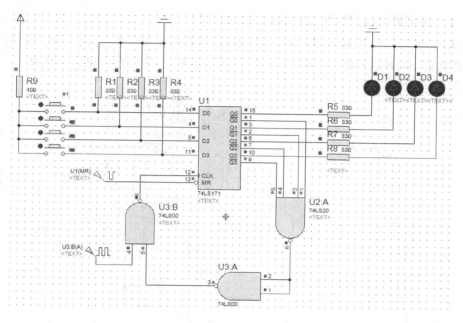

图 4 - 82　标注按钮

按照上述方式编辑标注其他按钮,结果如图 4 - 83 所示。

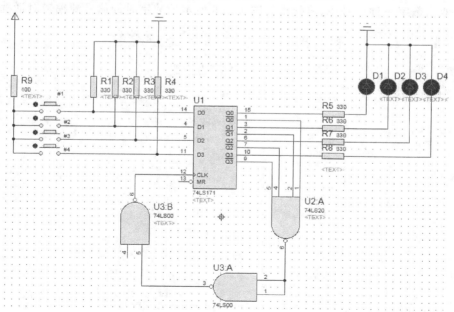

图 4 - 83　标注其他按钮

4.3.2　数字时钟信号源及数字单周期脉冲信号源编辑

1. 在电路中添加数字时钟仿真输入源

单击 Generator 图标，选择 DCLOCK 信号源，在编辑窗口单击，放置数字时钟信号源，并将数字时钟信号源与二输入"与"门 U3:B 的输入引脚相连，如图 4-84 所示。

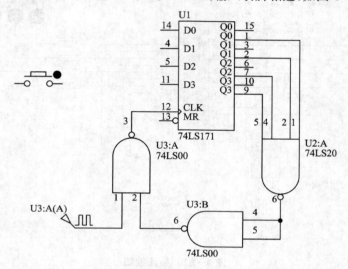

图 4-84　连接数字时钟信号源与 U3:B 的输入引脚

214

双击数字时钟信号源，将弹出如图 4-85 所示的数字时钟信号源编辑对话框。

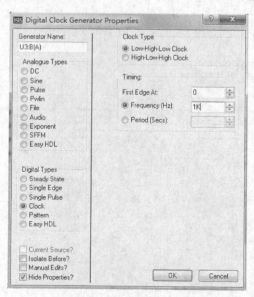

图 4-85　数字时钟信号源编辑窗口

按图 4 - 85 所示编辑数字时钟信号源。

2. 编辑数字单周期脉冲信号源

在电路中添加单周期脉冲仿真输入源。单击 Generator 图标，系统在对象选择窗口列出各种信号源，选择 DPULSE 信号源，则在浏览窗口显示数字单周期脉冲信号源的外观，如图 4 - 86 所示。

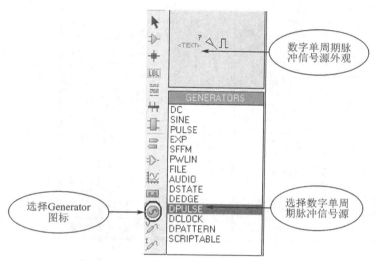

图 4 - 86　选择 DPULSE 信号源

在编辑窗口单击，放置数字单周期脉冲信号源，并将数字单周期脉冲信号源与 74LS171 的清零引脚相连，如图 4 - 87 所示。

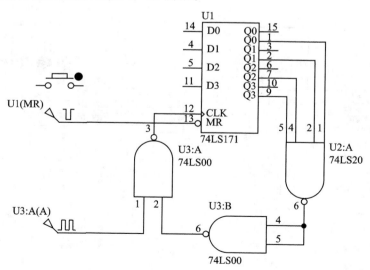

图 4 - 87　连接数字单周期脉冲信号源与 74LS171 的清零引脚

　　双击数字单周期脉冲信号源,将弹出如图 4 - 88 所示的数字单周期脉冲信号源编辑对话框。

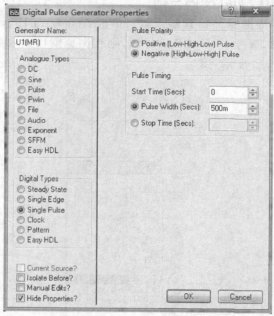

图 4 - 88　数字单周期脉冲信号源编辑窗口

　　按图 4 - 88 所示编辑信号源,因为 74LS171 的清零端为低电平有效,因此电路选择"高-低-高"类型脉冲。编辑好的电路如图 4 - 89 所示。

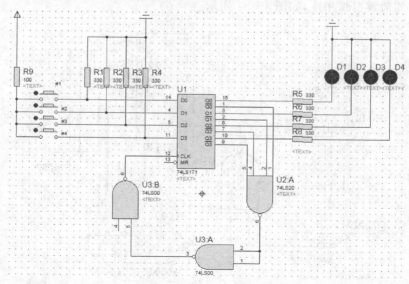

图 4 - 89　竞赛抢答器仿真电路

4.3.3　竞赛抢答器电路分析

1. 运行抢答器电路系统仿真

单击控制面板中的"运行"按钮,系统进入仿真状态,如图 4 - 90 所示。

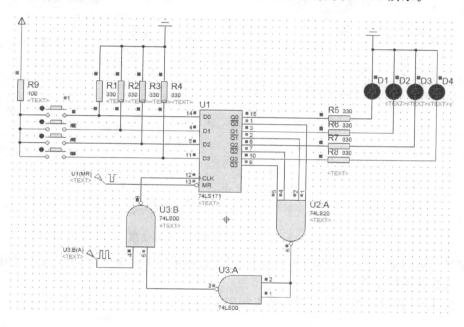

图 4 - 90　系统进入仿真状态

从系统的仿真图可知,系统经清零后,LED 全部熄灭,且系统输入时钟有效。当按下 ♯1 键后,系统的仿真结果如图 4 - 91 所示。从系统的仿真结果可知,按下 ♯1 键后,D1 发光二极管点亮,同时系统的时钟输入端被锁定。在此情形下,按动其他按键,系统不响应动作。

2. 改变限流电阻,观察指示灯的变化

限流电阻的作用是减小负载端电流,在发光二极管一端添加一个限流电阻可以减小流过发光二极管的电流,防止损坏。限流电阻越小,指示灯越亮。每种指示灯用的 LED 工作电流为 10 mA 左右,电流过大就会影响指示灯的寿命。并且因为不同颜色的 LED 端压降不同,例如蓝光、白光的通常 3 V 左右,高亮的 2.5 V 左右,普通亮度的 1.5～2 V 左右。因此在选择限流电阻的时候要考虑 LED 指示灯所需电流,电流太大或者太小都会影响指示灯正常工作。

3. 改变下拉电阻观察指示灯变化

电阻因为是接地,所以叫做下拉电阻,是将电路一端的电平向低方向(地)拉。下拉电阻的主要作用是与上接电阻一起在电路驱动器关闭时给线路(节点)以一个固定

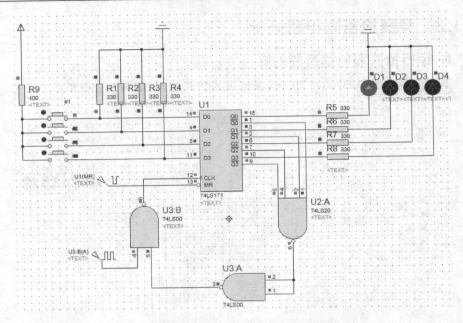

图 4－91　按下＃1 键后系统的仿真结果

的电平。可以加大输出引脚的驱动能力，可以提高输出的高电平值，另外下拉电阻还可以提高抗电磁干扰能力。

① R1～R4 为 330 Ω 时，仿真结果如图 4－92 所示。

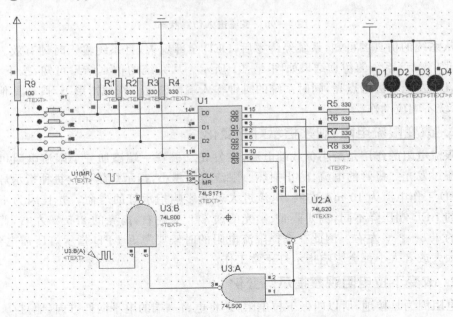

图 4－92　限流电阻为 330 Ω 时的仿真结果

② 当 R1~R4 为 5 kΩ 时,仿真结果如图 4-93 所示。

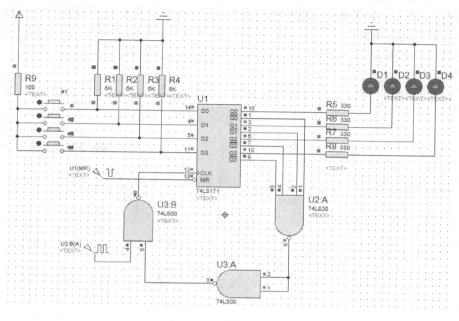

图 4-93　限流电阻为 5 kΩ 时的仿真结果

　　由于 TTL 门电路的特点是当悬空时为高电平,TTL 电路规定高电平阀值是大于 3.4 V,如果要加高电平信号的话,必须要保证输入电压大于 3.4 V。通过电路计算理论上当串联大于 1.4 Ω 的电阻时,输入端呈现高电平。因此当输入端串联 5 kΩ 电阻后,再输入低电平,输入端呈现高电平,而实际中需要串联小于 2.4 kΩ 的电阻,输入的低电平才会被识别。

4.3.4　利用灌电流和或非门设计竞赛抢答器电路

1. 放置仿真元件

　　单击 Component 图标,单击 P 按钮,从弹出的选取元件对话框中选择竞赛抢答器电路仿真元件。仿真元件信息如表 4-8 所列。

表 4-8　仿真元件信息(RS 触发器电路分析)

元件名称	所属类	所属子类
74HC175(四"D"触发器)	TTL 74HC series	Flip-Flops & Latches
74HC4002(四输入"或非"门)	TTL 74HC series	Gates & Inverters
74HC02(二输入"或非"门)	TTL 74HC series	Gates & Inverters
RES(电阻)	Resistors	Generic
BUTTON(按钮)	Switches & Relays	Switches
LED-GREEN(绿色指示灯)	Optoelectronics	LEDs

74HC 系列是高速集成电路，74LS 系列是低速集成电路。在实际使用的时候可以使用高速集成电路来代替低速集成电路，但不可以使用低速集成电路代替高速集成电路。

选中对象选择器中的仿真元件，在编辑窗口单击放置仿真元件，并连接电路。结果如图 4 - 94 所示。

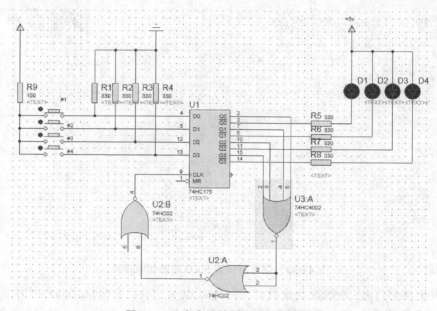

图 4 - 94　竞赛抢答器电路（含参数）

2. 添加信号源

与之前的竞赛抢答器输入信号相同，清零信号为脉冲信号的下降沿，脉冲宽度为 500 ms，时钟输入信号为"高-低-高"类型的脉冲，频率为 1 kHz。

3. 进行仿真

单击"运行"键后，进入仿真状态，如图 4 - 95 所示。图 4 - 96 为按下 ♯1 键后，灯 D1 亮的情况。

4. 电路分析

图 4 - 94 所示电路是使用灌电流和或非门设计的。4.3.1 节是使用拉电流和与非门设计的。

拉电流和灌电流是衡量电路输出驱动能力的参数，由于数字电路的输出只有高、低（0，1）两种电平值，高电平输出时，一般是对负载提供电流，其提供电流的数值叫"拉电流"；低电平输出时，一般要吸收负载的电流，其吸收电流的数值叫"灌电流"。

或非门的定义是当输入都为低电平时，输出才为高电平。在按下 ♯1 时，D0 为高电平，Q0 也为高电平，给予 U3 高电平的输入信号，输出为低电平，经由 U2：A，B 后给时钟信号输入低电平，因此再按其他按键均没有作用。

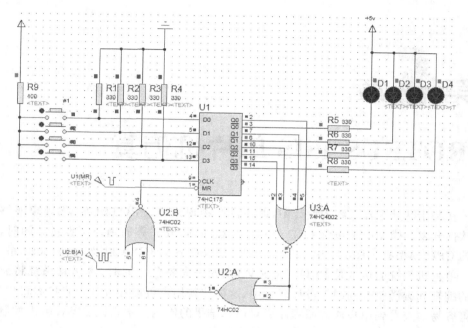

图 4 - 95　进入仿真状态

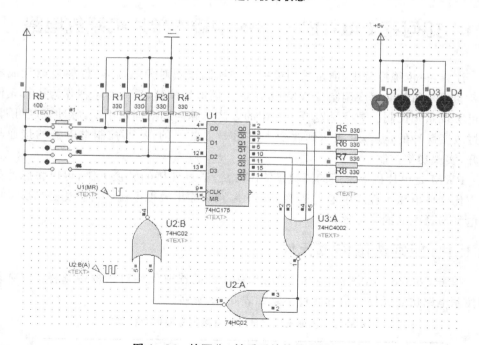

图 4 - 96　按下＃1 键后系统的仿真结果

第 **5** 章

PROTEUS ISIS 单片机仿真

在基于微处理器系统的设计中,即使没有物理原型,PROTEUS VSM 也能够进行软件开发。模型库中包含 LCD 显示、键盘、按钮、开关等通用外围设备。同时,提供的 CPU 模型有 ARM7、PIC、Atmel AVR、Motorola HCXX 以及 8051/8052 系列。

单片机系统的仿真是 PROTEUS VSM 的一大特色。同时,本仿真系统将源代码的编辑和编译整合到同一设计环境中,这样使得用户可以在设计中直接编辑代码,并可容易地查看到用户修改源程序后对仿真结果的影响。本章以 PWM 输出控制电路为例,说明 PROTEUS ISIS 单片机仿真的过程。

5.1　如何在 PROTEUS ISIS 中输入单片机系统电路

注释:在传统控制中,通常采用模拟量来控制被测对象,这样硬件较复杂且成本较高。而采用脉冲宽度调制(PWM)方法取代模拟量控制,采用继电器作为执行元件即可实现系统控制。数字脉宽调节常用的方法是脉冲周期固定不变,脉冲宽度可调。通过改变脉冲的宽度,就能达到改变占空比 τ/T 的目的,从而控制继电器的接通与断开,实现功率控制。

PWM 是单片机上常用的模拟量输出方法,通过外接的转换电路,可以将脉冲的占空比变成电压。程序中通过调整占空比来调节输出模拟电压。占空比是指脉冲中高电平与低电平的宽度比。

5.1.1　如何选取仿真元件

单击 Component 图标,单击 P 按钮,从弹出的选取元件对话框中选择 PWM 输出控制电路仿真元件。仿真元件信息如表 5-1 所列。

表 5-1　仿真元件信息(PWM 输出控制电路仿真)

元件名称	所属类	所属子类
AT89C51(51 系列单片机)	Microprocessor ICs	8051 Family

续表 5 − 1

元件名称	所属类	所属子类
CAP(电容)	Capacitors	Generic
CAP − POL(电解电容)	Capacitors	Generic
CRYSTAL(晶振)	Miscellaneous	—
RES(电阻)	Resistors	Generic
POT − HG(滑动变阻器)	Resistors	Variable
ADC0808(模数转换)	Data Converters	A/D Converters

将仿真元件添加到对象选择器后关闭元件选取对话框。

5.1.2　如何调试 PWM 输出电路中的 ADC0808 模数转换电路

ADC0808 模数转换器元件外观如图 5 − 1 所示。

其引脚功能如下：

➢ IN0～IN7：8 路模拟量输入。

➢ ADD A、ADD B、ADD C：3 位地址输
入，3 个地址输入端的不同组合选择 8
路模拟量输入。

➢ ALE：地址锁存启动信号，在 ALE 的
上升沿，将 ADD A、ADD B、ADD C 上
的通道地址锁存到内部的地址锁
存器。

➢ OUT1～OUT8：8 位数据输出线，A/D
转换结果由这 8 根线传送给单片机。

➢ OE：允许输出信号。当 OE＝1 时，即
为高电平，允许输出锁存器输出数据。

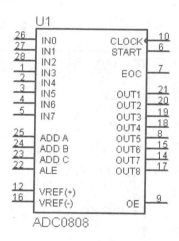

图 5 − 1　ADC0808 模数转换器元件外观

➢ START：启动信号输入端，START 为正脉冲，其上升沿清除 ADC0808 内部
的各寄存器，其下降沿启动 A/D 开始转换。

➢ EOC：转换完成信号，当 EOC 上升为高电平时，表明内部 A/D 转换已完成。

➢ CLK：时钟输入信号。

➢ Vref(＋)、Vref(−)：基准电压。

使用 ADC0808 将外接模拟输入信号转换为数字信号，电路连接如图 5 − 2 所示。

本电路使用 IN0 作为信号输入引脚，使用滑动变阻器作为模拟信号的输入端。
滑动变阻器的设置如图 5 − 3 所示。变阻器在滑动过程中以线形方式变化。

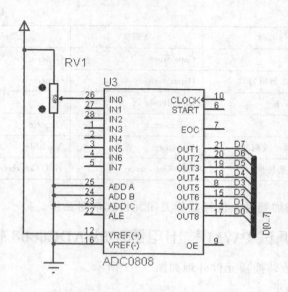

图 5 - 2　使用 ADC0808 模数转换电路

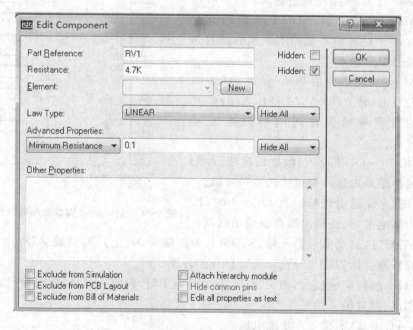

图 5 - 3　滑动变阻器的设置

1. 分析模数转换电路

电路各输入端连接如图 5 - 4 所示。其中地址锁存信号设置如图 5 - 5 所示。地址锁存信号设置为脉冲信号，脉宽为 0.5 s，为正向脉冲。

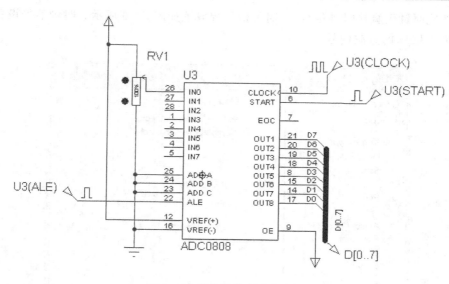

图 5 - 4　模数转换电路仿真图

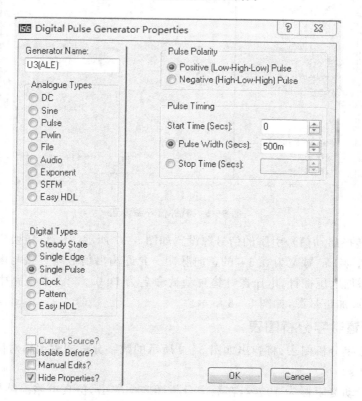

图 5 - 5　地址锁存信号设置

系统时钟引脚接时钟信号源，时钟信号源设置如图 5-6 所示。时钟信号设置为频率为 1 kHz 的方波信号。

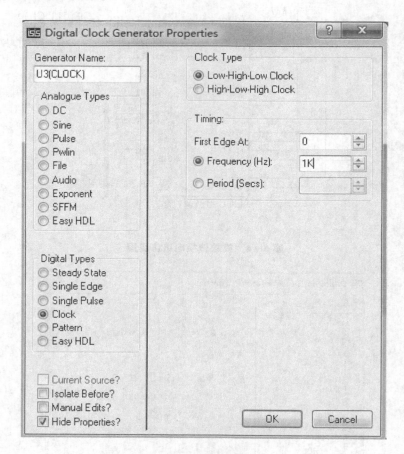

图 5-6　时钟信号源设置

A/D 转换启动信号引脚的信号源设置如图 5-7 所示。A/D 转换启动信号设置为起始时刻为 1 s、脉宽为 0.5 s 的正向脉冲。允许输出信号端直接与电源相连。在电路总线添加电压探针，电压探针将自动被命名为 D[0..7]。在电路中添加数字仿真图表，并添加信号源，如图 5-8 所示。

2. 设置数字分析图表

双击数字分析图表，将弹出如图 5-9 所示的数字分析图表编辑对话框。设置仿真时间为 3 s。

设置滑动变阻器为 100%，在数字分析图表中单击，仿真电路。结果如图 5-10 所示。

从仿真图可知，启动 A/D 转换后，系统将输入的模拟信号转换为数字量。

图 5 - 7　A/D 转换启动信号

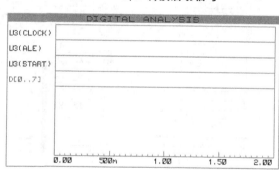

图 5 - 8　在数字仿真图表中添加信号源

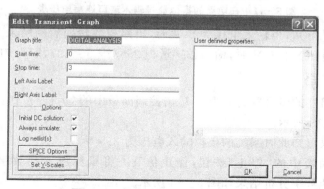

图 5 - 9　数字分析图表编辑对话框

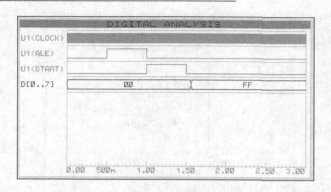

图 5 - 10   仿真电路(滑动变阻器设置为 100%)

在电路的模拟信号输入端口连接电压表,如图 5 - 11 所示。单击电路中的"运行"按钮,仿真电路。结果如图 5 - 12 所示。

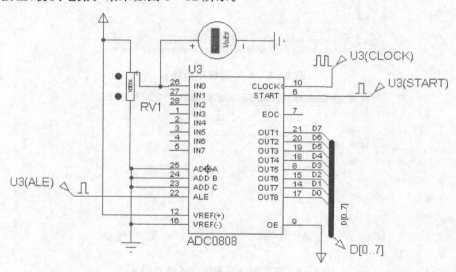

图 5 - 11   在电路的模拟信号输入端口连接电压表

从仿真结果可知,当输入电压为 5 V 时,电路模数转换后的结果为 0FFH,则当电路输入模拟电压为 2.5 V 时,输入数字量为 $255/2-1=127$,即为 7FH。

3. 仿真电路

将滑动变阻器的值设置为 50%。单击控制面板中的"运行"按钮,此时电路的仿真结果如图 5 - 13 所示。

从仿真结果可知此时系统的模拟输入电压为 2.5 V。

单击控制面板中的"停止"按钮,停止仿真。将鼠标放置到数字图表中,按下SPACE 键,系统数字分析结果如图 5 - 14 所示。

从系统的仿真结果可知,这一电路可实现模数转换。

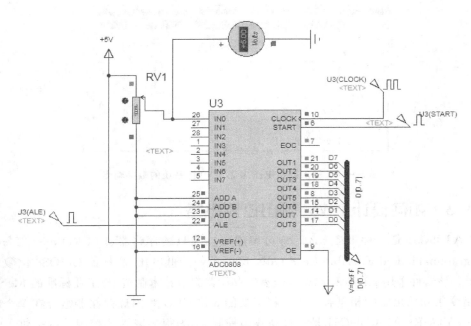

图 5 - 12　电路仿真结果(测量输入电压)

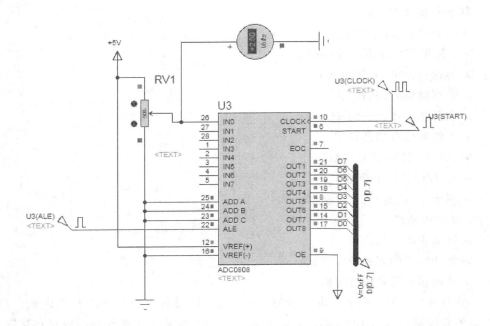

图 5 - 13　仿真结果(测量滑动变阻器为 50%时电路模拟输入电压大小)

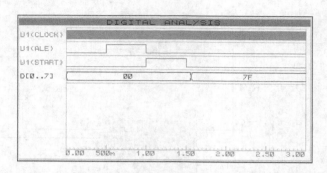

图 5 - 14　输入模拟电压为 2.5 V 时，系统的数字输出

5.1.3　如何设计 PWM 输出控制电路

　　AT89C51 是一种带 4 KB 闪烁可编程可擦除只读存储器（FPEROM——Flash Programmable and Erasable Read Only Memory）的低电压、高性能 CMOS8 位微处理器。该器件采用 ATMEL 高密度非易失存储器制造技术制造，与工业标准的 MCS-51 指令集和输出管脚相兼容。由于将多功能 8 位 CPU 和闪烁存储器组合在单个芯片中，ATMEL 的 AT89C51 是一种高效微控制器，为很多嵌入式控制系统提供了一种灵活性高且价廉的方案。

　　其主要特性如下：

➢ 与 MCS-51 兼容；

➢ 4 K 字节可编程闪烁存储器；

➢ 寿命：1 000 写/擦循环；

➢ 数据保留时间：10 年；

➢ 全静态工作：0~24 Hz；

➢ 三级程序存储器锁定；

➢ 128×8 位内部 RAM；

➢ 32 位可编程 I/O 线；

➢ 两个 15 位定时器/计数器；

➢ 5 个中断源；

➢ 可编程串行通道；

➢ 低功耗的闲置和掉电模式；

➢ 片内振荡器和时钟电路。

　　P0 口：P0 口为一个 8 位漏级开路双向 I/O 口，每脚可吸收 8TTL 门电流。当 P1 口的管脚第一次写 1 时，被定义为高阻输入。P0 能够用于外部程序数据存储器，它可以被定义为数据/地址的第 8 位。在 FLASH 编程时，P0 口作为原码输入口，当 FLASH 进行校验时，P0 输出原码，此时 P0 外部必须被拉高。

P1 口、P2 口及 P3 口内部均为提供上拉电阻的 8 位双向 I/O 口，P1 口缓冲器能接收输出 4TTL 门电流。

使用 AT89C51 的 P2.4、P2.5、P2.5. 及 P2.7 引脚分别与 ADC0808 时钟端、A/D 转换完成信号端、A/D 转换起始端及允许输出端相连，并且 ADC0808 的输出信号通过 P1 引脚输入到单片机中。电路图如图 5 - 15 所示。其中 AT89C51 的设置如图 5 - 16 所示。

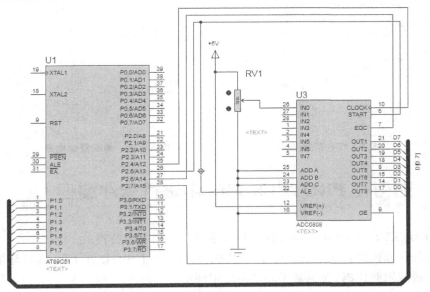

图 5 - 15　PWM 输出控制电路

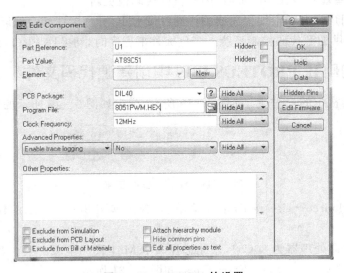

图 5 - 16　AT89C51 的设置

系统时钟频率为 12 MHz。在制作实际电路时，需为电路设计晶振电路及复位电路。其中系统的晶振电路如图 5－17 所示。系统复位电路如图 5－18 所示。

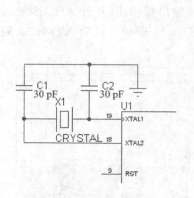

图 5－17　晶振电路

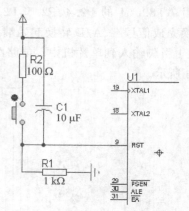

图 5－18　系统复位电路

5.2　如何在 PROTEUS ISIS 中进行软件编程

PROTEUS VSM 源代码控制系统包含以下 3 个主要特性：

➤ 程序源代码置于 ISIS 中。这一功能使得用户可以直接在 ISIS 编辑环境中直接编辑源代码，而无须手动切换应用环境。

➤ 在 ISIS 中定义了源代码编译为目标代码的规则。一旦程序启动，并执行仿真，这些规则将被实时加载，因此目标代码被更新。

➤ 如果用户定义的汇编程序或编译器自带 IDE，可直接在其中编译，无须使用 I-SIS 提供的源代码控制系统。当生成外部程序时，切换回 PROTEUS 即可。

5.2.1　如何在 PROTEUS ISIS 中创建源代码文件

单击工具栏中的 图标，如图 5－19 所示，弹出如图 5－20 所示的界面。

图 5－19　Source Code 图标

① 选择 Source→Create Project 菜单项，弹出如图 5－21 所示的代码生成工具列表。

在本例中微处理器为 80C51，因此选择 ASEM51 代码生成工具。若要建立新的源代码，则勾掉 Create Quick Start Files，如图 5－21 所示。

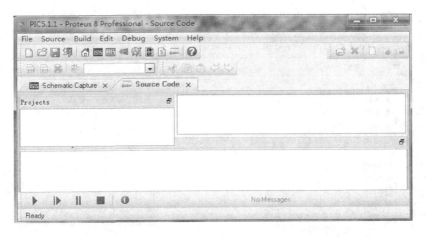

图 5-20　源文件编辑界面

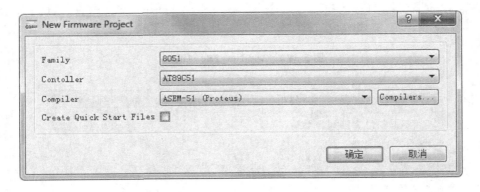

图 5-21　代码生成工具列表

② 选择 Source→Add New File 菜单项将弹出 Add New File 对话框,如图 5-22
所示。单击"保存"按钮,这样已经将 8051PWM. ASM 添加到 Source Files 中。双击
8051PWM. ASM,即可打开源文件编辑窗口,如图 5-23 所示。在编辑环境中输入程序。

PWM 输出控制电路软件源程序如下:

```
ADC        EQU        35H
CLOCK      BIT        P2.4           ;定义 ADC0808 时钟位
ST         BIT        P2.5
EOC        BIT        P2.5.
OE         BIT        P2.7
PWM        BIT        P3.7
           ORG        00H
           SJMP       START
           ORG        0BH
           LJMP       INT_T0
```

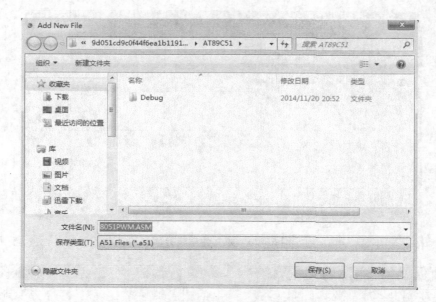

图 5 - 22　Add New File 对话框

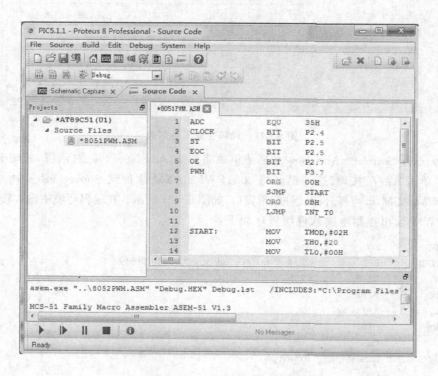

图 5 - 23　源文件编辑窗口

```
START:    MOV       TMOD,#02H
          MOV       TH0,#20
          MOV       TL0,#00H
          MOV       IE,#82H
          SETB      TR0


WAIT:     CLR       ST
          SETB      ST
          CLR       ST           ;启动 AD 转换
          JNB       EOC,$        ;等待转换结束
          SETB      OE
          MOV       ADC,P1       ;读取 AD 转换结果
          CLR       OE
          SETB      PWM          ;PWM 输出
          MOV       A,ADC
          LCALL     DELAY
          CLR       PWM
          MOV       A,#255
          SUBB      A,ADC
          LCALL     DELAY
          SJMP      WAIT


INT_TO:   CPL       CLOCK        ;提供 ADC0808 时钟信号
          RETI


DELAY:    MOV       R5,#1
D1:       DJNZ      R5,D1
          DJNZ      ACC,D1
          RET


          END
```

　　编辑完成后,选择 File→Save Project 菜单项,保存源文件。在源程序编辑窗口,按 ALT – TAB 键切换回 ISIS 编辑环境。

5.2.2　如何在 PROTEUS ISIS 中将源代码文件生成目标代码

　　在源程序编辑窗口,选择 Build→Build Project 菜单项。执行这一命令后,ISIS 将会运行相应的代码生成工具,对所有源文件进行编译、链接,生成目标代码,同时弹出 BUILD LOG 窗口,如图 5 – 24 所示。

　　这一创建信息给出了关于源代码的编译信息。本例中的源代码没有语法错误,并且 PROTEUS ISIS 将源代码生成了目标代码。

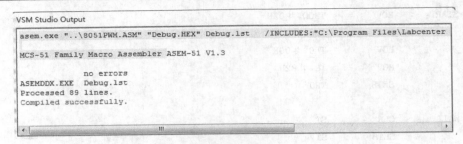

图 5 - 24　BUILD LOG 窗口

5.3　如何进行系统调试

PROTEUS VSM 支持源代码调试。系统的 debug loaders 包含在系统文件 LOADERS. DLL 中。目前,系统可支持的工具数量正在迅速增加。

对于系统支持的汇编程序或编译器,PROTEUS VSM 将会为设计项目中的每一个源代码文件创建一个源代码窗口,并且这些代码将会在 Debug 菜单中显示。

在进行代码调试时,须先在微处理器属性编辑中的 Program File 项配置目标代码文件名(通常为 HEX、S19 或符号调试数据文件(symbolic debug data file))。ISIS不能自动获取目标代码,因为,在设计中可能有多个处理器。

5.3.1　如何将目标代码添加到电路

在 PROTEUS ISIS 编辑环境中,双击 89C51,将弹出如图 5 - 25 所示的 89C51 元件属性编辑对话框。单击 Program File 文本框中的打开按钮,如图 5 - 26 所示。

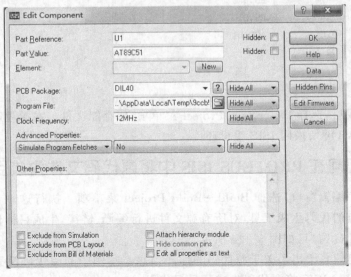

图 5 - 25　80C51 元件编辑对话框

将弹出如图 5 - 27 所示的文件浏览窗口。

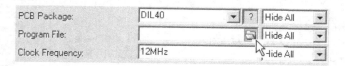

图 5 - 26　Program File 文本框中的打开按钮

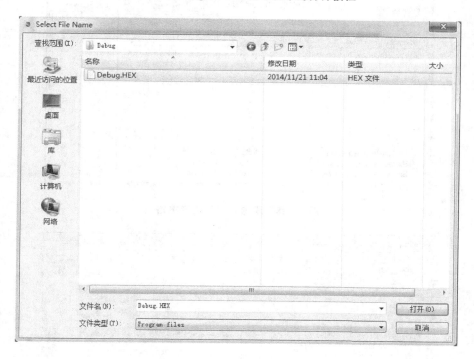

图 5 - 27　文件浏览窗口

选择 8051PWM. HEX 文件后,单击"打开"按钮,此时就将目标代码添加到了电路中,如图 5 - 28 所示。单击 OK 按钮完成编辑。

5.3.2　如何进行电路调试

单击控制面板中的"暂停"按钮 ▮▮ ,开始调试程序。此时系统弹出源代码窗口,如图 5 - 29 所示。

源代码窗口具有以下特性:

➢ 源代码窗口为一组合框,允许用户选择组成项目的其他源代码文件。用户也可使用快捷键 CTRL - 1、CTRL - 2、CTRL - 3 等切换源代码文件。

➢ 蓝色的条代表当前命令行,在此处按 F9 键,可设置断点;如果按 F10 程序将单步执行。

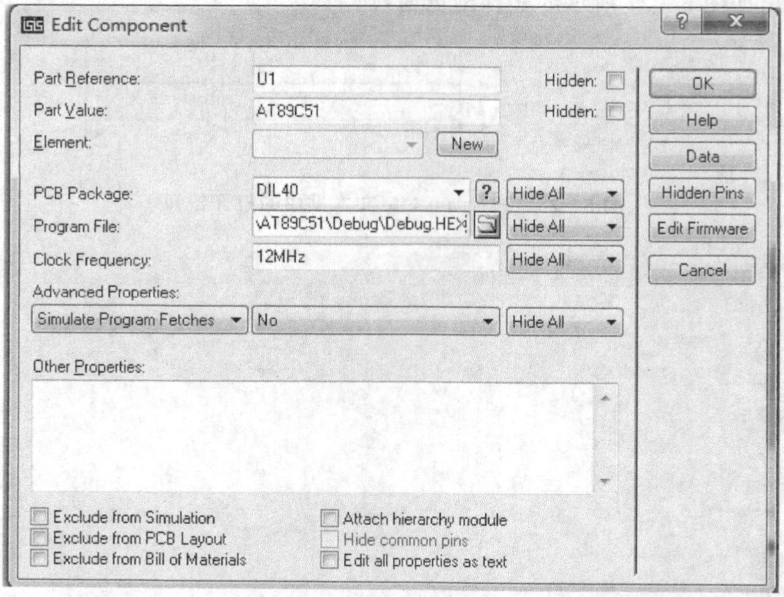

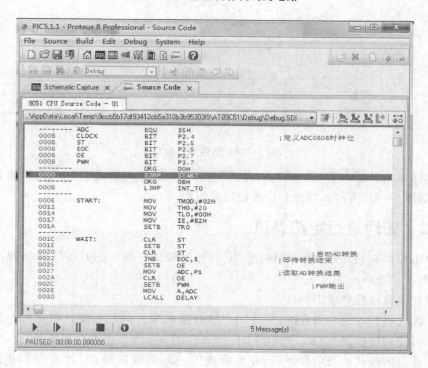

图 5-28 添加目标代码到电路

图 5-29 源代码窗口

➤ 红色箭头表示处理器程序计数器的当前位置。

➤ 红色圆圈标注的行说明系统在这里设置了断点。

在源代码窗口系统提供了如下命令按钮：

➤ Step Over：执行下一条指令。在执行到子程序调用语句时，整个子程序将被执行。

➤ Step Into：执行下一条源代码指令。如果源代码窗口未被激活，系统将执行一条机器代码指令。

➤ Step Out：程序一直执行，直到当前的子程序返回。

➤ Step To：程序一直在执行，直到程序到达当前行。这一选项只在源代码窗口被激活的状况下可用。

除 Step To 选项外，单步执行命令可在源代码窗口不出现的状况下使用。在源代码窗口右击，将出现如图 5 - 30 所示的右键菜单。右键菜单提供了许多功能选项，其中 Displaying line Numbers 为显示行号。Displaying Opcodes 为显示操作码，如图 5 - 31 所示。而 Goto Line 为转到行，选中这一命令后，将弹出如图 5 - 32 所示的

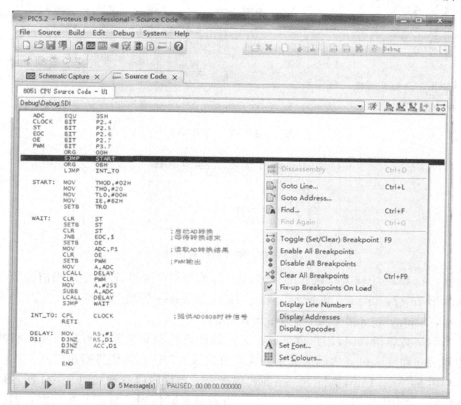

图 5 - 30　源代码窗口中的右键菜单

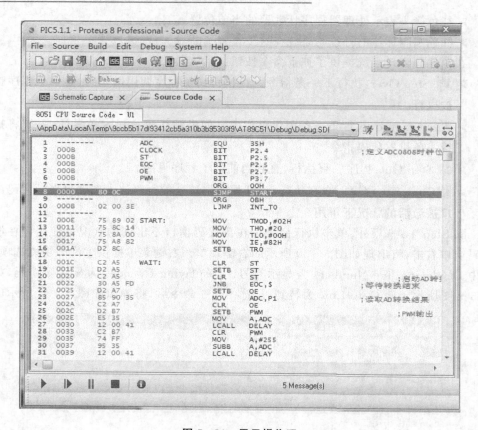

图 5 - 31　显示操作码

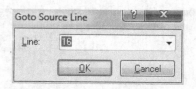

图 5 - 32　跳转到行对话框

对话框。在 Line 中输入待跳转的行号,如 16,单击 OK 按钮,程序中的当前命令行将显示为第 16 行,如图 5 - 33 所示。另外,Goto Address 为转到地址,Find Text 为查找文本,Displaying addresses 为显示地址等。

当调试高级语言时,用户也可以在显示源代码行和显示系统可执行实际机器代码的列表间切换。机器代码的显示或隐藏可通过 CTRL - D 键进行设置。

单击 Step Into,执行下一条源代码指令。当程序执行到如图 5 - 34 所示的位置,此条语句为将定时的高位赋值为 20。查看是否赋值到计数器的初值寄存器。选择 Debug→Watch Window 菜单项。此时将弹出观测窗口,如图 5 - 35 所示。

图 5 - 33　当前命令行为第 16 行

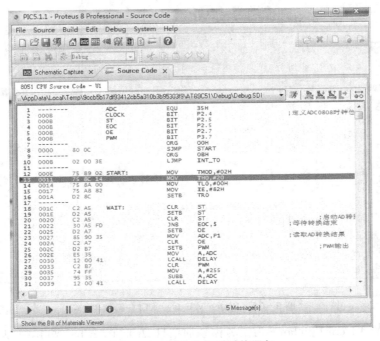

图 5 - 34　程序执行到赋值语句

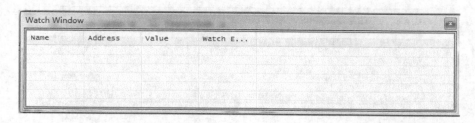

图 5 - 35　观测窗口

观测窗口可实时更新显示处理器的变量、存储器的值和寄存器值。它同时还可给独立存储单元指定名称。

在观测窗口中添加项目的步骤如下：

① 按 Ctrl - F12 开始调试，或系统正处于运行状态时，单击 pause 按钮，暂停仿真。

② 单击 Debug 菜单中的窗口序号，显示 Watch Window 窗口。

③ 在 Watch Window 窗口右击，将弹出如图 5 - 36 所示的右键菜单。

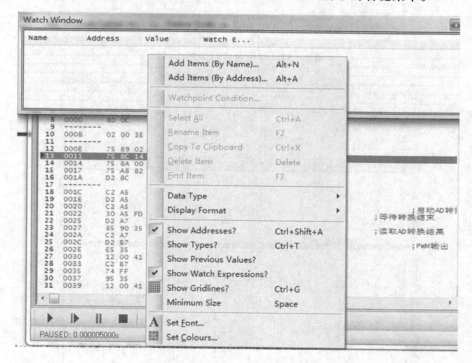

图 5 - 36　Watch Window 窗口右键菜单

其中 Add Item by Name 为按名称添加项目、Add Item by Address 为按地址添加项目。选择 Add Item by Name 菜单项，将弹出如图 5 - 37 所示的对话框。

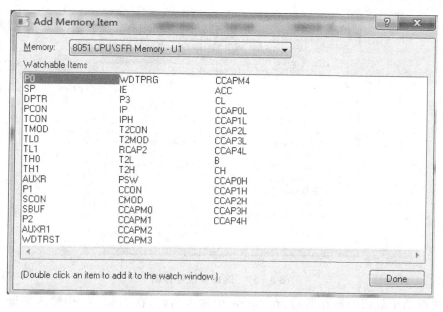

图 5 - 37　按名称添加项目对话框

　　如果电路中包含多个 CPU,则可选择 Memory 的下拉式按钮,选择期望的 CPU。双击希望观测的变量,变量将添加到观测窗口。如双击 SCON 变量,SCON 变量将被添加到观测窗口。若使用 Add Item by Address 命令添加项目到观测窗口,将出现如图 5 - 38 所示的对话框。

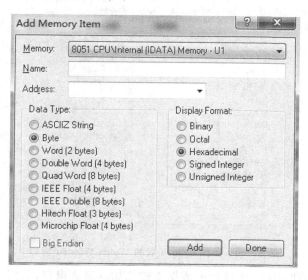

图 5 - 38　按地址添加项目对话框

　　选择 Memory 的下拉式按钮,可选择其他寄存器,如图 5 - 39 所示。

基于 PROTEUS 的电路及单片机设计与仿真(第 3 版)

图 5-39　选择其他寄存器

选择期望观测的寄存器后,在 Name 中输入名称,在 Address 中输入地址,即可将项目添加到 Watch Window 窗口。如在 Name 中输入 data1,在 Address 中输入 0x0098,数据类型设置为 Byte(字节),数据显示方式设置为 Hexadecimal。如图 5-40 所示。

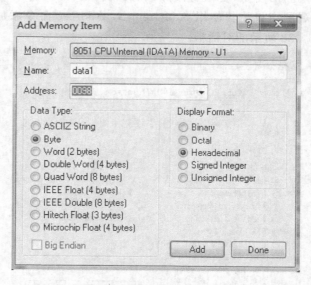

图 5-40　添加 0x0098 后的 Watch Window 窗口

单击 Add 按钮,0x0098 地址的数据将被添加到观测窗口,如图 5-41 所示。

当数据格式不便于观测时,右击,在弹出的右键菜单中选择 Display Format 命令,系统将列出如图 5-42 所示的数据格式。

图 5 - 41　添加 0x0098 地址的数据到观测窗口

图 5 - 42　PROTEUS ISIS 提供的数据格式

　　系统提供如二进制、八进制、十进制或十六进制等数据形式。选择 Binary（二进制）选项，则观测窗口的数据格式以二进制形式显示，如图 5 - 43 所示。

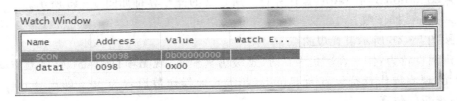

图 5 - 43　SCON 数据以二进制形式显示

在观测窗口可设置观测点。当项目的值与观测点设置条件相符时,观测窗口可延缓仿真。

按 Ctrl - F12 组合键开始调试,或系统正处于运行状态时,单击 pause 按钮,暂停仿真。单击 Debug 菜单中的窗口序号,显示 Watch Window。添加需要观测的项目,选择需要设置观测点的观测项目,右击,在弹出菜单中选择 Watchpoint Condition 命令。此时将出现如图 5 - 44 所示的观测点设置窗口。

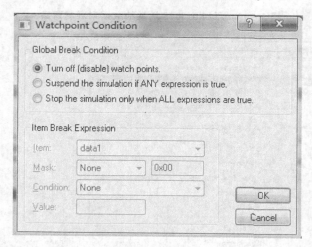

图 5 - 44　观测点设置对话框

其中 Global Break Condition 为设置观测方式。

➢ Turn off (disable) watch points:关闭观测功能。

➢ Suspend the simulation if ANY expression is true:任一表达式为真时,延缓仿真。

➢ Stop the simulation only when ALL expressions are true:所有表达式为真时,停止仿真。

Item Break Expressions 为观测点观测表达式。

➢ Item:观测项目。

➢ Mask:屏蔽方式及屏蔽操作数;屏蔽操作方式包括与、或及异或等。

➢ conditional operator:操作算符。所包含的操作算符如图 5 - 45 所示。

➢ value:操作数。

按图 5 - 46 所示设置观测点。

观测设置为:任一表达式为真时,延缓仿真模式;观测项目为 data1,屏蔽方式设置为无,观测操作算符设置为 Equals(相等),而操作数设置为 10。即当 data1 = 10 时,系统暂停仿真。

设置完成后单击 OK 按钮,即可完成设置。如图 5 - 47 所示。

图 5 – 45   操作算符

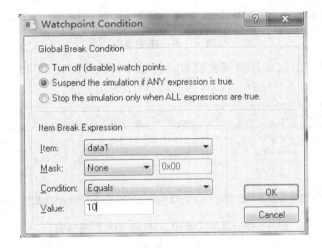

图 5 – 46   设置观测点

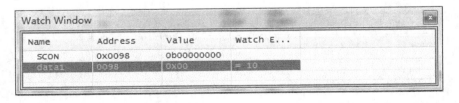

图 5 – 47   添加观测点观测条件后的 Watch Window 窗口

在观测窗口右击，在弹出的菜单中选择 Add Item by Name，在弹出的添加寄存器项目的窗口，选择待添加的项目，如图 5-48 所示。

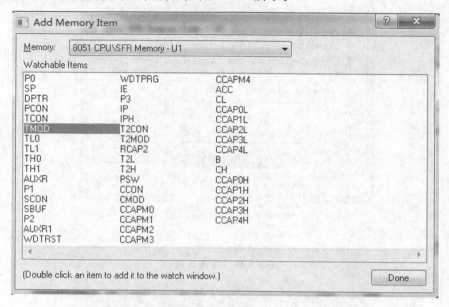

图 5-48　选定项目

双击项目即可添加项目到观测窗口。添加 TMOD、TH0 和 TL0 到编辑窗口，如图 5-49 所示。

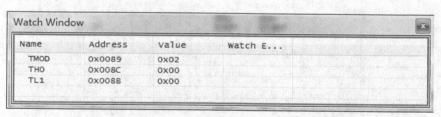

图 5-49　添加 TMOD、TH0 和 TL0 到编辑窗口

单击 Step Into 图标，执行下一条源代码指令。此时观测窗口各变量值如图 5-50 所示。

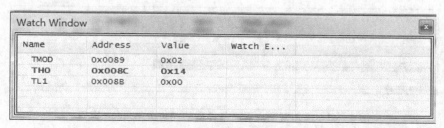

图 5-50　观测窗口各变量值

从观测窗口的数据可知,观测窗口可实时显示程序执行的结果。

在程序的第 18 行,单击源代码窗口的设置断点图标 ⚏,即可在第 18 行设置断点。单击源代码窗口运行 ⚡ 按钮,程序会一直执行,直到运行到断点设置处。

将 IE 添加到观测窗口后观测窗口中的数据,观测窗口数据如图 5 - 51 所示。

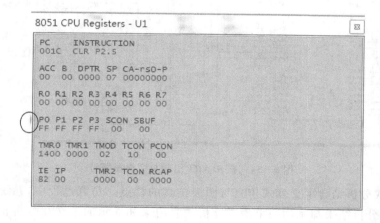

Watch Window

Name	Address	Value	Watch E...
TMOD	0x0089	0x02	
THO	**0x008C**	**0x14**	
TL1	0x008B	0x00	
IE	0x00A8	0x82	

图 5 - 51　程序运行到断点后观测窗口数据

从观测窗口的数据可知,观测窗口实时显示程序数据。再次双击源代码窗口的设置断点图标 ⚏,即可取消断点。执行当前源代码指令。这一代码的意义为清零 P2.5 端口。选择 Debug→8051CPURegister - U1 菜单项。此时,将弹出寄存器窗口,如图 5 - 52 所示。

8051 CPU Registers - U1

```
PC     INSTRUCTION
001C   CLR P2.5

ACC  B  DPTR  SP  CA-rs0-P
00   00  0000  07  00000000

R0 R1 R2 R3 R4 R5 R6 R7
00 00 00 00 00 00 00 00

P0 P1 P2 P3 SCON SBUF
FF FF FF FF  00   00

TMR0 TMR1 TMOD TCON PCON
1400 0000  02   10   00

IE IP      TMR2 TCON RCAP
82 00      0000  00  0000
```

图 5 - 52　清零 P2.5 端口

再次单击 ⚏ Step Into 图标,执行下一条源代码指令。这一代码的意义为置位 P2.5 端口。如图 5 - 53 所示。

第三次单击 ⚏ Step Into 图标,这一操作将清零 P2.5 端口。这一系列操作用于产生启动 A/D 转换脉冲信号。单击控制面板中的"停止"按钮,停止仿真。在 START 引脚放置电压探针,如图 5 - 54 所示。

单击工具箱中的 Simulation Graph 图标,在对象选择器中将出现各种仿真分析所需的图表中选择 INTERACTIVE(交互式仿真图表)仿真图表。

注释:交互式仿真图表。

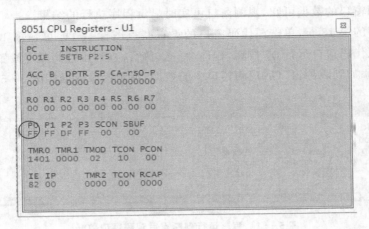

图 5 - 53　置位 P2.5 端口

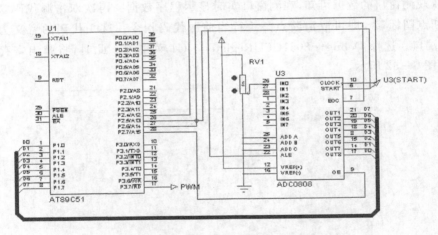

图 5 - 54　在 START 引脚放置电压探针

　　交互式分析结合了交互式仿真与图表仿真的特点。仿真过程中，系统建立交互式模型，但分析结果却是用一个瞬态分析图表记录和显示的。交互分析特别适用于观察电路中的某一单独操作对电路产生的影响（如变阻器阻值变化对电路的影响情况），相当于将一个示波器和一个逻辑分析仪结合在一个装置上。

　　分析过程中，系统按照混合模型瞬态分析的方法进行运算，但仿真是在交互式模型下运行的。因此，像开关、键盘等各种激励的操作将对结果产生影响。同时，仿真速度也决定于交互式仿真中设置的时间步长（Timestep）。应当引起注意的是，在分析过程中，系统将获得大量数据，处理器每秒将会产生数百万事件，产生的各种事件将占用许多兆内存，这就很容易使系统崩溃。所以不宜进行长时间仿真，这就是说，在短时间仿真不能实现目的时，应用逻辑分析仪。另外，和普通交互式仿真不同的是，许多成分电路不被该分析支持。

通常情况，可以借助交互式仿真中的虚拟仪器实现观察电路中的某一单独操作对电路产生的影响，但有时需要将结果用图表的方式显示出来以便更详细的分析，就需要用交互式分析实现。

在电路中拖动鼠标即可放置交互式仿真图表。将探针添加到图表中，探针信号按数字信号处理。如图 5 - 55 所示。设置完成后单击 OK 按钮完成设置。按图 5 - 56 设置仿真时间。

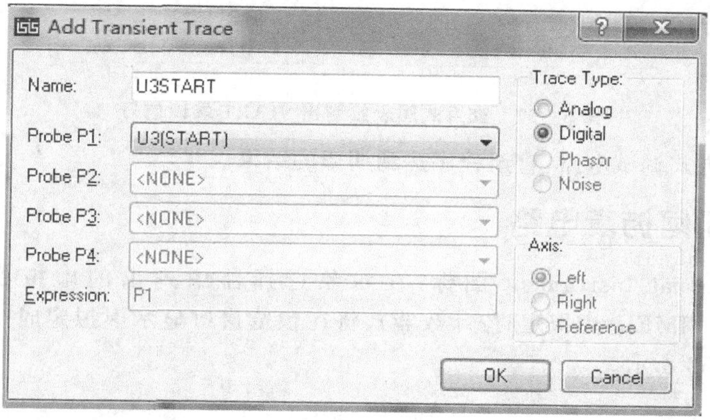

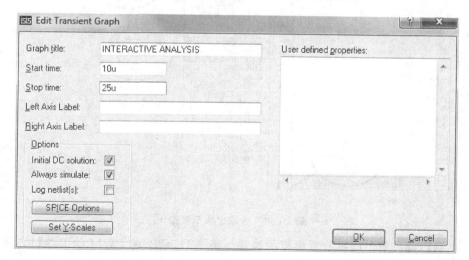

图 5 - 55　探针信号按数字信号处理添加到图表

图 5 - 56　设置交互式仿真时间

单击控制面板中的"暂停"按钮，打开源代码编辑窗口，在源代码的第 21 行设置断点。单击控制面板中的"停止"按钮，停止仿真。然后将鼠标放置到交互式仿真图表中，按下 SPACE 空格键仿真电路。电路将在断点处暂停仿真，单击控制面板中的"停止"按钮，停止仿真，此时交互式仿真图表绘制出 START 端口信号，如图 5 - 57

所示。

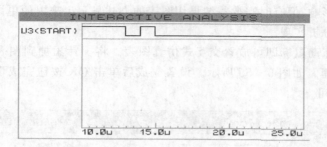

图 5-57 交互式图表绘制出 START 端口信号

按上述方式调试电路，直至程序达到期望的结果。

5.3.3 如何仿真电路

单击 Virtual Instrument 图标，在对象选择器中列出的虚拟仪器中选择 COUNTER TIMER（虚拟定时/计数器），将在预览窗口显示虚拟定时/计数器的外观，如图 5-58 所示。

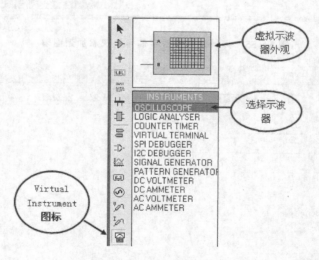

图 5-58 选取虚拟示波器

在编辑窗口单击即可放置虚拟示波器。将 AT89C51 的 PWM 输出端口与示波器的 A 端口相连，如图 5-59 所示。

单击控制面板中的"运行"按钮，则示波器显示电路输出波形，如图 5-60 所示。

放置数字分析图表，测量输出 PWM 波的占空比。将数字分析图表放置到电路编辑窗口，并添加 PWM 变量（在 PWM 波输出端口放置电压探针），如图 5-61 所示。将鼠标放置到图表中，按 SPACE 键仿真电路，结果如图 5-62 所示。

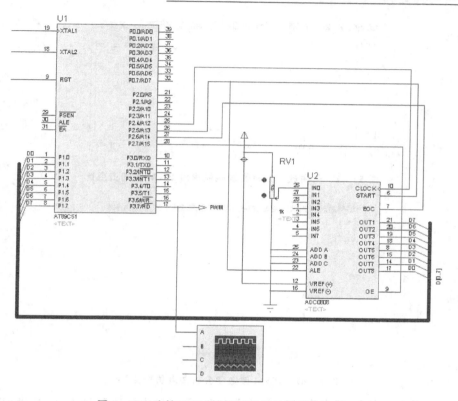

图 5 - 59　连接 PWM 输出端口与示波器的 A 端口

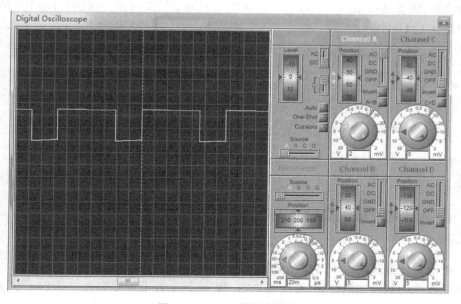

图 5 - 60　示波器输出结果

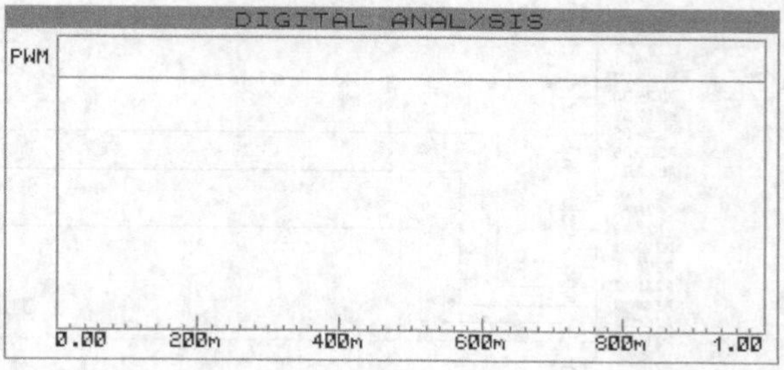

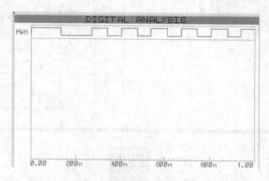

图 5 - 61　采用数字分析图表测量输出 PWM 波的占空比

图 5 - 62　PWM 波数字分析图表仿真结果

单击图表的表头,图表将以窗口形式出现,在窗口中放置测量指针,测量 PWM 波的周期,测量结果如图 5 - 63 所示。从图中的测量结果可知,系统输出的 PWM 波周期为 0.134 s。

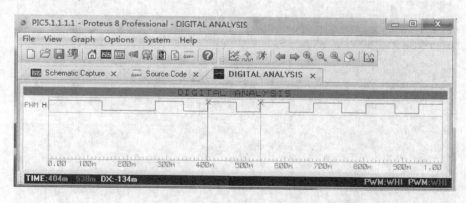

图 5 - 63　测量 PWM 波周期

按照上述方式测量上升沿的脉宽,结果如图 5 - 64 所示。

从图中的测量结果可知,系统输出的 PWM 波上升沿的脉宽为 0.072 s。因此此时系统输出的 PWM 波占空比为 1:1。

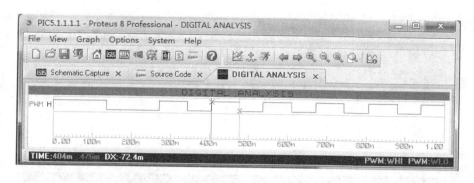

图 5 - 64　测量 PWM 波上升沿的脉宽

改变滑动变阻器的阻值,将其设置为阻值的 20%,再次仿真电路,电路输出的波形如图 5 - 65 所示。

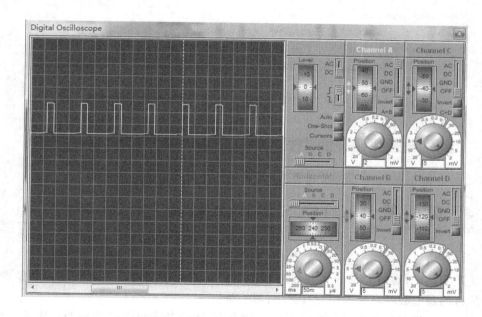

图 5 - 65　PWM 波(滑动变阻器阻值设置为 20%时)

采用数字分析图表测量输出 PWM 波的占空比。此时 PWM 波的周期测量结果如图 5 - 66 所示。从图中的测量结果可知,系统输出的 PWM 波周期为 0.134 s。

按照上述方式测量上升沿的脉宽,结果如图 5 - 67 所示。从图中的测量结果可知,系统输出的 PWM 波上升沿的脉宽为 0.028 s。因此此时系统输出的 PWM 波占空比为 1:4。自此系统调试结束,电路进入电路板制作及实物焊接流程。

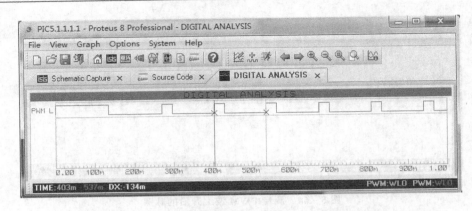

图 5 - 66　PWM 波周期测量(滑动变阻器阻值为 50%)

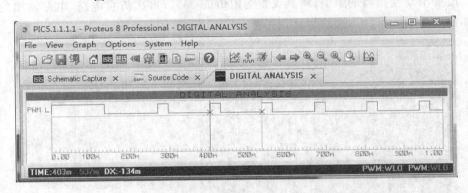

图 5 - 67　PWM 波上升沿脉宽测量(滑动变阻器阻值为 50%)

5.4　如何将 PROTEUS 与 Keil 联调

　　单片机教学包括理论与实践教学,而实践实训教学所占比例较多,硬件投入大。在实践实训中,需要大量的实验仪器和设备。一般的学校或个人没有较多的经费。单片机的课堂教学及实验中存在诸多问题,如:

　　➤ 单片机课堂教学以往多以理论教学为主,实验教学也多是进行验证实验。但单片机是一门实践性很强的课程。教学中需要很多硬件设备,如计算机、仿真机、实验电路、编程器等。一般理论课堂难以辅助硬件进行教学,即便演示,效果也不好,一般单片机实验箱也只是起验证实验的作用。

　　➤ 学生实验时也存在着不少问题,单片机实验室由于存在着场地和时间等问题,学生除了上课外,平时难得有机会实践。个人配备单片机实验开发系统,因成本较高,很多学生无法承受。同时一般单片机实验箱由于是成品,学生很难参与到其中的细节设计中去,学生动手能力很难得到训练与提高。

> 实验设备不足，落后，单片机实验室建立成本高，一般学校很少有学生人手一套实验开发系统进行单片机实验及开发。就算有，由于技术的不断更新，设备的不断老化，实验仪器也会很快落后。要解决此问题需要不断地重建单片机实验室，务必带来资金耗费严重等问题。

PROTEUS 是一种低投资的电子设计自动化软件，提供 Schematic Drawing，SPICE 仿真与 PCB 设计功能，这一点 PROTEUS 与 multisim 比较类似，只不过它可以仿真单片机和周边设备，可以仿真 51 系列、AVR、PIC 等常用的 MCU，与 Keil 和 MPLAB 不同的是它还提供了周边设备的仿真，只要给出电路图就可以仿真，例如 373、led、示波器等。PROTEUS 提供了大量的元件库，有 RAM、ROM、键盘、马达、LED、LCD、AD/DA、部分 SPI 器件、部分 IIC 器件，编译方面支持 Keil 和 MPLAB，里面有大量的参考例子。

> PROTEUS 软件提供了可仿真数字和模拟、交流和直流等数千种元器件和多达 30 多个元件库。

> 虚拟仪器仪表的数量、类型和质量，是衡量仿真软件实验室是否合格的一个关键因素。在 PROTEUS 软件中，理论上同一种仪器可以在一个电路中随意的调用。

> 除了现实存在的仪器外，PROTEUS 还提供了一个图形显示功能，可以将线路上变化的信号，以图形的方式实时地显示出来，其作用与示波器相似但功能更多。

> 这些虚拟仪器仪表具有理想的参数指标，例如极高的输入阻抗、极低的输出阻抗。这些都尽可能减少了仪器对测量结果的影响。

> PROTEUS 提供了比较丰富的测试信号用于电路的测试。这些测试信号包括模拟信号和数字信号。

Keil 是德国开发的一个 51 单片机开发软件平台，最开始只是一个支持 C 语言和汇编语言的编译器软件。后来随着开发人员的不断努力以及版本的不断升级，使它已经成为了一个重要的单片机开发平台，不过 Keil 的界面并不是非常复杂，操作也不是非常困难，很多工程师开发的优秀程序都是在 Keil 平台上编写出来的。可以说它是一个比较重要的软件，熟悉它的人很多，用户群极为庞大，操作有不懂的地方只要找相关的书看看，到相关的单片机技术论坛问问，很快就可以掌握它的基本使用了。

> Keil 的 μVision2 可以进行纯粹的软件仿真（仿真软件程序，不接硬件电路）；也可以利用硬件仿真器，搭接上单片机硬件系统，在仿真器中载入项目程序后进行实时仿真；还可以使用 μVision2 的内嵌模块 Keil Monitor-51，在不需要额外的硬件仿真器的条件下，搭接单片机硬件系统对项目程序进行实时仿真。

> μVision2 调试器具备所有常规源代码级调试，符号调试特性以及历史跟踪，代码覆盖，复杂断点等功能。DDE 界面和 shift 语言支持自动程序测试。

为此，利用 PROTEUS 与 Keil 联调，为解决这一问题提供了一些思路。

5.4.1　如何使用 Keil 的 μVision3 集成开发环境

μVision3 IDE 是一个 32 位标准的 Windows 应用程序，支持长文件名操作，其界面类似于 MS Visual C++，可以在 Windows95/98/2000/XP 平台上运行，功能十分强大。μVision3 中包含了一个高效的源程序编辑器，一个项目管理器和一个源程序调试器（MAKE 工具）。

μVision3 支持所有的 KEIL8051 工具，包括 C 编译器、宏汇编器、连接/定位器、目标代码到 HEX 的转换器。μVision3 通过以下特性加速用户嵌入式系统的开发过程。

➤ 全功能的源代码编辑器；

➤ 器件库用来配置开发工具设置；

➤ 项目管理器用来创建和维护用户的项目；

➤ 集成的 MAKE 工具可以汇编、编译和连接用户嵌入式应用；

➤ 所有开发工具的设置都是对话框形式的；

➤ 真正的源代码级的对 CPU 和外围器件的调试器；

➤ 高级 GDI(AGDI) 接口用来在目标硬件上进行软件调试以及和 Monitor‑51 进行通信；

➤ 与开发工具手册、器件数据手册和用户指南有直接的链接。

1. μVision3 开发环境

运行 μVision3 程序，将出现程序启动界面。之后，程序进入 μVision3 用户界面主窗口，如图 5‑68 所示。

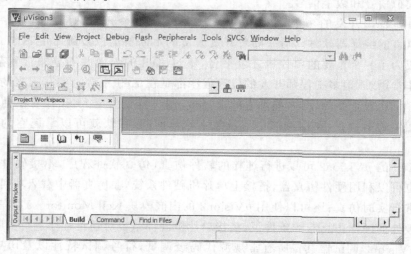

图 5‑68　μVision3 界面

主窗口提供一个菜单、一个工具条，以便用户快速选择命令按钮、源代码的显示窗口、对话框和信息显示。μVision3 允许同时打开浏览多个源文件。

2. 建立应用

采用 Keil C51 开发 8051 单片机应用程序一般需要以下步骤：

① 在 μVision3 集成开发环境中创建一个新项目文件（Project），并为该项目选定合适的单片机 CPU 器件。

② 利用 μVision3 的文件编辑器编写 C 语言（或汇编语言）源程序文件，并将文件添加到项目中去。一个项目可以包含多个文件，除源程序文件外还可以有库文件或文本说明文件。

③ 通过 μVision3 的各种选项，配置 C51 编译器、A51 宏汇编器、BL51 连接定位器以及 Debug 调试器的功能。

④ 利用 μVision3 的构造（Build）功能对项目中的源程序文件进行编译链接，生成绝对目标代码和可选的 HEX 文件。如果出现编译连接错误则返回第②步，修改源程序中的错误后重新构造整个项目。

⑤ 将没有错误的绝对目标代码装入 μVision3 调试器进行仿真调试，调试成功后将 HEX 文件写入到单片机应用系统的 EPROM 中。

3. 创建项目

μVision3 具有强大的项目管理功能，一个项目由源程序文件、开发工具选项以及编程说明 3 部分组成，通过目标创建（Build Targe）选项很容易实现对一个 μVision3 项目进行完整的编译链接，直接产生最终应用目标程序。

① 双击 Keil μVision3 图标，启动应用程序，进入 μVision3 用户界面主窗口。

μVision3 提供下拉菜单和快捷工具按钮两种操作方法。新建一个源文件时可以通过单击工具按钮图标 ，也可以通过选择 File→New 菜单项，在项目窗口中打开一个新的文本窗口，即 Text1 源文件编辑窗口，如图 5 - 69 所示。

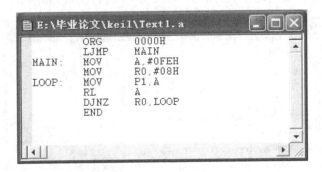

图 5 - 69　Text1 源文件编辑窗口

在该窗口中可以编辑源程序文件，还可从键盘输入 C 源程序、汇编源程序、混合语言源程序,源程序输入完毕,保存文件,选择 File→Save as 菜单项,弹出如图 5-70 所示的对话框,单击"保存"按钮。本例中文件保存为 Text1. ASM。

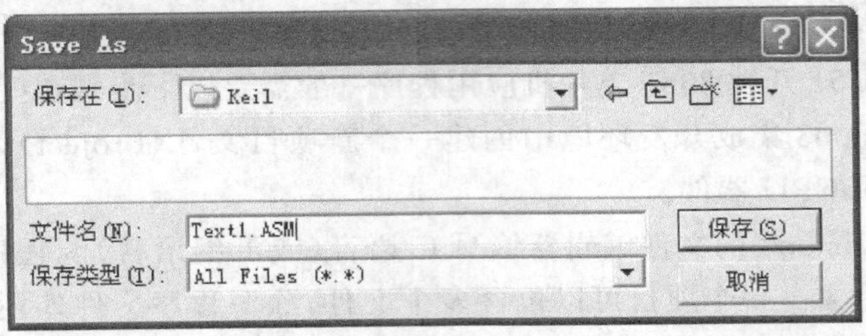

图 5-70　保存源文件窗口

注意:

源程序文件必须加上扩展名(*.c, *.h, *.a* , *.inc, *.txt)。

源程序文件就是一般的文本文件,不一定使用 Keil 软件编写,可以使用任何文本编辑器编写。可把源文件,包括 Microsoft Word 文件中的源文件复制到 Keil C51 文件窗口中,使 Word 文档变成为 TXT 文档。这种方法最好,可方便对源文件输入中文注释。

② 创建一个项目。源程序文件编辑好后,要进行编译、汇编、链接。Keil C51 软件只能对项目而不能对单一的源程序进行编译、汇编、链接等操作。μVision3 集成环境提供了强大的项目(Project)管理功能,通过项目文件可以方便地进行应用程序的开发。一个项目中可以包含各种文件,如源程序文件、头文件、说明文件等。因此,当源文件编辑好后,要为源程序建立项目文件。

以下是新建一个项目文件的操作。选择 Project→New Project 菜单项,弹出一个标准的 Windows 对话框,此对话框要求输入项目文件名;输入项目文件名 max(不需要扩展名),并选择合适的保存路径(通常为每个项目建立一个单独的文件夹),单击"保存"按钮,这样就创建了文件名为 max. μv2 的新项目,如图 5-71 所示。

图 5-71　在 μVision3 中新建一个项目

项目文件名保存完毕后,弹出如图 5-72 所示的器件数据库对话框窗口。用于为新建项目选择一个 CPU 器件。Keil C51 支持的 CPU 器件很多,在选择对话框中选 Atmel 公司的 AT89C51 芯片,选定 CPU 器件后 μVision3 按所选器件自动设置默认的工具选项,从而简化了项目的配置过程。选好器件后单击"确定"按钮,此时弹出如图 5-73 所示的对话框。

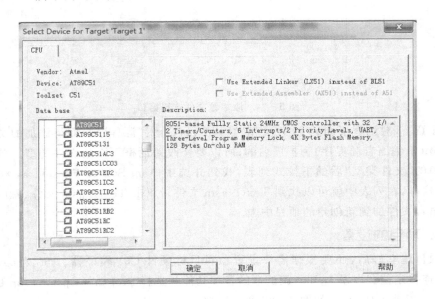

图 5-72　为项目选择 CPU 器件

图 5-73　工程创建提示信息

单击"是"按钮完成项目的新建。创建一个新项目后,项目中会自动包含一个默认的目标(Target1)和文件组(Source Group1)。用户可以给项目添加其他项目组(Group)以及文件组的源文件,这对于模块化编程特别有用。项目中的目标名、组名以及文件名都显示在 μVision3 的"项目窗口/File"标签页中。

μVision3 具有十分完善的右键功能,将鼠标指向"项目窗口/File"标签页中的 Source Group1 文件组并右击,弹出快捷菜单。选择快捷菜单中的"Add File to Group 'Source Group 1'"选项,弹出如图 5-74 所示添加文件选项对话框窗口,选择待添加的源文件。

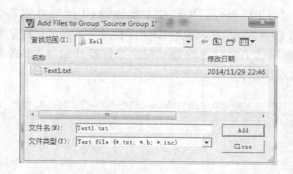

图 5 - 74　添加源文件选择窗口

注意：该对话框下面的"文件类型"默认为.c(C 语言源程序)，而待添加的文件是以.asm(汇编语言源程序)为扩展名的，所以要修改对话框下面的文件类型。单击对话框中的"文件类型"后的下拉式列表，找到并选中 Asm Source File(* .a, * .sor)选项，这样，在列表中就可以找到 Text1.asm 文件。双击 Text1.asm 文件，就可以将汇编语言文件加到新创建的项目中去。

4. 项目的设置

项目建立好后，还要根据需要设置项目目标硬件 C51 编译器、A51 宏汇编器、BL51 连接定位器以及 Debug 调试器的各项功能。选择 Project→Options for Target 'Target 1'菜单项，弹出如图 5 - 75 所示窗口。

这是一个十分重要的窗口，包括 Target、Output、Listing、C51、A51、BL51 Locate、BL51 Misc、Debug 选项标签页，其中许多选项可以直接用其默认值，必要时可进行适当调整。

5. 项目的编译、链接

设置好项目后，即可对当前项目进行整体创建(Build target)。将鼠标指向项目窗口中的文件 Text1.asm 并右击，从弹出的快捷菜单中选择 Build target 菜单项。

μVision2 将按 Options for Target 窗口内的各种选项设置，自动完成对当前项目中所有源程序模块的编译、链接。

同时 μVision2 的输出窗口(Output windows)将显示编译、链接过程中的提示信息，如图 5 - 76 所示。

注释：如果源程序中有语法错误，将鼠标指向窗口内的提示信息双击，光标将自动跳到编辑窗口源程序出错的位置，以便于修改；如果没有编译错误则生成绝对目标代码文件。

6. 程序调试

在对项目成功进行汇编、链接以后，将 μVision3 转入仿真调试状态，选择 Debug→Start/Stop Debug Session 菜单项，即可进入调试状态。在此状态下的"项目窗口"自

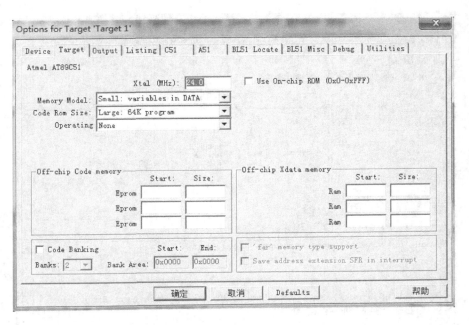

图 5-75　Options 选项中的 Targe 标签页

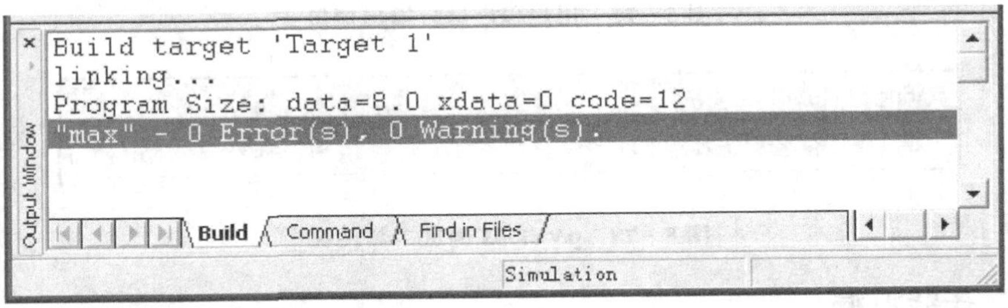

图 5-76　编译提示信息

动转换到 Regs 标签页,显示调试过程中单片机内部工作寄存器 R0～R7、累加器 A、堆栈指针 SP、数据指针 DPTR、程序计数器 PC 以及程序状态字 PSW 等的值。

在仿真调试状态下,选择 Debug→Run 菜单项,启动用户程序全速运行,如图 5-77 所示。

图 5-78 为模拟调试窗口的工具栏快捷按钮。

Debug 下拉式菜单上的大部分选项可以在此找到对应的快捷按钮。工具栏快捷按钮的功能从左到右依次为:复位、运行、暂停、单步、过程单步、执行完当前子程序、运行到当前行、下一状态、打开跟踪、查看跟踪、反汇编窗口、观察窗口、代码作用范围分析、1♯串行窗口、内存窗口、性能分析、逻辑分析窗口、符号窗口及工具按钮。

基于 PROTEUS 的电路及单片机设计与仿真(第 3 版)

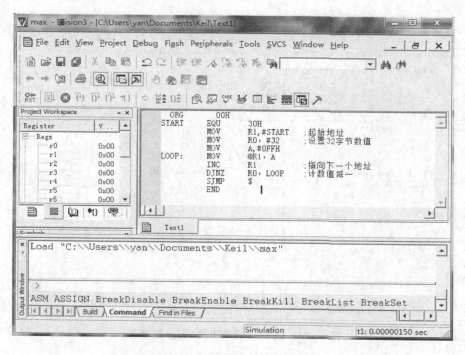

图 5 - 77　用户程序运行输出窗口

264

图 5 - 78　μVision3 调试工具按钮

7. 在线汇编

在进入 Keil 的调试环境以后，如果发现程序有错误，可以直接对源程序进行修改。但是要使修改后的代码起作用，必须先退出调试环境，重新进行编译、链接后再进入调试。这样的过程未免有些麻烦。为此，Keil 软件提供了在线汇编的功能：将光标定位于需要修改的程序语句上，选择 Debug→Inline Assembly 菜单项。此时将出现如图 5 - 79 所示的 Inline Assembly 的标签页。

在 Enter New 后面的编辑框内直接输入需要更改的程序语句，输入完成后按回车键，程序将自动指向源程序的下一条语句，继续修改，如果不需要继续修改，可以单击窗口右上角的"关闭"按钮，关闭窗口。

8. 断点管理

断点功能对于用户程序的仿真调试十分重要，利用断点调试，便于观察了解程序的运行状态，查找或排除错误。Keil 软件在 Debug 调试命令菜单中设置断点的功

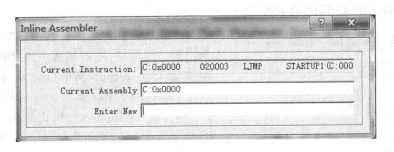

图 5 - 79　Debug 菜单在线汇编的功能窗口

能。在程序中设置、移除断点的方法是：在汇编窗口光标定位于需要设置断点的程序行，选择 Debug→Insert/Remove Breakpoint 菜单项，可在编辑窗口当前光标所在行上设置/移除一个断点（也可用鼠标在该行双击实现同样功能）；选择 Debug→Enable/Disable Breakpoint 菜单项，可激活/禁止当前光标所指向的一个断点；选择 Debug→Disable All Breakpoint 菜单项，将禁止所有已经设置的断点；选择 Debug→Kill All Breakpoint 菜单项，将清除所有已经设置的断点；选择 Debug→Show Next Statement 菜单项，将在汇编窗口显示下一条将要被执行的用户程序指令。

　　除了在程序行上设置断点这一基本方法，Keil 软件还提供了通过断点设置窗口（Breakpoints）来设置断点的方法。选择 Debug→Breakpoint 菜单项，将弹出如图 5 - 80 所示的对话框。

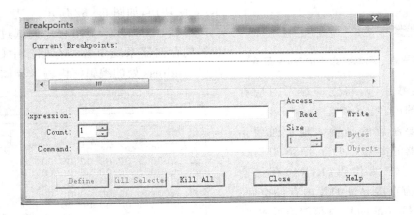

图 5 - 80　断点设置窗口

　　该对话框用于对断点进行详细设置。窗口中 Current Breakpoints 栏显示当前已经设置的断点列表；窗口中 Expression 栏用于输入断点表达式，该表达式用于确定程序停止运行的条件；Count 栏用于输入断点通过的次数；Command 用于输入当程序执行到断点时需要执行的命令。

9. Keil 的模拟仿真调试窗口

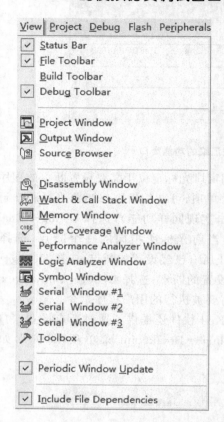

Keil 软件在对程序进行调试时提供了多个模拟仿真窗口，主要包括主调试窗口、输出调试窗口（Output Windows）、观测窗口（Watch & Call Statck Windows）、存储器窗口（Memory Windows）、反汇编窗口（Dissambly Windows）、串行窗口（Serial Windows）等。进入调试模式后，通过选择 View 菜单中的相应选项（或单击工具条中相应按钮），可以很方便地实现窗口的切换。

Debug 状态下的 View 菜单如图 5-81 所示。

第一栏用于快捷工具条按钮的显示/隐藏切换。Status Bar 选项为状态栏；File Toolbar 选项为调试工具条按钮。

第二栏、第三栏用于 μVision3 中各种窗口的显示/隐藏切换。

① 存储器窗口。View 菜单中的 Memory Windows 选项用于系统存储器空间的显示/隐藏切换，如图 5-82 所示。

存储器窗口用于显示程序调试过程中单片机的存储器系统中各类存储器中的值，在窗口 Address 处的编辑框内输入存储器地址

图 5-81　调试状态下的 View 菜单

（"字母：数字"），将立即显示对应存储空间的内容。

需要注意的是输入地址时要指定存储器的类型 C、D、I、X 等，其含义分别是："C"为代码（ROM）存储空间；"D"为直接寻址的片内存储空间；"I"为间接寻址的片内存储空间；"X"为扩展的外部 RAM 空间。数字的含义为要查看的地址值。例如输入 D：0，可查看地址 0 开始的片内 RAM 单

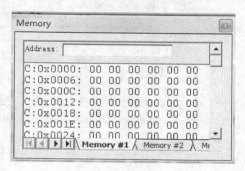

图 5-82　存储器窗口

元的内容；输入 C：0，可查看地址 0 开始的 ROM 单元中的内容，也就是查看程序的二进制代码。

存储器窗口的显示值可以是十进制、十六进制、字符型等多种形式，改变显示形式的方法是：在存储器窗口右击，弹出如图 5-83 所示的快捷菜单，用于改变存储器内容的显示方式。

② 观测窗口。观测窗口（Watch & Call Statck Windows）也是调试程序中的一个重要窗口，在项目窗口（Project Windows）中仅可以观察到工作寄存器和有限的寄存器内容，如寄存器 A、B、DPTR 等，若要观察其

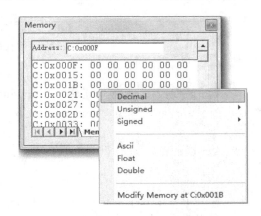

图 5-83　存储器窗口右键菜单

他寄存器的值或在高级语言程序调试时直接观察变量，则需要借助于观测窗口。单击工具栏上观测窗口的快捷按钮可打开观测窗口。观测窗口有 4 个标签，分别是局部变量（Locals）、观测 1（Watch♯1）、观测 2（Watch♯2）以及调用堆栈（Call Stack）标签页。观测窗口的局部变量"Locals"页，显示用户调用程序的过程中当前局部变量的使用情况。观测窗口的"Watch♯1"页，显示用户程序中已经设置了的观测点在调试中的当前值；在"Locals"栏和"Watch♯1"栏中右击可改变局部变量或观测点的值按十六进制（Hex）或十进制（Decimal）方式显示。观测窗口的"Call Stack"页，显示程序执行过程中对子程序的调用情况。另外，选择 View→Periodic Windows Updata（周期更新窗口）菜单项，可在用户程序全速运行时动态地观察程序中相关变量值的变化。

③ 项目窗口寄存器页。项目窗口（Project Windows）在仿真调试状态下自动转换到 Regs（寄存器）标签页。在调试中，当程序执行到对某个寄存器操作时，该寄存器会以反色（蓝底白字）显示。单击窗口某个寄存器内然后按 F2 键，即可修改寄存器的内容。

④ 反汇编窗口。选择 View→Disassembly Windows 菜单项，或单击调试工具条上的反汇编快捷图标按钮 可打开如图 5-84 所示的反汇编窗口，用于显示已装入到 μVision3 的用户程序汇编语言指令、反汇编代码及其地址。

当采用单步或断点方式运行程序时，反汇编窗口的显示内容会随指令的执行而滚动。在反汇编窗口中可以使用右键功能，方法是将鼠标指向反汇编窗口并右击，可弹出如图 5-85 所示的窗口。

该窗口第 1 栏中的选项用于选择窗口内反汇编内容的显示方式，其中 Mixed Mode 菜单项采用高级语言与汇编语言混合方式显示；Assembly Mode 菜单项采用汇编语言方式显示；"Inline Assembly …"菜单项用于程序调试中"在线汇编"，利用窗口跟踪已执行的代码。

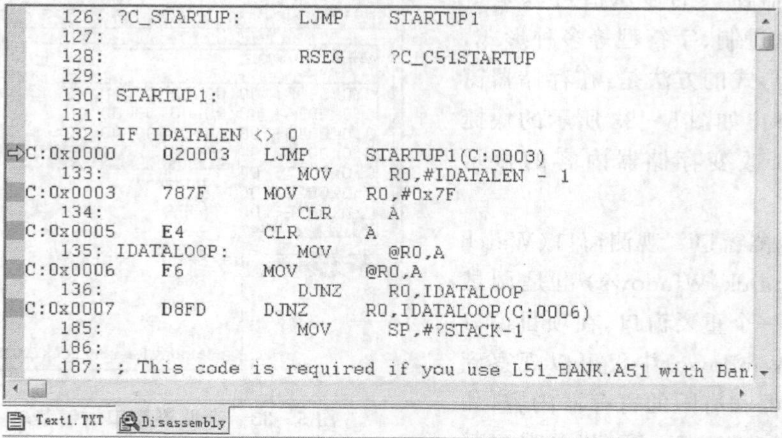

基于 PROTEUS 的电路及单片机设计与仿真（第 3 版）

268

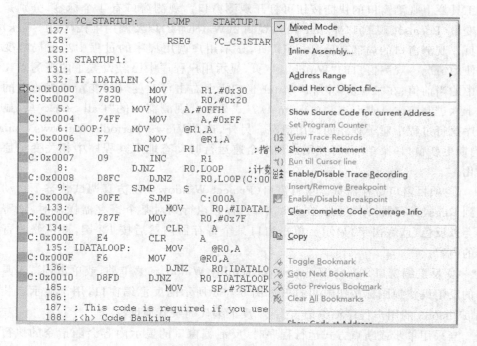

图 5 - 84　反汇编窗口

图 5 - 85　反汇编窗口中右键菜单

　　右击窗口第 2 栏的 Address Range 菜单项用于显示用户程序的地址范围；"Load Hex or Object file …"菜单项用于重新装入 Hex 或 Object 文件到 μVision2 中调试。

　　右击窗口第 3 栏的 View Trace Records 菜单项用于在反汇编窗口显示指令执行的历史记录，该菜单项只有在该栏中另一菜单项 Enable/Disable Trace Recording 被选中，并已经执行过用户程序指令的情况下才起作用；菜单项 Show next statement 用于显示下一条指令。Run till Cursor line 菜单项用于将程序执行到当前光标所在的那一行；Insert/Remove Breakpoint 菜单项用于插入/删除程序执行时的断点；Enable/Disable Breakpoint 菜单项可以激活/禁止选定一个断点；Clear complete Code Coverage Info 菜单项用于清零代码覆盖信息。

右击窗口第 4 栏的 Copy 菜单项用于复制反汇编窗口中的内容。

右击窗口的"Show Code at Address …"菜单项用于显示指定地址处的用户程序代码。

⑤ 串行窗口。View→Serial Window ♯1/ Serial Window ♯2/ Serial Window ♯3 菜单项用于串行窗口 1、串行窗口 2 和串行窗口 3 的显示/隐藏切换，选中该项弹出串行窗口。串行窗口在进行用户程序调试时十分有用，如果用户程序中调用了 C51 的库函数 scanf() 和 printf()，则必须利用串行窗口来完成 scanf() 函数的输入操作，printf() 函数的输出结果也将显示在串行窗口中。利用串行窗口可以在用户程序仿真调试过程中实现人机交互对话，可以直接在串行窗口中输入字符。该字符不会被显示出来，但却能传递到仿真 CPU 中。如果仿真 CPU 通过串口发送字符，那么，这些字符会在串行窗口显示出来。串行窗口可以在没有硬件的情况下用键盘模拟串口通信。在串行窗口右击将弹出显示方式选择菜单，可按需要将窗口内容以 Hex 或 ASCⅡ 格式显示，也可以随时清除显示内容。串行窗口中可保持近 8 KB 串行输入/输出数据，并可以进行翻滚显示。

Keil 的串行窗口除了可以模拟串行口的输入和输出外，还可以与 PC 机上实际的串口相连，接受串口输入的内容，并将信息输出到串口。

⑥ 通过 Peripherals 菜单观察仿真结果

MVision3 通过内部集成器件库实现对各种单片机外围接口功能的模拟仿真，在调试状态下可以通过 Peripherals 下拉式菜单来直观地观察单片机的定时器、中断、并行端口、串行端口等常用外围接口的仿真结果。Peripherals 下拉式菜单如图 5 - 86 所示。

该下拉式菜单的内容与建立项目时所选的 CPU 器件有关，如果选择的是 89C51 这一类"标准"的 51 机，有 Interrupt(中断)/I/O - ports(并行 I/O 口)、Serial(串行口)、Timer(定时/计数器)这 4 个外围接口菜单选项，打开这些对话框，系统列出了这些外围设备当前的使用情况以及单片机对应的特殊功能寄存器各标志位的当前状态等。

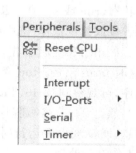

图 5 - 86　Peripherals 菜单

单击 Peripherals 菜单第一栏 Reset CPU 选项可以对模拟仿真的 8051 单片机进行复位。

Peripherals 菜单第二栏中 I/O - ports 选项用于仿真 8051 单片机的 I/O 接口 Port0～Port3，选中 Port1 后将弹出如图 5 - 87 所示窗口，其中 P1 栏显示 8051 单片

机 P1 口锁存器状态,Pins 栏显示 P1 口各引脚状态。

Peripherals 菜单最后一栏 Timer 选项用于仿真 8051 单片机内部定时/计数器。选中其中 Timer 后会弹出如图 5-88 所示的窗口。

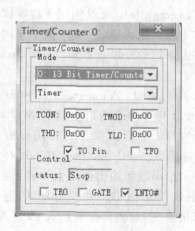

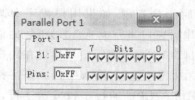

图 5-87　Port1 窗口　　　　　　　　图 5-88　Timer 窗口

　　　　窗口中的 Mode 栏用于选择工作方式,可选择定时/计数器工作方式,图 5-88 所示为 13 位定时器工作方式。选定工作方式后相应的特殊寄存器 TCON 和 TMOD 控制字也显示在窗口中,可以直接写入命令字;窗口中的 TH0 和 TL0 项,用于显示定时/计数器 0 的定时/计数初值;T0 Pin 和 TF0 复选框用于显示 T0 引脚和定时/计数器 0 的溢出状态。窗口中的 Control 栏用于显示和控制定时/计数器 0 的工作状态(run 或 stop),TR0、GATE、INT0♯复选框是启动控制位,通过对这些状态位的置位或复位操作(选中或不选中)很容易实现对 8051 单片机内部定时/计数器的

仿真。单击 TR0,启动定时/计数器 0 开始工作,这时 tatus 后的 Stop 变成 run。如果全速运行程序,可观察到 TH0、TL0 后的值也在快速变化。当然,由于上述源程序未对对话框写入任何信息,所以该程序运行时不会对定时/计数器 0 的工作进行处理。

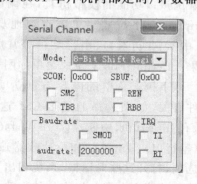

　　　Peripherals 菜单第二栏中 Serial 选项用于仿真 8051 单片机的串行口。单击该选项会弹出如图 5-89 所示的窗口。

图 5-89　串行口窗口

　　　窗口中的 Mode 栏用于选择串行口的工作方式,选定工作方式后相应的特殊寄存器 SCON 和 SBUF 的控制字也显示在窗口中。通过对特殊控制位 SM2、REN、TB8、RB8、TI、RI 复选框的置位或复位操作(选中或不选中)很容易实现对 8051 单片机内部串行口的仿真。Baudrate 栏用于显示串

行口的工作波特率,SMOD 位置位时将使波特率加倍。IRQ 栏用于显示串行口发送和接收中断标志。

Peripherals 菜单第二栏中 Interrupt 选项用于仿真 8051 单片机的中断系统状态。单击该选项弹出如图 5-90 所示的窗口。

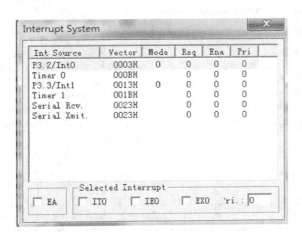

图 5-90　系统中断窗口

选中不同的中断源,窗口中的 Selected Interrupt 栏将出现与之相对应的中断允许和中断标志位的复选框,通过对这些标志位的置位或复位操作(选中或不选中)很容易实现对 8051 单片机中断系统的仿真。除了 8051 几个基本的中断源以外,还可以对其他中断源如看门狗定时器(Watchdog Timer)等进行模拟仿真。

5.4.2　如何进行 PROTEUS 与 Keil 的整合

在 Keil 中调用 PROTEUS 进行 MCU 外围器件进行仿真的步骤如下:

① 安装 Keil 与 PROTEUS 软件。

② 安装 Keil 与 PROTEUS 软件的链接文件 vdmagdi. exe。

③ 打开 PROTEUS,画出相应的电路,在 PROTEUS 的 Debug 菜单中选中 enable remote debug monitor。

④ 在 Keil 中编写 MCU 程序。

⑤ 选择 Keil 的 Project 菜单的 Option for Target'Target1'选项。

⑥ 在弹出的对话框中,选中 DEBUG 选项中右栏上部下拉菜单中的 Proteus VSM Simulator 选项。如图 5-91 所示。

单击"确定"按钮完成设置。单击 Keil 中的启动调试按钮 ，此时 Keil 与 PROTEUS 实现联调。

Options for Target 'Target 1'

| Device | Target | Output | Listing | C51 | A51 | BL51 Locate | BL51 Misc | Debug | Utilities |

○ Use Simulator　　　　　　　　Settings　　　⊙ Use: Proteus VSM Simulator ▾　Settings
☐ Limit Speed to Real-Time

☑ Load Application at Sta　☑ Run to main()　　　☑ Load Application at Sta　☐ Run to main()
Initialization　　　　　　　　　　　　　　　　Initialization

　　　　　　　　　　　　　　.. Edit　　　　　　　　　　　　　　　　　　.. Edit

　Restore Debug Session Settings　　　　　　　　Restore Debug Session Settings
　　☑ Breakpoints　　☑ Toolbox　　　　　　　　☑ Breakpoints　　☑ Toolbox
　　☑ Watchpoints & Pe　　　　　　　　　　　　☑ Watchpoints
　　☑ Memory Display　　　　　　　　　　　　　☑ Memory Display

CPU DLL:　　Parameter:　　　　　　　　　　Driver DLL:　　Parameter:
S8051.DLL　　　　　　　　　　　　　　　　　S8051.DLL

Dialog DLL:　Parameter:　　　　　　　　　　Dialog DLL:　　Parameter:
DP51.DLL　　-p51　　　　　　　　　　　　　TP51.DLL　　-p51

　　　　确定　　　取消　　　Defaults　　　　　　　帮助

图 5 - 91　在 Debug 中选择 PROTEUS VSM Simulator

5.4.3　如何进行 PROTEUS 与 Keil 的联调

　　本节以存储块清零为例说明 PROTUES 与 Keil
联调的过程。存储块清零指定某块存储空间的起始
地址和长度，要求能将存储器内容清零。通过该实
验，可以了解单片机读写存储器的方法，同时也可以了
解单片机编程、调试的方法。程序流程图如图 5 - 92
所示。

1. 源程序

```
        ORG    00H
START   EQU    30H
        MOV    R1,#START    ;起始地址
        MOV    R0,#32       ;设置 32 字节计数值
        MOV    A,#00H
LOOP:   MOV    @R1,A
        INC    R1           ;指向下一个地址
        DJNZ   R0,LOOP      ;计数值减 1
        SJMP   $
        END
```

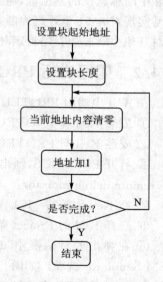

设置块起始地址

设置块长度

当前地址内容清零

地址加1

是否完成？　N

Y

结束

图 5 - 92　存储块清零流程序

2. 在 Keil 中调试程序

打开 Keil μVision3，选择 Project→New Project 菜单项，弹出 Create New Project 对话窗口，选择目标路径，在"文件名"栏中输入项目名，如图 5 - 93 所示。

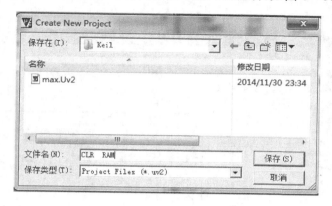

基于 PROTEUS 的电路及单片机设计与仿真（第 3 版）

图 5 - 93　新建项目

单击"保存"按钮，这时会弹出 Select Device for Target 对话窗口。在此对话窗口的 Data base 栏中，单击 Atmel 前面的"＋"号，或者直接双击 Atmel，在其子类中选择 AT89C51 芯片，确定 CPU 类型。

在 Keil μVision3 的菜单栏中选择 File→New 菜单项，新建文档，然后在菜单栏中选择 File→Save 菜单项，保存此文档，这时会弹出 Save As 对话窗口，在"文件名"一栏中，为此文本命名，注意要填写扩展名". asm"，如图 5 - 94 所示。

273

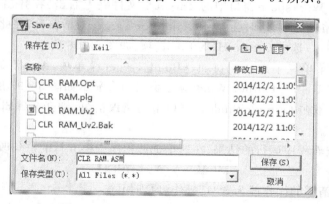

图 5 - 94　保存文本

单击"保存"按钮，这样在编写汇编代码时，Keil 会自动识别汇编语言的关键字，并以不同的颜色显示，以减少在输入代码时出现的语法错误。

程序编写完后，再次保存。在 Keil 中 Project Workspace 子窗口中，单击"Target 1"前的"＋"号，展开此目录。在"Source Group 1"文件夹上右击，在右键菜单中选择"Add File to Group 'Group Source 1'"，弹出 Add File to Group 对话窗口，在此对话窗口的"文件类型"栏中，选择 Asm Source File，并找到刚才编写的 .asm 文件，双击此文件，将其添加到 Source Group 中，此时的 Project Workspace 子窗口如图 5-95 所示。

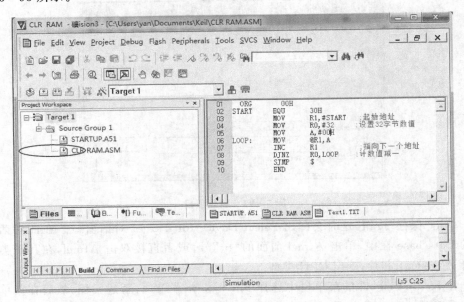

图 5-95　添加源程序

在 Project Workspace 窗口中的 Target 1 文件夹上右击，在弹出的菜单中选择 Option for Target 选项，这时会弹出 Option for Target 对话窗口，在此对话窗口中选择 Output 选项卡，选中 Create HEX File 选项，如图 5-96 所示。

在 Keil 的菜单栏中选择 Project→Build Target 菜单项，编译汇编源文件，如果编译成功，则在 Keil 的 Output Window 子窗口中会显示如图 5-97 所示的信息；如果编译不成功，双击 Output Window 窗口中的错误信息，则会在编辑窗口中指示错误的语句。

注：为了查看程序运行的结果，在这里把源程序中第 5 行的语句改写为：

MOV　　A，＃0FFH

即把存储空间清零的操作改为置"1"操作，原理相同。

在 Keil 的菜单栏中，选择 Debug→Start/Stop Debug Session 菜单项，进入程序调试环境，如图 5-98 所示。按 F11 键，单步运行程序。在 Project Workspace 窗口中，可以查看累加器、通用寄存器以及特殊功能寄存器的变化；在 Memory 窗口中，可以看到每执行一条语句后存储空间的变化。在 Address 栏中，输入"D：30H"，查看 AT89C51 的片内直接寻址空间，并单步运行程序。可以看到，随着程序的顺序执行，30H～4FH 这 32 个存储单元依次被置 1。

程序调试完毕后,再次在菜单栏中选择 Debug→Start/Stop Debug Session 菜单项,退出调试环境。

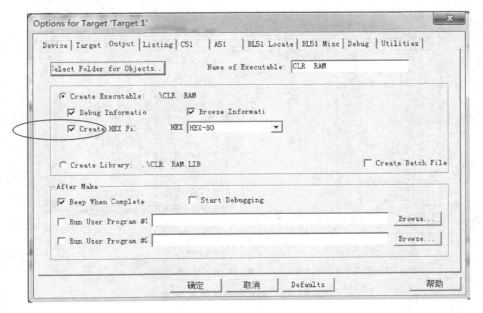

图 5 - 96 Options for Target 对话窗口

图 5 - 97 编译源文件

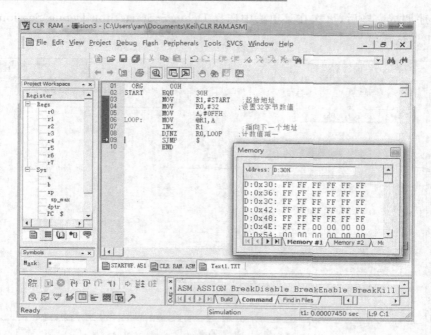

图 5 - 98　Keil 的程序调试环境

3. 在 PROTEUS 中调试程序

打开 PROTEUS ISIS 编辑环境，添加器件 AT89C51，注意在 PROTEUS 中添加的 CPU 一定要与 Keil 中选择的 CPU 相同，否则无法执行 Keil 生成的 .HEX 文件。

按照图 5 - 99 连接晶振和复位电路，晶振频率为 12 MHz。元件清单如表 5 - 2 所列。

表 5 - 2　元件清单

元件名称	所属类	所属子类
AT89C51	Microprocessor ICs	8051 Family
CAP	Capacitors	Generic
CAP - ELEC	Capacitors	Generic
CRYSTAL	Miscellaneous	—
RES	Resistors	Generic

选中 AT89C51 并双击，打开 Edit Component 对话窗口，在此窗口中的 Program File 栏中，选择先前用 Keil 生成的 .HEX 文件，如图 5 - 100 所示。

在 PROTEUS ISIS 的菜单栏中选择 File→Save Project 菜单项，保存设计文件。在保存设计文件时，最好将与一个设计相关的文件（如 Keil 项目文件、源程序、PRO-TEUS 设计文件）都存放在一个目录下，以便查找。

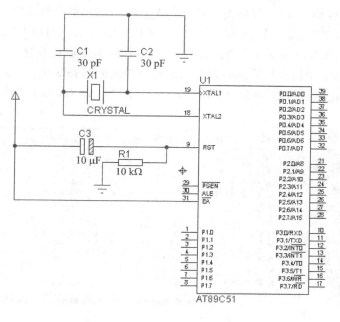

图 5 - 99　单片机晶振和复位电路

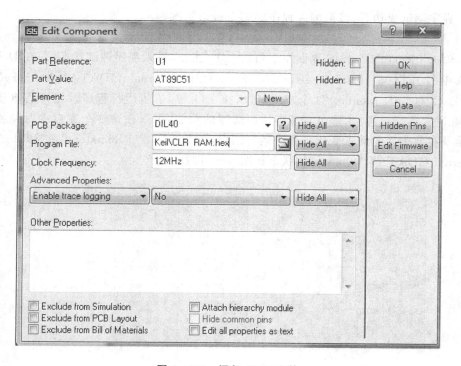

图 5 - 100　添加 . HEX 文件

单击 PROTEUS ISIS 界面左下角的 按钮，进入程序调试状态，并在 Debug 菜单中打开"8051 CPU Registers"、"8051 CPU Internal（IDATA）Memory"及 "8051 CPU SFR Memory"3 个观测窗口，按 F11 键，单步运行程序。在程序运行过程中，可以在这 3 个窗口中看到各寄存器及存储单元的动态变化。程序运行结束后，"8051 CPU Registers"和"8051 CPU Internal（IDATA）Memory"的状态如图 5 - 101 所示。

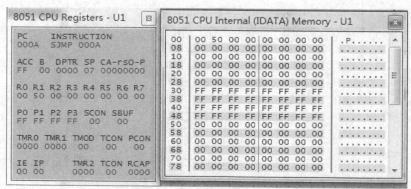

图 5 - 101　程序运行结果

程序调试成功后，将汇编源程序的第 5 行语句改为：

MOV　　　　　　A，♯00H

单击 PROTEUS ISIS 界面左下角的 按钮，进入程序调试状态，并在 Debug 菜单中打开"8051 CPU Registers"、"8051 CPU Internal（IDATA）Memory"及 "8051 CPU SFR Memory"3 个观测窗口，按 F11 键，单步运行程序。编译后重新运行，在程序运行过程中，即可实现存储块清零的功能，可以在这 3 个窗口中看到各寄存器及存储单元的动态变化。程序运行结束后，"8051 CPU Registers"和"8051 CPU Internal（IDATA）Memory"的状态如图 5 - 102 所示。

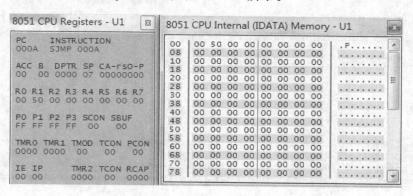

图 5 - 102　改变语句后的程序运行结果

第 **6** 章

基于 **8086** 和 **PROTEUS** 设计实例

6.1 继电器的控制与实现

6.1.1 设计目的

① 掌握 I/O 地址译码电路的工作原理。

② 掌握微机控制继电器的一般方法,掌握 8253 和 8255A 的工作原理。

6.1.2 设计任务

使用 8253 定时,8255A 连接继电器,通过编程实现控制继电器周而复始的闭合和断开。

6.1.3 设计原理

1. 微机控制继电器的工作原理

继电器是自动控制环境中的重要部件,是具有隔离功能的自动开关元件,广泛应用于遥控、遥测、通信、自动控制、机电一体化及电力电子设备中。

本设计应用 8255A 的 PC0 输出的高低电平控制三极管的导通与截止,当 PC0 输出高电平时,三极管导通,给继电器线圈通电,产生磁场,吸合动铁芯,常开触点闭合,接通继电器控制回路,从而接通对外接装置的控制。

2. 可编程定时器 8253 简介

(1) 8253 引线和功能

8253 是 Intel 公司生产的 3 通道 16 位的可编程定时/计数器,是具有 24 根引脚的双列直插式器件,其外部引线如图 6-1 所示。它的最高计数频率可达 2 MHz,使用单电源 +5 V 供电,部分引脚功能如下:

① 连接系统端的主要引线:

基于 PROTEUS 的电路及单片机设计与仿真(第 3 版)

D0～D6:8 位双向数据线,用来传送数据、命令和状态信息。

CS:片选信号,输入信号,低电平有效,由系统高位 I/O 地址译码产生。

$\overline{RD}$:读控制信号,输入信号,低电平有效。

$\overline{WR}$:写控制信号,输入信号,低电平有效。

A0,A1:地址信号线,产生 4 个有效地址对应 8253 内部的 3 个计数器通道和 1 个控制寄存器,如表 6-1 所列。

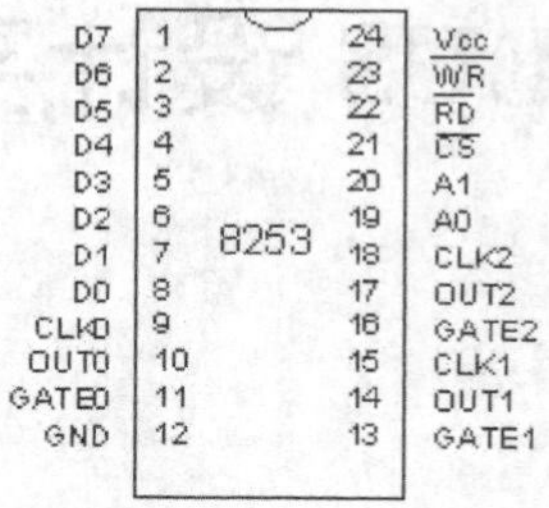

图 6-1 8253 引脚图

表 6-1 8253 地址表

A1	A0	端口
0	0	选择计数器 0
0	1	选择计数器 1
1	0	选择计数器 2
1	1	选择控制寄存器

② 连接外设端的主要引线:

CLK0～CLK3:时钟脉冲输入,计数器对此脉冲进行计数。

GATE0～GATE3:门控信号输入,用于控制计数的启动和停止。

OUT0～OUT3:计数器输出信号,不同的工作方式下,OUT 端产生不同的输出波形。

(2) 8253 的工作方式

8253 每个计数器具有 6 种工作方式,方式 0～方式 5。

① 计数启动方式:由 GATE 端门控信号的形式决定计数启动方式。

软件启动:GATE 端为高电平时用输出指令写入计数初值启动计数;

硬件启动:用输出指令写入计数初值后并未启动计数,需要 GATE 端有一个上升沿时才启动计数。

② 8253 的工作方式。工作方式不同,计数器各引脚时序关系不同,每个工作方式将重点阐述引脚时序关系。

➤ 方式 0——计数结束中断

图 6-2 为基本时序,方式 0 为软启动,控制字写入时输出端 OUT 变为低电平,当计数值计数为 0 时,输出端 OUT 变为高电平,直到 CPU 写入新的控制字或者计数值,才能使输出端 OUT 变为低电平。

➤ 方式 1——复触发的单稳态触发器

图 6-3 为方式 1 的基本时序,控制字写入 OUT 输出端变为高电平,写入计数初值 OUT 输出端保持高电平不变,GATE 的上跳沿启动计数,启动后的下一个 CLK 脉冲,使 OUT 变为低电平,计数初值才由 CR 传送给 CE。当计数值计数为 0

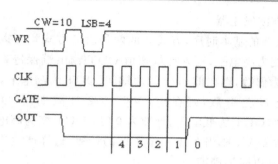

图 6 - 2　工作方式 0 基本时序图

时,输出端 OUT 变为高电平,直到 GATE 再次出现上跳沿时,计数器开始重新计数。

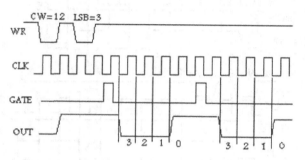

图 6 - 3　方式 1 基本时序图

➢ 方式 2——频率发生器

图 6 - 4 为方式 2 的基本时序,方式 2 两种启动方式均可以启动计数,控制字写入 OUT 输出端变为高电平,写入计数初值 OUT 输出端保持高电平不变,启动计数后,在 CE 由 1 到 0 的计数中,OUT 输出一个负脉冲,宽度为一个时钟周期,然后 CR 自动装入 CE,开始下一个周期的计数。

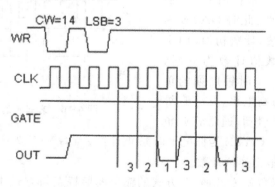

图 6 - 4　方式 2 的基本时序

➤ 方式 3——方波发生器

图 6-5 为方式 3 的基本时序，方式 3 的两种启动方式均可以启动计数，控制字写入 OUT 输出端变为高电平，写入计数初值 OUT 输出端保持高电平不变，启动计数后，若初始值 N 为偶数，则在前 $N/2$ 计数期间，OUT 为高电平，后 $N/2$ 计数期间，OUT 为低电平，若 N 为奇数，则在前 $(N+1)/2$ 计数期间，OUT 为高电平，后 $(N-1)/2$ 计数期间，OUT 为低电平，计数为 0 时，OUT 变为高电平，从而完成一个周期，然后 CR 自动装入 CE，开始下一个周期的计数，这样产生连续的方波，方波的周期等于计数初值乘以时钟周期。

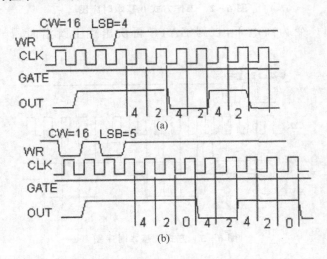

图 6-5　方式 3 基本时序

➤ 方式 4——软件触发选通

图 6-6 为方式 4 的基本时序，方式 4 为软启动，控制字写入 OUT 输出端变为高电平，写入计数初值 OUT 输出端保持高电平不变，此时 GATE 为高电平时将启动计数，计数初值由 CR 传送给 CE。当计数值计数为 0 时，OUT 输出端输出一个时钟周期的负脉冲，之后自动变为高电平，并一直维持高电平，直到重新启动，通常将此负脉冲作为选通信号。GATE 为低电平时禁止计数，当 GATE 为高电平时允许计数，此时计数从暂停的地方连续计数。

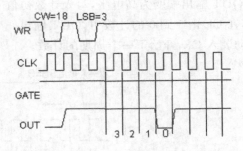

图 6-6　方式 4 的基本时序

➤ 方式 5——硬件触发选通，此方式的输出波形特点与方式 4 相同，不同之处在于方式 5 的启动方式为硬启动，而方式 4 为软启动。

(3) 8253 控制字

8253 必须先初始化才能正常工作,每个计数通道可分别初始化。CPU 通过指令将控制字写入 8253 的控制寄存器,从而确定 3 个计数器分别工作于何种工作方式下,8253 控制字的具体格式和含义如图 6－7 所示。

8253 控制字格式							
D_7	D_6	D_5	D_4	D_3	D_2	D_1	D_0
SC_1	SC_0	RL_1	RL_0	M_2	M_1	M_0	BCD

8253 通道选择		
SC_1	SC_0	对应通道
0	0	通道 0
0	1	通道 1
1	0	通道 2
1	1	不用

8253 读/写方式		
RL_1	RL_0	通道读写操作
0	0	计数器锁存
0	1	只读写低 8 位字节
1	0	只读写高 8 位字节
1	1	读写 16 位

8253 工作方式选择			
M_2	M_1	M_0	工作方式选择
0	0	0	工作方式 0
0	0	1	工作方式 1
×	1	0	工作方式 2
×	1	1	工作方式 3
1	0	0	工作方式 4
1	0	1	工作方式 5

8253 计数数制选择	
BCD	计数制式选择
0	二进制计数制
1	BCD 计数制

图 6－7　8253 控制字格式与含义

3. 可编程并行接口芯片 8255A 简介

(1) 8255A 引线和功能

8255A 是 Intel 公司生产的可编程并行 I/O 接口芯片,内部有 3 个 8 位并行 I/O 口和一个控制寄存器。具有 40 根引脚的双列直插式器件,其外部引线如图 6－8 所示。部分引脚功能如下:

① 连接系统端的主要引线:

D0～D6:8 位双向数据线。用来传送数据和控制字。

CS:片选信号,输入,低电平有效,由系统高位 I/O 地址译码产生。

$\overline{RD}$:读控制信号,输入,低电平有效。

$\overline{WR}$:写控制信号,输入,低电平有效。

A0、A1:是 8255A 内部端口地址的选择信号,产生 4 个有效地址用于选择 8255 内部的 3 个输入/输出端口和 1 个控制端口。编码方式如表 6－2 所列。

RESET:复位输入信号,复位后,8255 的 A 口、B 口和 C 口均被预设为输入状态。

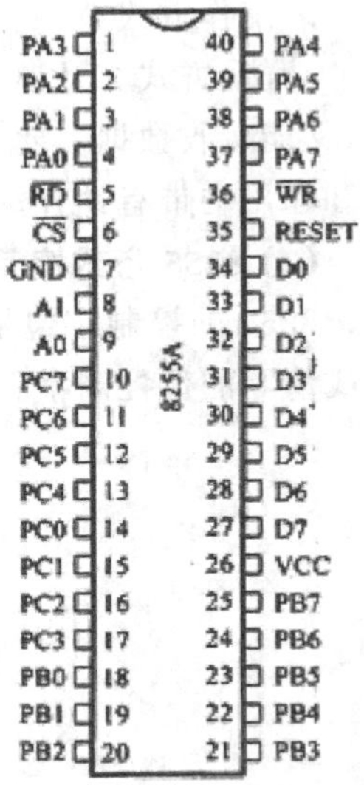

② 连接外设端的主要引线:

PA0～PA6:A 口的 8 条输入输出信号线。工作为输入、输出还是双向方式可由

图 6－8　8255 引脚图

软件编程来决定。

PB0～PB6：B 口的 8 条输入输出信号线。工作为输入、输出还是双向方式可由软件编程来决定。

PC0～PC6：C 口的 8 条信号线。根据其工作方式可作为数据的输入或输出线，也可以用作控制信号的输出和状态信号的输入。

(2) 工作方式

8255 有 3 种基本的工作方式，不同端口适用于不同的工作方式，每个端口具体工作在哪种工作方式下，可通过软件编程来设定。下面分别介绍方式 0、方式 1、方式 2 三种工作方式。

表 6-2　8255A 地址表

A1	A0	选择端口
0	0	端口 A
0	1	端口 B
1	0	端口 C
1	1	控制端口

➤ 方式 0——基本输入输出方式

功能：端口 A、端口 B、端口 C 的高 4 位和低 4 位可分别定义为输入和输出口，端口 C 还具有按位置位和复位的功能。方式 0 不使用联络信号，也不使用中断，所有口输出均有锁存，输入只有缓冲，无锁存，常用于与外设无条件的数据传送或接收外设的数据。

➤ 方式 1——单向选通输入输出方式

功能：在这种方式下，A 口和 B 口作为数据的输出口和输入口，但数据的输出和输入要在选通信号控制下完成，这些选通信号由 C 口的某些位来提供，A 口和 B 口作为输入或者输出，使用 C 口的状态位有所不同。

➤ 工作方式 2——双向选通输入输出方式

功能：方式 2 是 A 口独有的工作方式。外设既能在 A 口的 8 条引线上发送数据，又能接收数据。此方式也是借用 C 口的 5 条信号线作控制和状态线，A 口的输入和输出均带有锁存。

(3) 8255 方式控制字

8255 的控制字包括用于设定 3 个端口工作方式的方式控制字和 C 口某一位置位或清零的位控制字。控制字含义如图 6-9 所示。

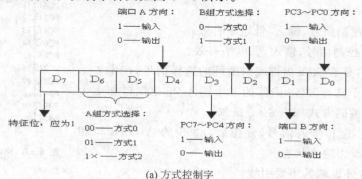

(a) 方式控制字

图 6-9　8255 控制字

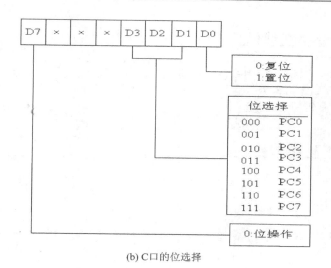

(b) C口的位选择

图 6 - 9 8255 控制字(续)

6.1.4 硬件设计

硬件原理如图 6 - 10 所示,8086CPU 最小模式系统,采用了 3 片 64LS263 作为输出接口,用于输出地址信息,采用 64HC154 译码器,产生 16 个 I/O 地址,通过分析硬件电路,可以得出 I/O 地址分配如图 6 - 11 所示。8253 和 8255 地址分别为 IO0 (0280H)和 IO1(0288H)。

8253 计数器 0 输入的时钟频率为 1 kHz,工作在方式 3,生成方波作为计数器 1 的输入信号,计数器 1 工作在方式 0,想要实现控制继电器周而复始的闭合 30 ms 和断开 30 ms,可以使计数器 0 的计数初值为 10,则 OUT0 输出 100 Hz 的方波,计数器 1 的计数初值为 3,启动计数器工作后,经过 30 ms OUT1 输出高电平,8255 的 PA0 连接 OUT1,查询 PA0 的电平,用 C 口的 PC0 输出开关量控制继电器动作。继电器开关量输入端输入"1"时,继电器常开触点闭合,交流电路接通,灯泡发亮,输入"0"时断开,灯泡熄灭。继电器控制硬件原理图如图 6 - 10 所示。

6.1.5 软件实现

程序设计流程图如图 6 - 12 所示。

汇编语言源程序代码如下:

```
.MODEL  SMALL
.8086
.stack
.code
.startup
```

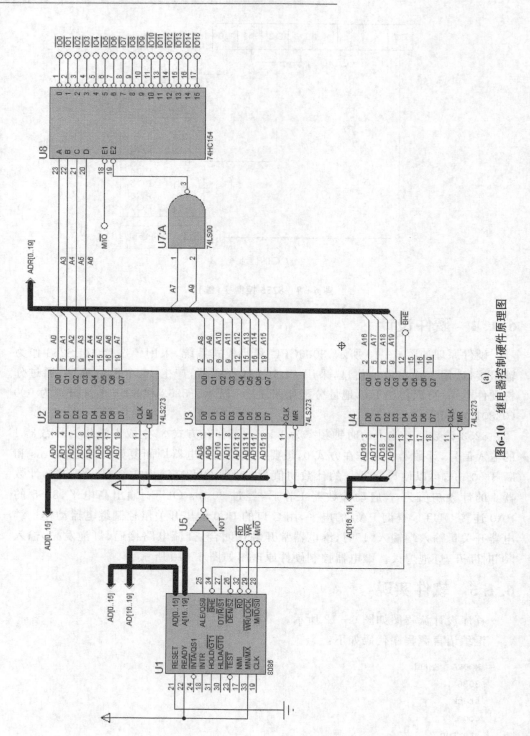

图6-10　继电器控制硬件原理图

(a)

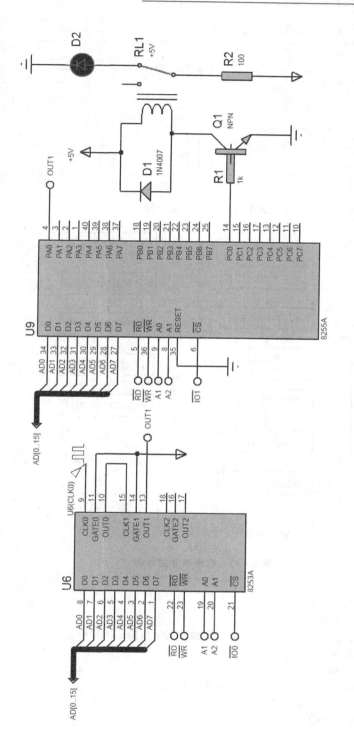

图6-10　继电器控制硬件原理图(续)

(b)

基于 PROTEUS 的电路及单片机设计与仿真（第 3 版）

	A15	A14	A13	A12	A11	A10	A9	A8	A7	A6	A5	A4	A3	A2	A1	A0	地址
IO0	0	0	0	0	0	0	1	0	1	0	0	0	0	0	0	0	0280H
IO1	0	0	0	0	0	0	1	0	1	0	0	0	1	0	0	0	0288H
IO2	0	0	0	0	0	0	1	0	1	0	0	1	0	0	0	0	0290H
IO3	0	0	0	0	0	0	1	0	1	0	0	1	1	0	0	0	0298H
IO4	0	0	0	0	0	0	1	0	1	0	1	0	0	0	0	0	02A0H
IO5	0	0	0	0	0	0	1	0	1	0	1	0	1	0	0	0	02A8H
IO6	0	0	0	0	0	0	1	0	1	0	1	1	0	0	0	0	02B0H
IO7	0	0	0	0	0	0	1	0	1	0	1	1	1	0	0	0	02B8H
IO8	0	0	0	0	0	0	1	0	1	1	0	0	0	0	0	0	02C0H
IO9	0	0	0	0	0	0	1	0	1	1	0	0	1	0	0	0	02C8H
IO10	0	0	0	0	0	0	1	0	1	1	0	1	0	0	0	0	02D0H
IO11	0	0	0	0	0	0	1	0	1	1	0	1	1	0	0	0	02D8H
IO12	0	0	0	0	0	0	1	0	1	1	1	0	0	0	0	0	02E0H
IO13	0	0	0	0	0	0	1	0	1	1	1	0	1	0	0	0	02E8H
IO14	0	0	0	0	0	0	1	0	1	1	1	1	0	0	0	0	02F0H
IO15	0	0	0	0	0	0	1	0	1	1	1	1	1	0	0	0	02F8H

图 6 - 11　I/O 地址分配

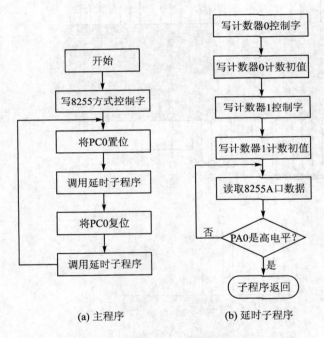

(a) 主程序　　　　　　　　(b) 延时子程序

图 6 - 12　程序设计流程图

```
start:
        mov dx,028EH
        mov al,90h
        out dx,al              ;设 8255 为 A 口输入,C 口输出
NEXT0:  mov dx,028CH
        mov al,01h
        out dx,al              ;将 PC0 置位
        call delay
        mov dx,028CH
        mov al,00h
```

```
        out dx,al                 ;将 PC0 复位
        call delay                ;延时
        jmp NEXT0
delay proc near                   ;延时子程序
        mov dx,0286H
        mov al,36h
        out dx,al                 ;设 8253 计数器 0 为方式 3
        mov dx,0280H
        mov ax,10
        out dx,al                 ;写入计数器 0 计数初值低 8 位
        mov al,ah
        out dx,al                 ;写入计数器 0 计数初值高 8 位
        mov dx,0286H
        mov al,60H
        out dx,al                 ;设计数器 2 为工作方式 0
        mov dx,0282H
        mov ax,3
        out dx,al                 ;写入计数器 2 计数初值低 8 位
        mov al,ah
        out dx,al                 ;写入计数器 2 计数初值低 8 位
NEXT1:  mov dx,0288H
        in al,dx
        and al,01                 ;查询 8255 的 PA0 是否为高电平
        jz NEXT1
        ret                       ;定时时间到,子程序返回
delay endp
.data
END
```

6.1.6　系统仿真

本实例应用 MASM32 编译器汇编生成.EXE 文件。具体编译方法如下：

(1) 建立源程序

在 PROTEUS 硬件电路中，右击 8086，选择 Display Model Help 帮助文档。在帮助文档中查看 Supported Assemblers and Compilers，找到 Creating a.EXE file with MASM32，复制 SAMPLE.ASM 以下的文本（下述代码）到 MASM32 Editor 应用程序编译器中，并另存为 SAMPLE.ASM 至当前工作目录；程序代码中的加粗部分需要根据电路实际要实现的功能进行修改。

```
.MODEL   SMALL
.8086
.stack
.code
```

```
. startup
    mov dx,0020h
    mov al,35h
    out dx,al
end_loop:
    jmp end_loop
. data
END
```

（2）建立批处理文件

在 PROTEUS 中绘制的硬件原理图中，右击 8086，选择 Display Model Help 帮助文档。在帮助文档中查看 Supported Assemblers and Compilers，找到 Creating a. EXE file with MASM32，复制 BUILD. BAT 以下的文本（下述代码），复制到 MASM32 Editor 应用程序编译器中，并另存为 BUILD. BAT 至当前工作目录；

```
ml /c /Zd /Zi sample.asm
link16 /CODEVIEW sample.obj,sample.exe,,,nul.def
```

第一行命令的作用是编译 sample. asm 源程序；第二行命令的作用是链接 sample. obj，并生成 sample. exe

（3）执行 MASM32 Editor 应用程序

选择 File→Cmd Prompt 菜单项，转至 DOS 当前工作目录。输入 BUILD，完成编译和链接，若有错误，则修改源程序错误后重新编译，如图 6-13 所示。

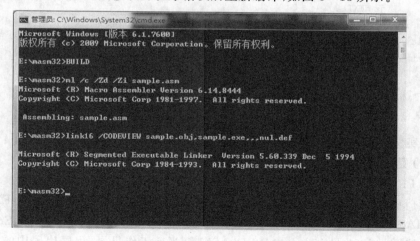

图 6-13 编译和链接批处理

此时当前目录文件夹中产生了 sample. asm 源程序，Build. bat 批处理文档和 sample. exe 可执行文件，可以直接加载到 8086CPU 进行软件和硬件的联合调试。

（4）调 试

打开 PROTEUS 中绘制的硬件原理图，双击 8086CPU，在 Edit Component 界面

下添加可执行文件 sample.exe,全速执行或者单步执行调试程序,观察 8255 输入、输出端口、控制寄存器和状态寄存器的变化,也可以观察 8253 内部寄存器数据的变化。仿真结果如图 6-14 所示,实现了继电器周而复始的闭合和断开。

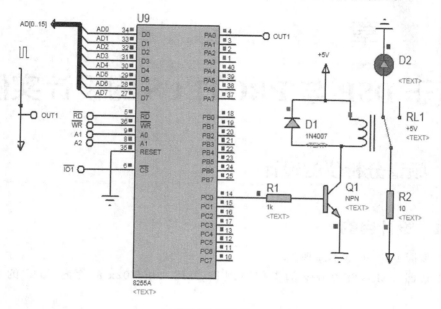

(a) 继电器闭合控制仿真结果

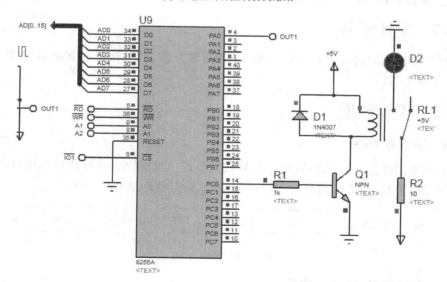

(b) 继电器断开控制仿真结果

图 6-14 继电器闭合和断开控制仿真结果

第 **7** 章

基于 DSP 与 PROTEUS 的设计实例

7.1 频谱分析仪的设计

7.1.1 设计目的

① 掌握 FFT 的基本原理。

② 掌握 TMS320F2702x 的工作原理和 TMS320F2702x 的片内 ADC 的工作原理。

③ 掌握 HDG12764 的工作原理及接口的编写方法。

7.1.2 设计任务

对实时输入的信号进行 127 点的 FFT 频谱分析,并且将分析得到的结果(127 点)显示在 LCD 上。

7.1.3 设计原理

1. 设计结构图

系统框图如图 7-1 所示,模拟信号首先经过 A/D 转化,变换成数字信号,接着对数字信号进行 FFT 频谱分析,分析得到的结果实时地显示在 LCD 上。

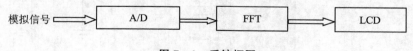

图 7-1 系统框图

2. FFT 算法的基本原理

离散傅里叶变换(DFT)用来实现离散信号的频谱分析,而 FFT 是 DFT 的快速算法,能大幅度地减少运算量。

(1) 离散傅里叶变换

式 7.1 和式 7.2 是离散傅里叶的正变换和逆变换公式。

$$X(k) = \sum_{n=0}^{N-1} x(n) W_N^{kn}, \quad k = 0, 1, 2, \cdots, N-1 \tag{7-1}$$

$$x(n) = \frac{1}{N} \sum_{k=0}^{N-1} X(k) W_N^{-kn}, \quad n = 0, 1, 2, \cdots, N-1 \tag{7-2}$$

式中,$W_N = e^{-j\frac{2\pi}{N}}$。

$x(n)$ 和 $X(k)$ 都是复数。一次复数的乘法要做 4 次实数的乘法和 2 次实数的加法,一次复数的加法要做 2 次实数的加法,而一次 DFT 需要 N^2 次复数乘法和 $N(N-1)$ 次复数加法,也就是说,一次 DFT 要做 $4N^2$ 次实数乘法和 $N(4N-2)$ 次实数加法,由此可以知道,复数计算的计算量很大,这在很大程度上制约了 DFT 的应用,因此迫切需要减小 DFT 的计算量。

(2) 快速傅里叶变换

快速傅里叶变化是离散傅氏变换的快速算法,它没有改变傅氏变换的基本理论,只是根据离散傅氏变换的奇、偶、虚、实等特性,对离散傅里叶变换的算法进行改进,使得计算速度大大提高,它的计算量大约为 $\frac{N}{2}\log_2 N$ 次复数乘法和 $N\log_2 N$ 次复数加法。快速傅里叶变换可以分为按时间抽取和按频率抽取。这两种算法都是利用了系数 W_N^{nk} 的对称性和周期性。

① 按时间抽取,蝶形图如图 7-2 所示:

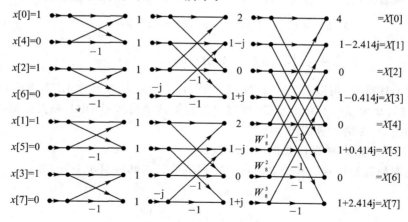

图 7-2　蝶形图

做变换时,将 $x(n)$ 按 n 的奇、偶分为两组,即按 $n=2r$ 及 $n=2r+1$ 分为两组。

$$X(k) = \sum_{r=0}^{\frac{n}{2}-1} x(2r) W_N^{2rk} + \sum_{r=0}^{\frac{n}{2}-1} x(2r+1) W_N^{(2r+1)k} \tag{7-3}$$

因为

$$W_N^{2rk} = e^{-j\frac{2\pi}{N}2rk} = e^{-j\frac{2\pi}{N/2}rk} = W_{\frac{N}{2}}^{rk} \tag{7-4}$$

所以

$$X(k) = \sum_{r=0}^{\frac{N}{2}-1} x(2r) W_{\frac{N}{2}}^{rk} + W_N^k \sum_{r=0}^{\frac{N}{2}-1} x(2r+1) W_{\frac{N}{2}}^{rk}$$

$$= G(k) + W_N^k H(k) \tag{7-5}$$

式中：

$$G(k) = \sum_{r=0}^{\frac{N}{2}-1} x(2r) W_{\frac{N}{2}}^{rk} \tag{7-6}$$

$$H(k) = \sum_{r=0}^{\frac{N}{2}-1} x(2r+1) W_{\frac{N}{2}}^{rk} \tag{7-7}$$

$G(k)$、$H(k)$ 为两个 $\frac{N}{2}$ 点的 DFT，$G(k)$ 仅包括原序列的偶数点序列，$H(k)$ 仅包括原序列的奇数点序列。另外它们的周期为 $\frac{N}{2}$，即：

$$G(k) = G\left(k + \frac{N}{2}\right), H(k) = H\left(k + \frac{N}{2}\right)$$

因为

$$W_N^{\frac{N}{2}} = -1 \tag{7-8}$$

所以

$$W_N^{\left(k+\frac{N}{2}\right)} = -W_N^k \tag{7-9}$$

考虑到 $G(k)$、$H(k)$ 的周期性，得：

$$X(k) = G(k) + W_N^k H(k), k = 0, 1, 2 \cdots \frac{N}{2} - 1 \tag{7-10}$$

$$X\left(k + \frac{N}{2}\right) = G(k) - W_N^k H(k), k = 0, 1 \cdots \frac{N}{2} - 1 \tag{7-11}$$

通过上述推导，可以看出一个 N 点的 DFT 可以分为 $N/2$ 个 DFT 求出，而 N 是 2 的 n 次幂，N 可以一直被 2 整除，所以可以根据这个公式对 DFT 一直分解，这样就得到了如图 7-2 的运算流图。

② 按频率抽取，蝶形图如图 7-3 所示：

按频率抽取是把做变换时，将 $x(n)$ 序列按前后两部分对半分开，即：

$$x_1(n) = x(n) \tag{7-12}$$

$$x_2(n) = x\left(n + \frac{N}{2}\right) \tag{7-13}$$

式中，$n = 0, 1, 2 \cdots \frac{N}{2} - 1$。因此

$$X(k) = \sum_{n=0}^{N-1} x(n) W_N^{nk} = \sum_{n=0}^{\frac{N}{2}-1} x_1(n) W_N^{nk} + \sum_{n=0}^{\frac{N}{2}-1} x_2(n) W_N^{\left(n+\frac{N}{2}\right)k} \tag{7-14}$$

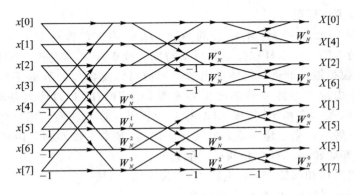

图 7 - 3　蝶形图

现在对频率序列抽取,把它分为偶部和奇部,偶数时令 $k=2l$,奇数时令 $k=2l+1$,这里 $l=0,1,2,\cdots N/2-1$。利用 $W_N^2=W_{\frac{N}{2}}$ 和 $W_N^{kN}=1$ 的关系,得到:

$$X(2l)=\sum_{n=0}^{\frac{N}{2}-1}[x_1(n)+x_2(n)]W_{\frac{N}{2}}^{ln} \tag{7-15}$$

$$x(2l+1)=\sum_{n=0}^{\frac{N}{2}-1}[x_1(n)-x_2(n)]W_N^n\cdot W_{\frac{N}{2}}^{ln} \tag{7-16}$$

所以频率序列 $X(2l)$,是时间序列 $x_1(n)+x_2(n)$ 的 $\frac{N}{2}$ 点 DFT,频率序列 $X(2l+1)$ 是时间序列 $[x_1(n)-x_2(n)]W_N^n$ 的 $\frac{N}{2}$ 点 DFT。这样又将 N 点 DFT 化成了两个 $N/2$ 点的 DFT 来计算,所以按频率抽取算法的蝶形运算是:

$$a(n)=x_1(n)+x_2(n) \tag{7-17}$$

$$b(n)=[x_1(n)-x_2(n)]W_N^n \tag{7-18}$$

$$n=0,1,2\cdots\frac{N}{2}-1 \tag{7-19}$$

因为 N 是 2 的 n 次幂,所以序列也可以一直分解,这样就得到图 7 - 3 的运算流图。

3. TMS320F2702X DSP 芯片原理

(1) 芯片概述

F2702x Piccolo™ 系列微控制器为 C27x™ 内核供电,此内核与低引脚数量器件中的高集成控制外设相耦合。该系列的代码与以往基于 C27x 的代码相兼容,并且提供了很高的模拟集成度。一个内部电压稳压器允许单一电源轨运行。对 HRP-WM 模块实施了改进,以提供双边缘控制(调频)。增设了具有内部 10 位基准的模拟比较器,并可直接对其进行路由以控制 PWM 输出。ADC 可在 0~3.3 V 固定全标度范围内进行转换操作,并支持公制比例 VREFHI/VREFLO 基准。ADC 接口专门针对低开销/低延迟进行了优化。

(2) A/D 工作原理

TMS320F2702X 内部包含 12 位的 ADC,ADC 内核包含一个 12 位转换器以及两个采样保持电路。该采样保持电路可支持同步或顺序采样模式。该 ADC 模块总共多达 16 个模拟输入通道。具体可用的通道数量详见器件的数据手册。该转换器可配置为使用内部参考源或外部电压参考源(VREFHI/LO)作为基准进行转换。与之前的 ADC 类型有所不同,该 ADC 模块不再基于序列转换。用户可以很容易地通过一个单一触发源来创建一系列的转换。然而,基本工作原则是围绕着个人配置转换,被称为开始转换。ADC 模块的功能包括:

➤ 内置双采样和保持(S/H)电路的 12 位 ADC 内核。

➤ 支持同步采样模式/顺序采样模式。

➤ 满范围模拟输入:0～3.3 V,或 VREFHI/VREFLO 比例式。

➤ 运行于系统时钟下,不需要进行预分频。

➤ 16 信道,多路复用输入。

➤ 可配置转换开始的触发源、采样窗口和通道。

➤ 用于存储转换值的 16 个结果寄存器(可单独寻址)。

➤ 多个触发源:S/W-软件立即启动;ePWM1-7;GPIO XINT2;CPU 定时器 0/1/2;ADCINT1/2。

➤ 9 个灵活的 PIE 中断允许在任何转换完成后配置中断请求。

4. HDG12764 功能简介

(1) 概　述

HDG12764F-3 属于宽压、宽温、低功耗的 127×64 点阵式图形液晶模块。采用了 EPSON 的 SED1565D 控制器,因此其特性主要由该控制器决定。利用该模块灵活的接口方式(P/S)和简单、方便的操作指令,可构成全中文人机交互图形界面。可以显示 7×4 行 16×16 点阵的汉字,也可完成图形显示。低电压低功耗是其又一显著特点。由该模块构成的液晶显示方案与同类型的图形点阵液晶显示模块相比,不论硬件电路结构或显示程序都要简洁得多,且该模块的价格也略低于相同点阵的图形液晶模块。

(2) 基本特性

➤ 宽工作电压 VDD:+3.0～+5.5 V。

➤ 显示分辨率:127×64 点。

➤ 帧频率:70 Hz。

➤ 显示方式:STN、半透、正显。

➤ 驱动方式:1/65DUTY,1/7BISA 、1/9 BIAS。

➤ 视角方向:6 点。

➤ 背光方式:侧部高亮 LED。

➤ 通信方式:串行、并口可选。

➤ 内置 DC‐DC 转换电路,无需外加负压。

➤ 无需片选信号,简化软件设计。

➤ 工作温度:−20～+70 ℃,存储温度:−30～+70 ℃。

➤ 外形尺寸(mm):71×52×2.7MAX。

(3) 硬件说明

① 接口定义如表 7‐1 所列。

表 7‐1　HDG12864 接口

管脚号	管脚名称	管脚功能描述
1	VDD	逻辑供电电源,5.0 V
2	nRES	复位信号,低有效
3	AO	寄存器选择信号,高:数据寄存器;低:命令寄存器
4	R/W	读写信号,高:读操作;低:写操作
5	E	使能时钟输入
6	D0	
7	D1	
8	D2	
9	D3	数据线
10	D4	
11	D5	
12	D6	
13	D7	
14	VDD	逻辑供电电源,5.0 V
15	VSS	电源地
16	Vout	DC‐DC 转换输出
17	CAP3−	DC‐DC 电压转换器电容 3 的负连接端
18	CAP1+	DC‐DC 电压转换器电容 1 的正连接端
19	CAP1−	DC‐DC 电压转换器电容 1 的负连接端
20	CAP2−	DC‐DC 电压转换器电容 2 的负连接端
21	CAP2+	DC‐DC 电压转换器电容 2 的正连接端
22	V1	
23	V2	
24	V3	LCD 驱动供电电压
25	V4	
26	V5	
27	VR	电压调整引脚
28	VDD	逻辑供电电源,5.0 V
29	IRS	'H':使用内部电阻 'L':不使用内部电阻
30	VDD	逻辑供电电源,5.0 V

② 数据接口

HDG12764F‑3 与 MPU 的连接一般采用的是 7 位并行接口，在并行模式下，主控制系统将配合"A0"、"R/W"、"E"、"D0‑D7"来完成指令/数据的传送，其操作时序与其他并行接口液晶显示模块相同。

7.1.4　硬件设计

频谱分析仪电路图如图 7‑4 所示。该电路的输入信号有两种选择，当输入的数字量为 0 时，电路的输入信号为 12.5 kHz 的正弦波，当输入的数字量为 1 时，输入的信号为 5 kHz 的脉冲信号。DSP 与 LCD 之间可以进行 7 位并行数据传输。

7.1.5　软件设计

1. 程序流程图（如图 7‑5 所示）

2. 程序源代码

(1) 主程序源代码

```
void main(void)
  { long maxv;
  initialize_peripheral();
  lcd_init();
  fft.ipcbptr = ipcb;
  fft.magptr = mag;
  fft.winptr = (long * )win;
  fft.init(&fft);
  for(;;)
    { if (samples_ready)
      { DINT;
        CFFT32_brev2(ipcb,ipcb,N);
        fft.win(&fft);
        fft.izero(&fft);
        fft.calc(&fft);
        fft.mag(&fft);
        maxv = fft.peakmag;
        paint(maxv);
        samples_ready = 0;
        EINT;
      }
    }
  }
```

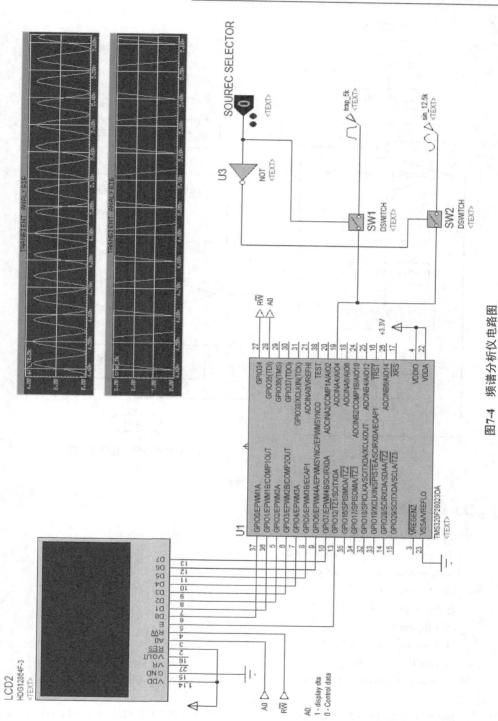

图7-4　频谱分析仪电路图

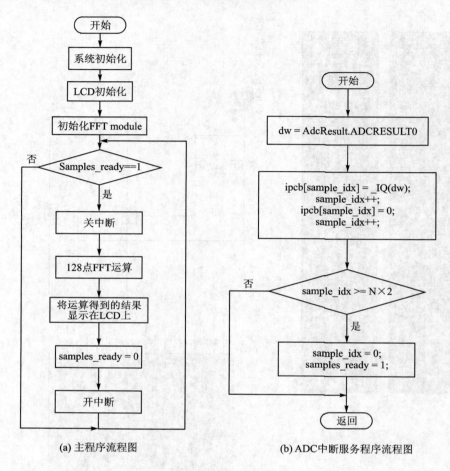

图 7 - 5　流程图

(2) A/D 中断服务程序

```
interrupt void adc_isr(void)
  { long dw = AdcResult.ADCRESULT0;
  ipcb[sample_idx] = _IQ(dw);
  sample_idx + +;
  ipcb[sample_idx] = 0;
  sample_idx + +;
  if (sample_idx > = N * 2)
    { sample_idx = 0;
      samples_ready = 1;
    }
  AdcRegs.ADCINTFLGCLR.bit.ADCINT1 = 1;    //Clear ADCINT1 flag reinitialize for
                                            //next SOC
```

```
    PieCtrlRegs.PIEACK.all = PIEACK_GROUP1;    // Acknowledge interrupt to PIE
    return;
    }
```

(3) 系统初始化程序

```
void initialize_peripheral()
  { volatile Uint16 iVol;
   int16  i;
   Uint32  * Dest;
// PLL, WatchDog, enable Peripheral Clocks
   EALLOW;
   SysCtrlRegs.WDCR = 0x0067;      // Disable watchdog
   // Make sure the PLL is not running in limp mode
   if (SysCtrlRegs.PLLSTS.bit.MCLKSTS ! = 1)
    { if (SysCtrlRegs.PLLCR.bit.DIV ! = 0x0A)
       {
// Before setting PLLCR turn off missing clock detect
         SysCtrlRegs.PLLSTS.bit.MCLKOFF = 1;
         SysCtrlRegs.PLLCR.bit.DIV = 0x0A;
         while(SysCtrlRegs.PLLSTS.bit.PLLLOCKS ! = 1);
         SysCtrlRegs.PLLSTS.bit.MCLKOFF = 0;
       }
    }
```

(4) PIE 中断向量表的初始化

```
    InitPieCtrl();
   IER = 0x0000;
   IFR = 0x0000;
   Dest = (void * ) &PieVectTable;
   for(i = 0; i < 127; i + + )
    { * Dest + + = (Uint32) &interrupt_global_handler;
      }
   // Enable the PIE Vector Table
   PieCtrlRegs.PIECTRL.bit.ENPIE = 1;
// PERIPHERAL CLOCK ENABLES
// If you are not using a peripheral you may want to switch
// the clock off to save power, i.e. set to = 0
   SysCtrlRegs.PCLKCR0.bit.ADCENCLK = 1;        // ADC
   SysCtrlRegs.PCLKCR3.bit.GPIOINENCLK = 0;     // GPIO
   SysCtrlRegs.PCLKCR3.bit.COMP1ENCLK = 0;      // COMP1
   SysCtrlRegs.PCLKCR3.bit.COMP2ENCLK = 0;      // COMP2
```

```
    SysCtrlRegs.PCLKCR0.bit.I2CAENCLK = 0;          // I2C
    SysCtrlRegs.PCLKCR0.bit.SPIAENCLK = 0;          // SPI - A
    SysCtrlRegs.PCLKCR0.bit.SCIAENCLK = 0;          // SCI - A
    SysCtrlRegs.PCLKCR1.bit.ECAP1ENCLK = 0;         // eCAP1
    SysCtrlRegs.PCLKCR1.bit.EPWM1ENCLK = 0;         // ePWM1
    SysCtrlRegs.PCLKCR1.bit.EPWM2ENCLK = 0;         // ePWM2
    SysCtrlRegs.PCLKCR1.bit.EPWM3ENCLK = 0;         // ePWM3
    SysCtrlRegs.PCLKCR1.bit.EPWM4ENCLK = 0;         // ePWM4
    SysCtrlRegs.PCLKCR0.bit.TBCLKSYNC = 1;          // Enable TBCLK
//    Timer 0
    CpuTimer0Regs.PRD.all = (long)(TMR0_FREQ * TMR0_PERIOD);
    CpuTimer0Regs.TPR.all = 0;
// Set pre - scale counter to divide by 1 (SYSCLKOUT):
    CpuTimer0Regs.TPRH.all = 0;
    CpuTimer0Regs.TCR.bit.TSS = 1;
// 1 = Stop timer, 0 = Start/Restart Timer
    CpuTimer0Regs.TCR.bit.TRB = 1;                  // 1 = reload timer
    CpuTimer0Regs.TCR.bit.SOFT = 0;
    CpuTimer0Regs.TCR.bit.FREE = 0;                 // Timer Free Run Disabled
    CpuTimer0Regs.TCR.bit.TIE = 1;
// 0 = Disable/ 1 = Enable Timer Interrupt
    CpuTimer0Regs.TCR.all = 0x4001;
// Use write - only instruction to set TSS bit = 0
// ADC
    AdcRegs.ADCCTL1.bit.ADCREFSEL = 0;              // Select interal BG
    AdcRegs.ADCCTL1.bit.ADCBGPWD = 1;               // Power ADC BG
    AdcRegs.ADCCTL1.bit.ADCREFPWD = 1;              // Power reference
    AdcRegs.ADCCTL1.bit.ADCPWDN = 1;                // Power ADC
    AdcRegs.ADCCTL1.bit.ADCENABLE = 1;              // Enable ADC
    asm(" RPT#100 || NOP");
    AdcRegs.ADCCTL1.bit.INTPULSEPOS = 1;
    //ADCINT1 trips after AdcResults latch
    AdcRegs.ADCSOC0CTL.bit.ACQPS = 6;
//set SOC0 S/H Window to 7 ADC Clock Cycles, (6 ACQPS plus 1)
    AdcRegs.INTSEL1N2.bit.INT1SEL = 0;
    //setup EOC0 to trigger ADCINT1 to fire
    AdcRegs.INTSEL1N2.bit.INT1CONT = 0;             //Disable ADCINT1 Continuous mode
    AdcRegs.INTSEL1N2.bit.INT1E = 1;                //Enabled ADCINT1
    AdcRegs.ADCSOC0CTL.bit.CHSEL = 4;
//set SOC0 channel select to ADCINA4
```

```
    AdcRegs.ADCSOC0CTL.bit.TRIGSEL = 1;
   //set SOC0 start trigger on Timer0
    GpioCtrlRegs.AIOMUX1.bit.AIO4 = 2;
// Configure AIO4 for A4 (analog input) operation
    PieVectTable.ADCINT1 = &adc_isr;
//       GPIO
```

```
// --------------------------------------------------------
//  GPIO - 00 - PIN FUNCTION = data0
    GpioCtrlRegs.GPAMUX1.bit.GPIO0 = 0;        // 0 = GPIO, 1 = EPWM2A, 2 = Resv, 3 = Resv
    GpioCtrlRegs.GPADIR.bit.GPIO0 = 1;            // 1 = OUTput, 0 = INput
// --------------------------------------------------------
//  GPIO - 01 - PIN FUNCTION = data1
    GpioCtrlRegs.GPAMUX1.bit.GPIO1 = 0;
    // 0 = GPIO,  1 = EPWM2A,  2 = Resv,  3 = Resv
    GpioCtrlRegs.GPADIR.bit.GPIO1 = 1;            // 1 = OUTput,  0 = INput
// --------------------------------------------------------
//  GPIO - 02 - PIN FUNCTION = data2
    GpioCtrlRegs.GPAMUX1.bit.GPIO2 = 0;
    // 0 = GPIO,  1 = EPWM2A,  2 = Resv,  3 = Resv
    GpioCtrlRegs.GPADIR.bit.GPIO2 = 1;            // 1 = OUTput,  0 = INput
// --------------------------------------------------------
//  GPIO - 03 - PIN FUNCTION = data3
    GpioCtrlRegs.GPAMUX1.bit.GPIO3 = 0;
// 0 = GPIO,  1 = EPWM2A,  2 = Resv,  3 = Resv
    GpioCtrlRegs.GPADIR.bit.GPIO3 = 1;            // 1 = OUTput,  0 = INput
// --------------------------------------------------------
//  GPIO - 04 - PIN FUNCTION = data4
    GpioCtrlRegs.GPAMUX1.bit.GPIO4 = 0;
// 0 = GPIO,  1 = EPWM2A,  2 = Resv,  3 = Resv
    GpioCtrlRegs.GPADIR.bit.GPIO4 = 1;            // 1 = OUTput,  0 = INput
// --------------------------------------------------------
//  GPIO - 05 - PIN FUNCTION = data5
    GpioCtrlRegs.GPAMUX1.bit.GPIO5 = 0;
// 0 = GPIO,  1 = EPWM2A,  2 = Resv,  3 = Resv
    GpioCtrlRegs.GPADIR.bit.GPIO5 = 1;            // 1 = OUTput,  0 = INput
// --------------------------------------------------------
//  GPIO - 06 - PIN FUNCTION = data6
    GpioCtrlRegs.GPAMUX1.bit.GPIO6 = 0;
// 0 = GPIO,  1 = EPWM2A,  2 = Resv,  3 = Resv
    GpioCtrlRegs.GPADIR.bit.GPIO6 = 1;            // 1 = OUTput,  0 = INput
```

```
//------------------------------------------------------------
//   GPIO-07 - PIN FUNCTION = data7
     GpioCtrlRegs.GPAMUX1.bit.GPIO7 = 0;
// 0 = GPIO,   1 = EPWM2A,   2 = Resv,   3 = Resv
     GpioCtrlRegs.GPADIR.bit.GPIO7 = 1;              // 1 = OUTput,   0 = INput
//------------------------------------------------------------
//   GPIO-12 - PIN FUNCTION = E
     GpioCtrlRegs.GPAMUX1.bit.GPIO12 = 0;
// 0 = GPIO,   1 = SCITXD-A,   2 = I2C-SCL,   3 = TZ3
     GpioCtrlRegs.GPADIR.bit.GPIO12 = 1;             // 1 = OUTput,   0 = INput
     GpioDataRegs.GPASET.bit.GPIO12 = 1;             // E = 1
//------------------------------------------------------------
//   GPIO-34 - PIN FUNCTION = R/$W$
     GpioCtrlRegs.GPBMUX1.bit.GPIO34 = 0;
  // 0 = GPIO,   1 = COMP2OUT,   2 = EMU1,   3 = Resv
     GpioCtrlRegs.GPBDIR.bit.GPIO34 = 1;             // 1 = OUTput,   0 = INput
     GpioDataRegs.GPBSET.bit.GPIO34 = 1;
// uncomment if --> Set High initially
//------------------------------------------------------------
//   GPIO-35 - PIN FUNCTION = A0
     GpioCtrlRegs.GPBMUX1.bit.GPIO35 = 0;
// 0 = GPIO,   1 = COMP2OUT,   2 = EMU1,   3 = Resv
     GpioCtrlRegs.GPBDIR.bit.GPIO35 = 1;             // 1 = OUTput,   0 = INput
     GpioDataRegs.GPBSET.bit.GPIO35 = 1;
// uncomment if --> Set High initially
     EDIS;
     PieCtrlRegs.PIEIER1.bit.INTx1 = 1;              // Enable INT 1.1 in the PIE
     IER |= M_INT1;
     EINT;    // Enable Global interrupt INTM
}
```

7.1.6　系统仿真

　　系统的仿真图如图 7-6 所示，该电路的输入信号有两种选择，当输入的数字量为 0 时，电路的输入信号为 12.5 kHz 的正弦波，当输入的数字量为 1 时，输入的信号为 5 kHz 的脉冲信号。DSP 与 LCD 之间可以进行 7 位并行数据传输，并且 DSP 是通过 GPIO0～GPIO7 和 LCD 进行数据传输的。

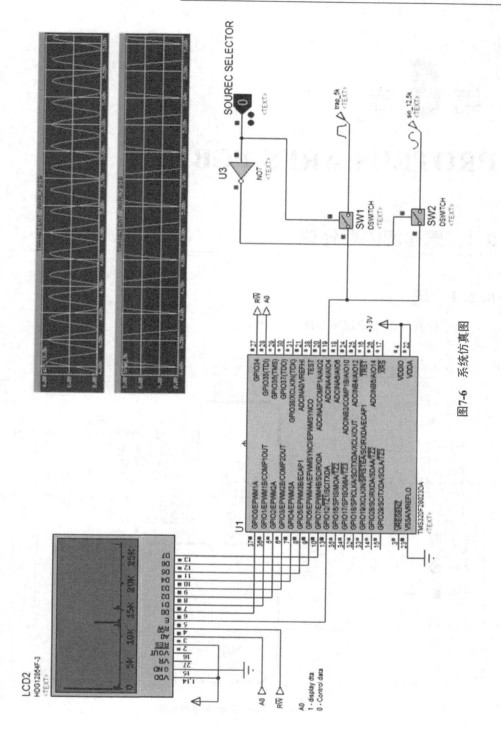

图7-6　系统仿真图

第 **8** 章

PROTEUS ARES PCB 设计

8.1 原理图的后处理

8.1.1 概 述

用于仿真的电路原理图如图 8-1 所示。

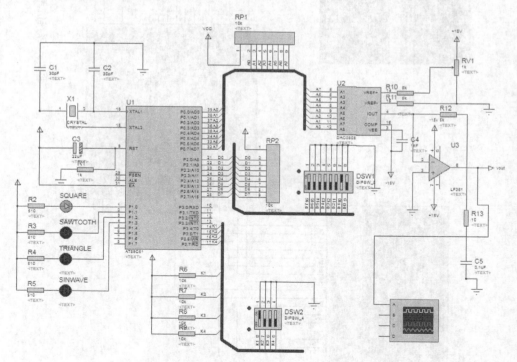

图 8-1 用于仿真的电路原理图

对于 PROTEUS ISIS 电路功能仿真来说，图 8－1 所示的电路图已经能够达到预期的目标，也就是说，该电路图的原理是正确的，其仿真结果如图 8－2 所示。

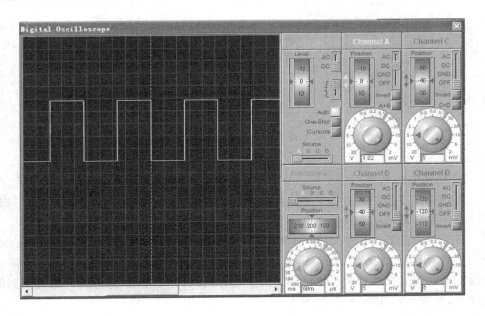

图 8－2　电路仿真结果

为使用图 8－1 所示的电路原理图进行 PCB 设计，必须对原理图进行后处理。原理图中，包含 3 组电源，它们分别是 VCC、＋15 V 和－15 V；包含 3 组电源共地（GND）；还包含一组信号输出接口 Vout，输出电压以 GND 参考。

所以，在进行 PCB 设计之前需要添加两组连接器：电源输入端和信号输出端。另外，PCB 设计过程中不需要示波器，要在原理图中将其删除。

8.1.2　自定义元件符号

在原理图的后处理过程中，如果 ISIS 器件库中没有用户需要的元件，可根据需要自行绘制元件符号。下面以上面提及的两组连接器：电源输入端和信号输出端为例，说明在 PROTEUS ISIS 中绘制元件符号的方法。

例 8－1：绘制 4 针连接器符号 POWER_CON_4P，不定义封装。

单击 PROTEUS ISIS 工具箱中的 2D Graphics Box Mode 图标■，在列表中选择 COMPONENT，在编辑区域中单击并拖动鼠标，直至形成一个所需要的矩形框则可以松开鼠标，这时就绘制出一个矩形框，如图 8－3 所示。

单击工具箱 Device Pins Mode 图标⊩，则在列表中出现以下 8 种引脚类型，如图 8－4 所示。

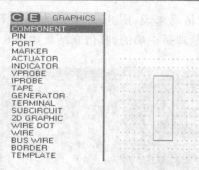

图 8-3 绘制矩形框

其中:

DEFAULT:普通引脚;   INVERT:低电平有效引脚;

POSCLK:上升沿有效的时钟输入引脚;   NEGCLK:下降沿有效的时钟输入引脚;

SHORT:较短引脚;   BUS:总线。

首先单击选择 DEFAULT 引脚类型,选中后单击下方的 Horizontal Reflection 图标,将引脚水平翻转;在编辑窗口单击出现 DEFAULT 引脚,按照图 8-5 所示添加 4 个引脚。在此处应注意添加引脚时的方向,引脚中带有"x"号的一端为引脚的接线端,要放在元件的外侧,如图 8-5 所示:

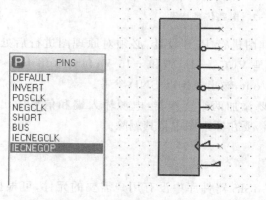

图 8-4 8 种类型的引脚

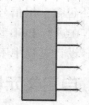

图 8-5 添加元件引脚
(DEFAULT 型)

然后开始添加引脚名及引脚号:右击选中引脚,再单击打开 Edit Pin 对话窗口,在 Pin Name 栏中输入引脚名 P1,在 Default Pin Number 栏中输入默认的引脚号"1",如图 8-6 所示。

其中:

Pin Name:设置引脚名称;   Default Pin Number:设置引脚号;

Draw body:是否显示引脚;   Draw name:是否显示引脚名称;

Draw number:是否显示引脚号;   Rotate Pin Name:引脚名称是否旋转;

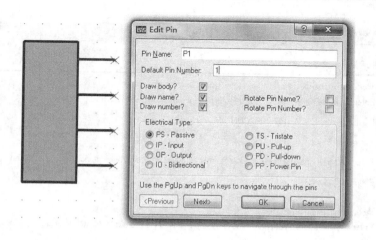

图 8 - 6　设置引脚属性

Rotate Pin Number：引脚号是否旋转；

PS - Passive：从动引脚；　　　　　TS - Tristate：三态引脚；

IP - Input：输入引脚；　　　　　　PU - Pull - up：上拉引脚；

OP - Output：输出引脚；　　　　　PD - Pull - Down：下拉引脚；

IO - Bidirectional：数据总线引脚；　PP - Power Pin：电源/地引脚。

按照图 8 - 6 设置其他选项，设置完后单击 OK 按钮，保存设置。此时选中的引脚设置完如图 8 - 7(a)所示。按照图 8 - 7(b)所示编辑其他 3 个引脚的引脚名及引脚号。

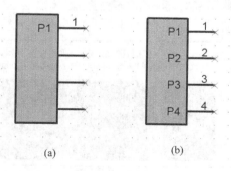

图 8 - 7　编辑元件引脚

选中整个元件符号，在 PROTEUS 的菜单栏中选择 Library→Make Device 菜单项，弹出 Make Device 对话窗口，如图 8 - 8 所示。

在 General Properties 选项组中，设置 Device Name 为 POWER_CON_4P，在 Reference Prefix 栏中输入字母 P，单击 Next 按钮，进入下一步设置，定义元件封装，如图 8 - 9 所示。

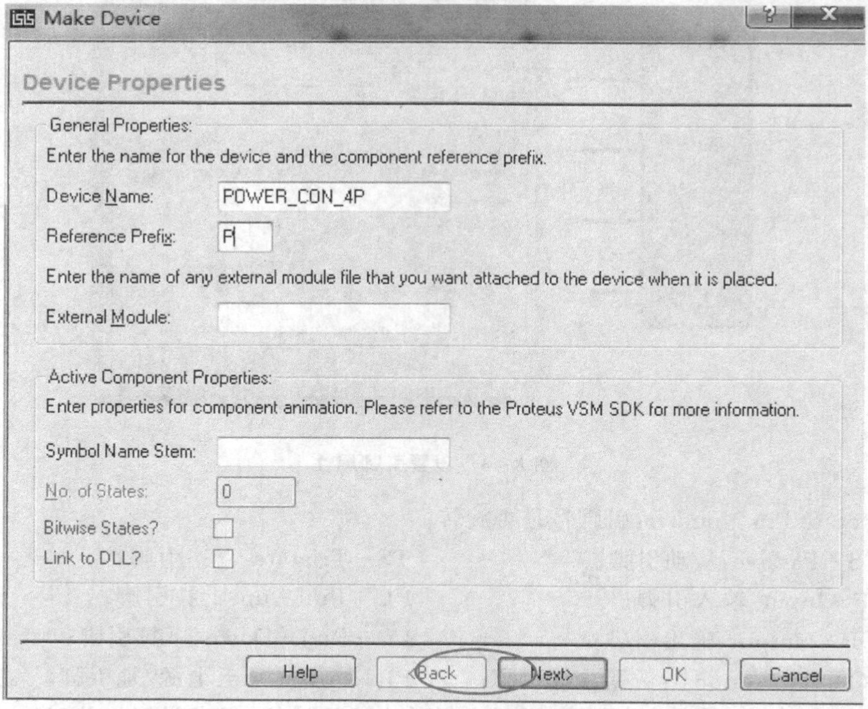

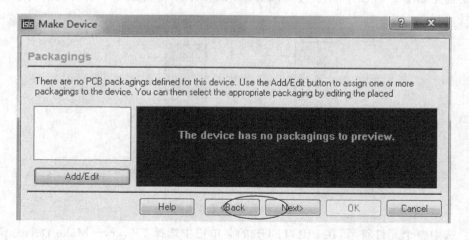

图 8 - 8　Make Device 对话窗口

图 8 - 9　定义元件封装

　　如果暂时不能确定元件的封装情况,则可以跳过此步进行设置。单击 Next 按钮,进入下一步设置,设置元件属性,基本保持默认值即可。单击 Next 按钮,定义元件的数据手册(Data Sheet)。单击 Next 按钮,设置元件索引,如图 8 - 10 所示。

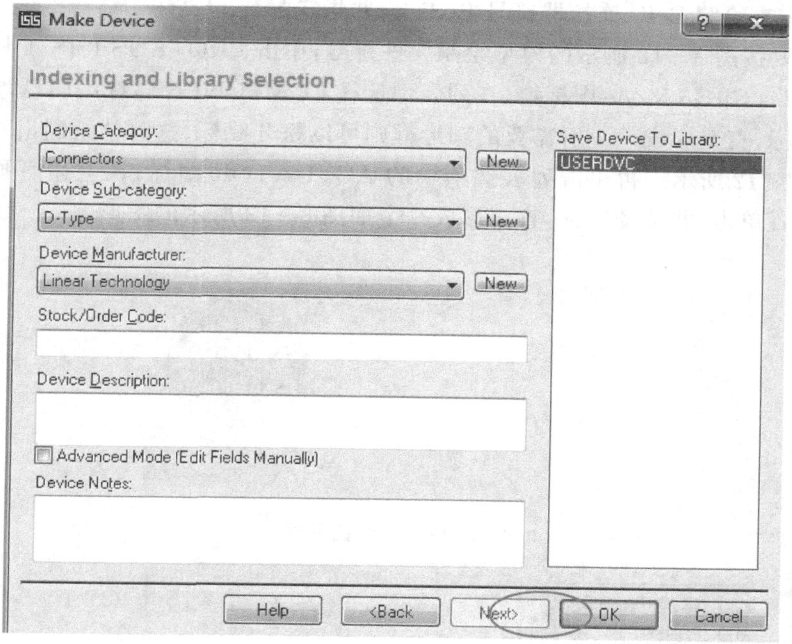

图 8 - 10　设置元件索引

其中:

➤ Device Category:元件所属类。

➤ Device Sub - category:元件所属子类。

➤ Device Manufacturer:元件制造厂商。

单击 OK 按钮,完成元件定义,此时元件列表中自动添加了新建的元件 POWER_
CON_4P,将其添加到原理图中的元器件列表中,如图 8 - 11 所示。

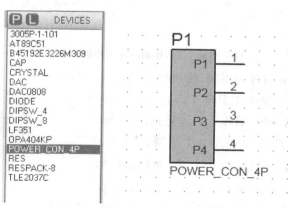

图 8 - 11　添加元件 POWER_CON_4P

例 8 - 2：绘制 BNC 连接器符号 BND_1，并指定封装。

首先要按图 8 - 12 所示的模型绘制元件符号，单击 PROTEUS ISIS 工具箱中的 2D Graphics Circle Mode 图标●，在列表中选择 COMPONENT，在编辑区域中单击并拖动鼠标，直至形成一个所需要的圆形框则可以松开鼠标，这时就绘制出一个圆形框，如图 8 - 12 所示。再单击列表选项中的 ACTUATOR 图标，在上述所画的圆形框中心位置单击，并拖动鼠标，直至形成一个如图 8 - 13 所示的图形。

图 8 - 12　绘制圆形框

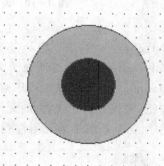

图 8 - 13　绘制双环圆形框

然后开始添加元器件的引脚，按照图 8 - 14 所示开始添加 2 个引脚。单击工具箱 Device Pins Mode 图标▷，先单击选择 DEFAULT 引脚类型，在编辑窗口中放置引脚 1，再选择 DEFAULT 引脚，选中后单击下方的 Rotate Anti - Clockwise ↻ 图标，将引脚逆时针进行翻转；在此处应注意添加引脚时的方向，引脚中带有"x"号的一端为引脚的接线端，要放在元件的外侧，如图 8 - 14 所示。

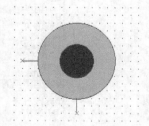

**图 8 - 14　添加元器件的引脚
（DEFAULT 型）**

　　然后开始添加引脚名及引脚号：右击选中引脚，再单击打开 Edit Pin 对话窗口，在 Pin Nam 栏中输入引脚名 P，在 Default Pin Number 栏中输入默认的引脚号“1”，如图 8-15 所示。按照图 8-15 设置其他选项，设置完后单击 OK 按钮，保存设置。此时选中的引脚设置完如图 8-16(a)所示。按照图 8-16(b)所示编辑另一个引脚的引脚名及引脚号。

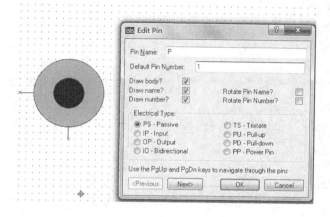

图 8-15　设置引脚属性

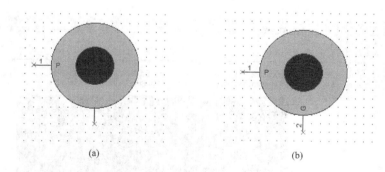

(a)　　　　　　　　　　　　　　　　　(b)

图 8-16　编辑元件引脚

　　选中整个元件符号，在 PROTEUS 的菜单栏中选择 Library→Make Device 菜单项，弹出 Make Device 对话窗口，如图 8-17 所示。

　　单击 Next 按钮，进入下一步设置，如图 8-18 所示。单击 Add/Edit 按钮，打开 Package Device 对话窗口，如图 8-19 所示。

　　单击 Add 按钮，选中 PROTEUS 库中自带的封装 RF-SMX-R，如图 8-20 所示。

　　单击 OK 按钮，导入封装，如图 8-21 所示。

　　在表格区中选中引脚号“1”，在封装预览区中单击焊盘 S，这样就将元件符号中的 1 号引脚 P 映射为 PCB 封装中的引脚 S，如图 8-22 所示。同样，将 2 号引脚映射为焊盘 E。

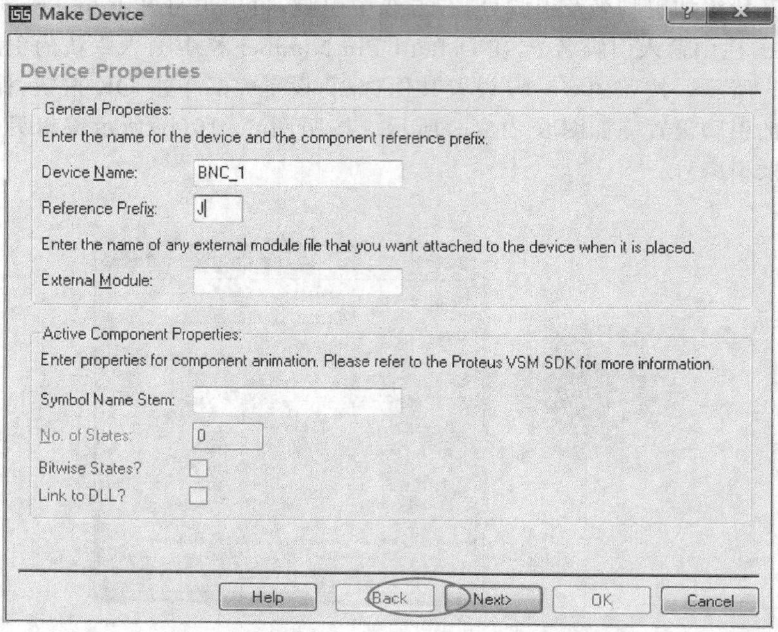

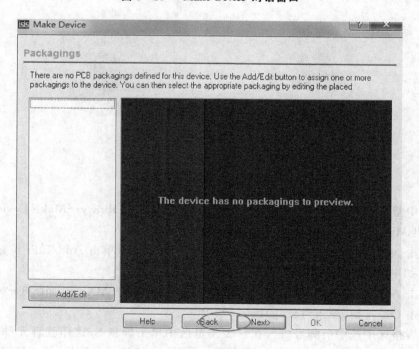

图 8 - 17　"Make Device"对话窗口

图 8 - 18　设置封装

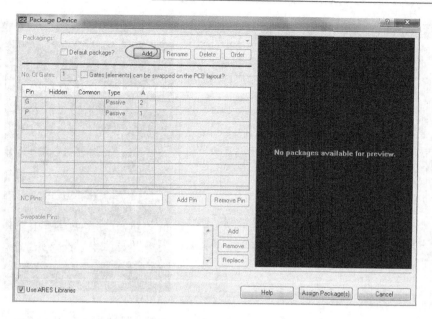

图 8 - 19　Package Device 对话窗口

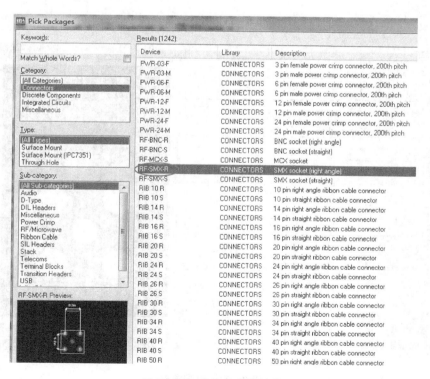

图 8 - 20　查找库中的封装

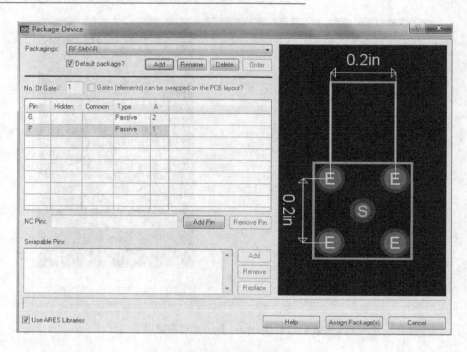

图 8 - 21　导入封装

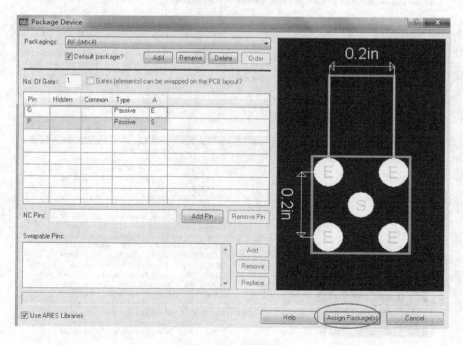

图 8 - 22　引脚映射

单击 Assign Package(s)按钮,指定封装,如图 8 - 23 所示。

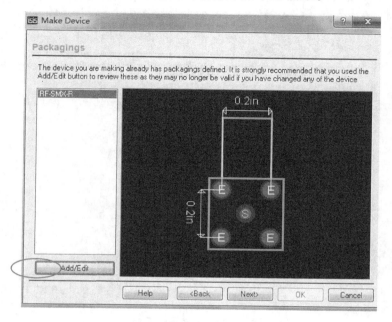

图 8 - 23　指定封装

单击 Next 按钮,定义元件属性,如图 8 - 24 所示。

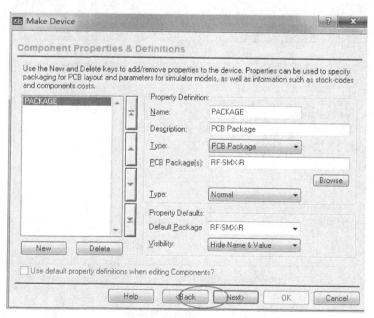

图 8 - 24　定义元件属性

单击 Next 按钮，定义器件手册，如图 8 - 25 所示。

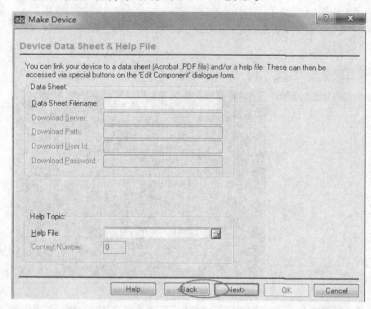

图 8 - 25　定义器件手册

单击 Next 按钮，指定元件路径，如图 8 - 26 所示。

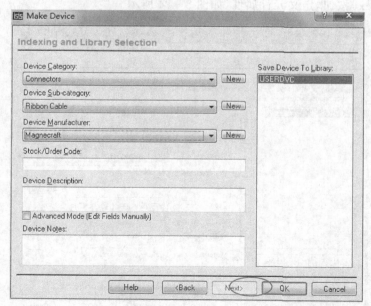

图 8 - 26　指定元件路径

单击 OK 按钮，即可完成元件符号制作。

8.1.3　检查元件的封装属性

在一个元件符号 AT85C51 处右击,在弹出的菜单中选择 Edit Properties,打开 Edit Properties 对话窗口,勾选窗口左下角的 Edit all properties as text 复选框,则所 有元件属性都以文本显示,如图 8 - 27 所示。

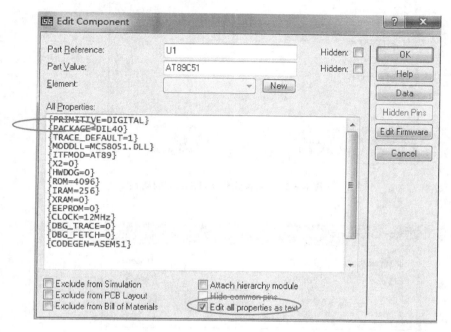

图 8 - 27　查看元件"AT88C51"的属性

此元件具有一条 PACKAGE＝DIL40 属性,说明此元件已被指定了封装,封装 名称为 DIL40。

在元件符号 DIPSW_4 处右击,在弹出的菜单中选择 Edit Properties,打开 Edit Component 对话窗口,查看元件属性,可见此元件没有定义 PACKAGE 属性,如 图 8 - 28 所示。

对于没有 PACKAGE 属性的元件,可以在 Edit Component 对话窗口中为其添 加"PACKAGE＝?",为其指定封装;还可以在编译网络表时指定封装。现在在此对 话框中输入"{PACKAGE＝DIP_SW_4_8P}",设置完成后如图 8 - 29 所示。

注意,如果指定的封装是封装库里没有的,在进入 PCB 环境时会显示错误。用 户可以在自己创建完成需要的元件封装后再指定。

8.1.4　完善原理图

在原理图中添加电源输入及信号输出的接口,如图 8 - 30 所示。

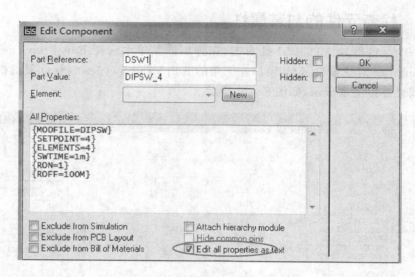

图 8 - 28　查看元件 DIPSW_4 的属性

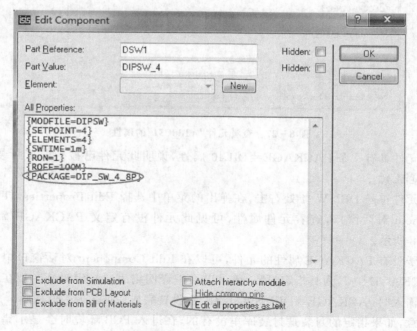

图 8 - 29　添加 PACKAGE

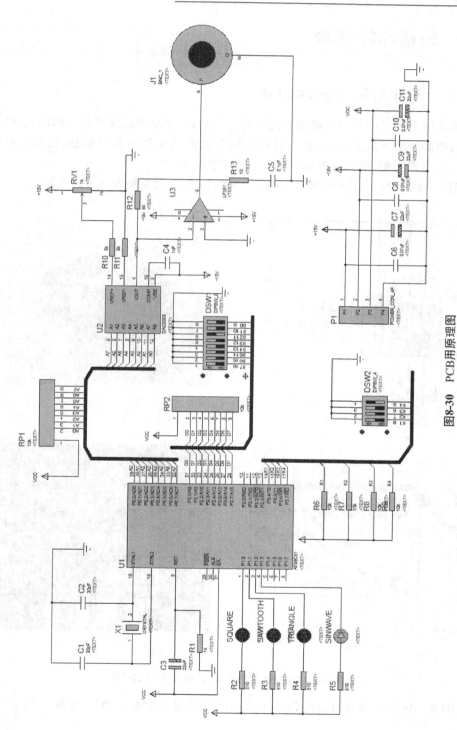

图8-30　PCB用原理图

8.2　创建元件封装

8.2.1　元件符号与元件封装

原理图中的元件符号反映的是元件的电气信息，包括网络及引脚之间的互连，引脚名与引脚号的对应关系等；而元件的封装反映的是元件的物理信息，包括元件外形、尺寸、引脚间距、引脚排列顺序等。下面举例说明。

例 8 - 3：DIP 开关 DIPSW_4 的符号、实物与 PCB 封装如图 8 - 31 所示。

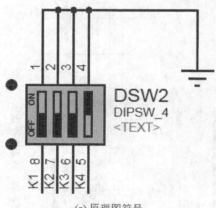

(a) 原理图符号

(b) 元件实物

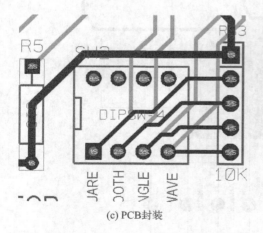

(c) PCB封装

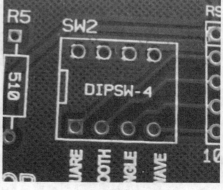

(d) 电路板

图 8 - 31　DIPSW_4 的符号、实物与 PCB 封装图

例 8 - 4：电源插座 POWER_CON_4P 的符号、实物与 PCB 封装如图 8 - 32 所示。

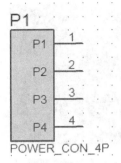

(a) 原理图符号

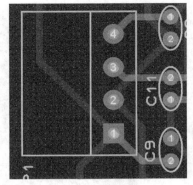

(b) PCB封装

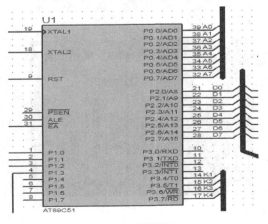

(c) 元件实物

(d) 电路板

图 8 - 32　POWER_CON_4P 的符号、实物与 PCB 封装图

例 8 - 5：单片机 AT88C51 的符号、实物与 PCB 封装如图 8 - 33 所示。

(a) 原理图符号

(b) 元件封装1

图 8 - 33　AT88C51 的符号、实物与 PCB 封装图

(c) 电路板

(d) 元件封装2

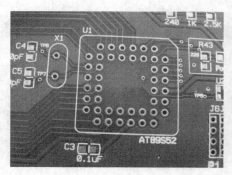

(e) 电路板

图 8 - 33　AT88C51 的符号、实物与 PCB 封装图(续)

8.2.2　创建元件封装

如果 PROTEUS 元件库中包含所需的封装,可以直接使用 PACKAGE 属性调用,如果没有,则需要预先创建元件封装。本节举例说明在 PROTEUS ARES 中创建元件封装的方法

例 8 - 6:制作 8 位拨码开关的封装 DIP_SW_8_16P。

在 PROTEUS 工具栏中单击▦图标,启动 ARES 界面。

单击 ARES 界面左侧工具栏中的 Square Through - hole Pad Mode 图标▣,在列表中选择焊盘 S-60-25,如图 8 - 34 所示。

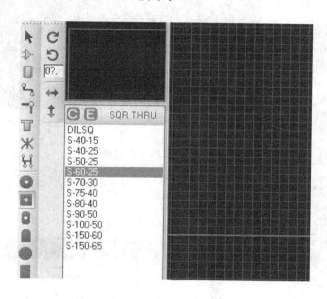

图 8 - 34　选择焊盘

在原点处单击,摆放选中的焊盘,并把它放在一个合适的位置上(0,0),如图 8 - 35 所示。

在 ARES 窗口左侧工具箱中选择 Round Through - hole Pad Mode 图标◉,此时需要在列表中选择焊盘 C-60-25,而列表中没有所需要的焊盘,则需要单击列表上方的 Create Pad Style 图标◉的按扭(如图 8 - 36 所示),弹出 Create New Pad 对话窗口,如图 8 - 37 所示。

在 Create New Pad 对话窗口的 Name 栏中,输入焊盘名 C-60-25,在 Normal 选项组中,选中 Circular 选项,单击 OK 按钮,弹出 Edit Circular Pad Style 对话窗口,如图 8 - 38 所示。

在 Edit Circular Pad 对话窗口中设置焊盘参数:

➢ Diameter(焊盘直径):60th。

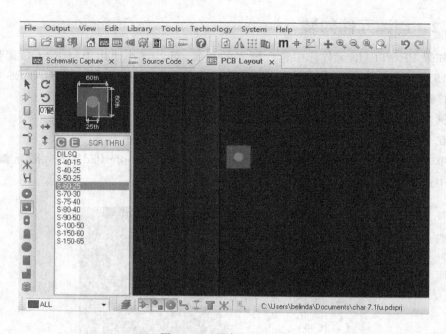

图 8 - 35　添加一个焊盘

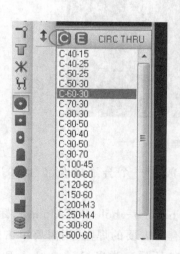

图 8 - 36　新建焊盘

图 8 - 37　Create New Pad 对话窗口

➤ Drill Mark(钻孔标记尺寸):20th。

➤ Drill Hole(钻孔直径):25th。

➤ Guard Gap(安全间距):20th。

单击 OK 按钮,完成焊盘设置,此时焊盘列表中自动添加了新建的焊盘 C-60-25,如图 8 - 39 所示。

选中焊盘 C-60-25，在坐标(100,0)处单击，添加一个圆形焊盘 C-60-25。在编辑窗口右击选中新添加的圆形焊盘 C-60-25，在菜单栏中选择 Edit→Replicate 菜单项，在弹出的 Replicate 对话窗口中设置复制的参数，如图 8-40 所示。

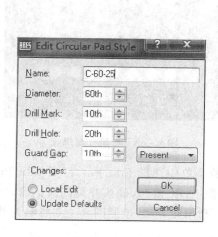

图 8-38　Edit Circular Pad 对话窗口

图 8-39　焊盘列表

单击 OK 按钮，将选中的焊盘沿 X 轴方向复制 6 份，间距为 100 th，如图 8-41 所示。

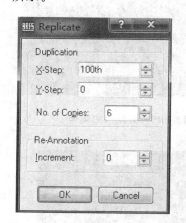

图 8-40　Replicate 对话窗口

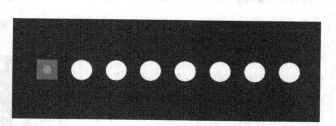

图 8-41　批量复制焊盘

选中 7 个圆形焊盘，在菜单栏中选择 Edit→Replicate 菜单项，在弹出的 Replicate 对话窗口中设置复制的参数，如图 8-42 所示。

单击 OK 按钮，则会把所选中的 7 个焊盘沿 Y 轴方向复制 1 份，间距为 400 th，如图 8-43 所示。在坐标(0,400 处)再添加一个圆形焊盘 C-60-25，如图 8-44 所示。

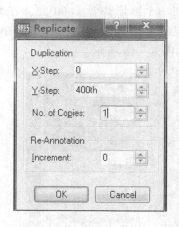

图 8 - 42 Replicate 对话窗口

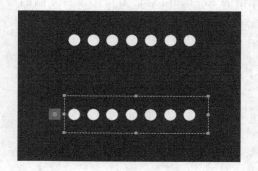

图 8 - 43 批量复制焊盘

在左下角的方形焊盘处右击，在弹出的菜单中选择 Edit Pin，打开 Edit Properties 对话窗口，在 Number 栏中输入"1"。单击 OK 按钮，确认并关闭对话窗口，此时焊盘上会显示引脚编号，如图 8 - 45 所示。利用此方法，按照图 8 - 46 所示为其余的引脚分配编号。

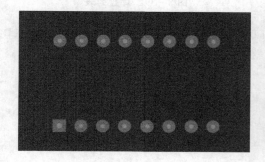

图 8 - 44 添加焊盘

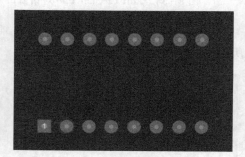

图 8 - 45 分配引脚编号

单击工具箱中的 2D Graphics Box Mode 图标■，在左下方的下拉列表中选择层面 Top Silk，按照图 8 - 47 所示添加丝印外框。单击工具箱中的 2D Graphics Markers Mode 图标➕，在列表中选择 ORIGIN，添加原点标记，如图 8 - 48 所示。在选中的 2D Graphics Markers Mode 图标➕的列表中选择 REFERENCE，添加元件 ID。

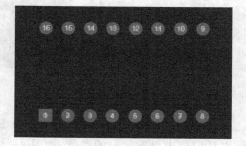

图 8 - 46 分配引脚编号

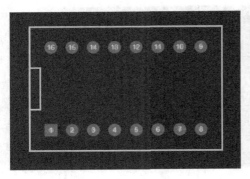

图 8-47　添加丝印外框

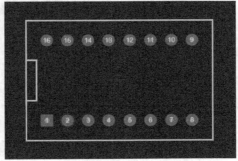

图 8-48　添加原点标记

选中所有焊盘及丝印图形，在菜单栏中选择 Library→Make Package（如图 8-49 所示），打开 Make Package 对话窗口，如图 8-50 所示。

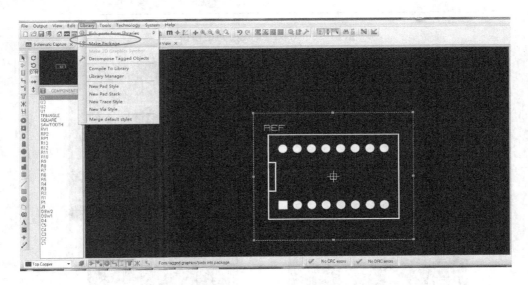

图 8-49　制作 Make Package

设置对话窗口：

➢ New Package Name：DIP_SW_8_16P。

➢ Package Category：Miscellaneous。

➢ Package Type：Through Hole。

➢ Package Sub-category：Switches。

单击 OK 按钮，保存封装。

利用上述方法可以制作其他元件封装，如图 8-51 所示：

在菜单栏中选择 File→Exit，退出 ARES 环境，返回 PROTEUS ISIS。

基于 PROTEUS 的电路及单片机设计与仿真（第 3 版）

330

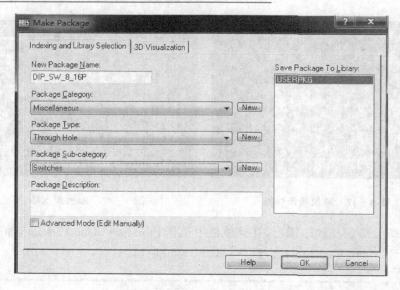

图 8 - 50　Make Package 对话窗口

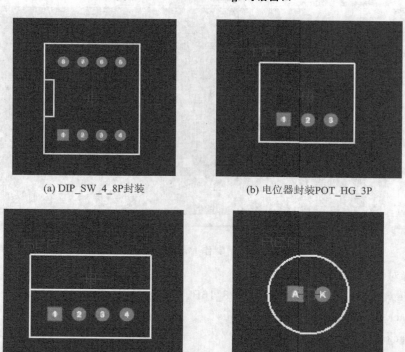

(a) DIP_SW_4_8P封装

(b) 电位器封装POT_HG_3P

(c) 4针电源插座封装CON_4P_W200

(d) LED封装LED_100

图 8 - 51　元件封装

8.2.3　指定元件封装

在原理图中，在命名为 SQUARE 的 LED 处右击，在弹出的菜单中选择 Edit Properties，打开 Edit Properties 对话窗口，选中窗口左下角的 Edit all properties as text 选项，在文本区域中添加一条属性"{PACKAGE＝LED_100}"，如图 8－52 所示。

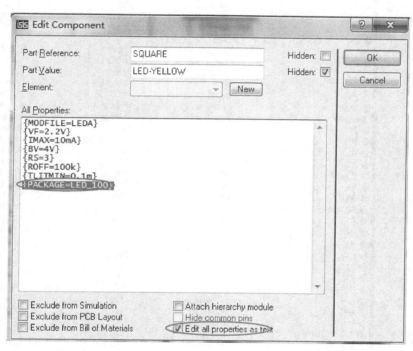

图 8－52　为 LED 指定封装

并用上述相同的方法，为其他的 3 个 LED 指定封装为 PACKAGE＝LED_100。

在 4 位拨码开关处右击，在弹出的菜单中选择 Edit Properties，打开 Edit Component 对话窗口，选中窗口左下角的 Edit all properties as text 选项，在文本区域中添加一条属性"{PACKAGE＝DIP_SW_4_8P}"。

为其他元件选择封装：POWER_CON_4P 选择封装 CON_4P_W200、POT-HG 选择封装 POT_HG_3P、LED-YELLOW 选择封装 LED_100。

在进行 PCB 设计之前应该先检查一下元件的封装是否全部指定或是否全部正确。单击工具栏 圖 图标，弹出如图 8－53 所示的窗口，可以观察元件封装是否全部指定。

在菜单栏选择 Library→Verify Packagings 菜单项，查看元件封装是否有错误。图 8－54 为显示结果。

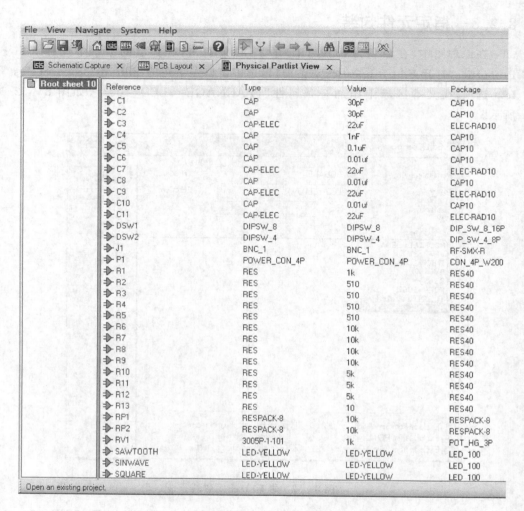

图 8 - 53　查看元件封装

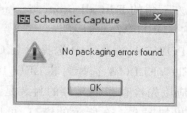

图 8 - 54　检查无错误

8.3 PCB 布局

8.3.1 设置层面

进入 PROTEUS ARES 界面后,在菜单栏中选择 Technology→Set Layer Usage 菜单项,弹出 Set Layer Usage 对话窗口,具体设置如图 8 - 55 所示。

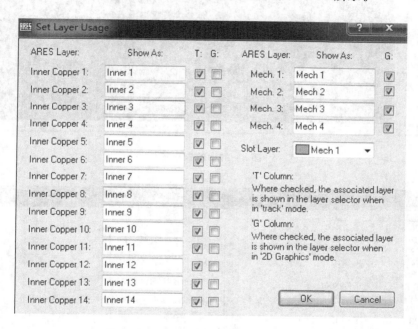

图 8 - 55 设置层面

8.3.2 自动布局

自动布局之前必须先画好板框,可以先画一个大概的板框,布局后根据实际大小再进行调整。单击 ARES 界面左侧工具箱中的 2D Graphics 图标■,在左下角的层面列表中选择 Board Edge(如图 8 - 56 所示),绘制板框,如图 8 - 57 所示。

图 8 - 56 选择图层

在菜单栏中选择 Tools→Auto Placer 菜单项,打开 Auto Place 对话窗口,如图 8 - 58 所示。

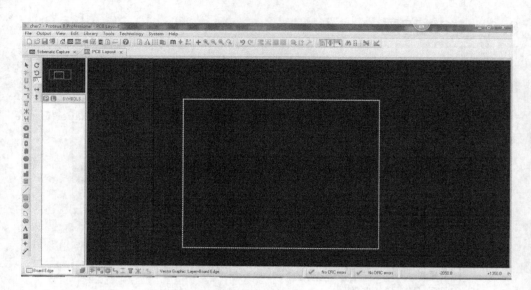

图 8 - 57　绘制板框

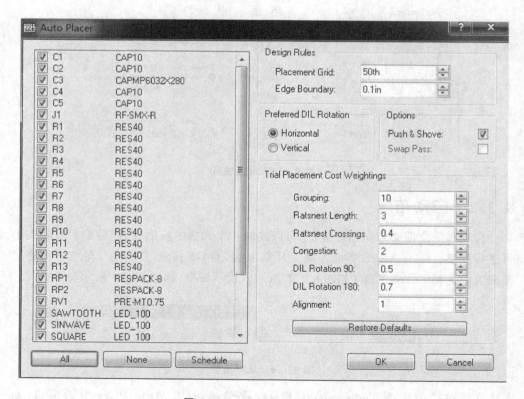

图 8 - 58　Auto Place 对话窗口

窗口中各项设置说明如下：

➤ Design Rules：设计规则。

➤ Placement Grid：布局格点。

➤ Edge Boundary：元件距电路板边框的距离。

➤ Preferred DIL Rotation：元件的方向。

➤ Horizontal：水平。

➤ Vertical：垂直。

➤ Options：选项。

➤ Push & Shove：推挤元件。

➤ Swap Parts：元件交换。

➤ Trial Placement Cost Weightings：尝试摆放的权值。

➤ Grouping：群组。

➤ Ratsnest Length：飞线长度。

➤ Ratsnest Crossing：飞线交叉。

➤ Congestion：密集度。

➤ DIL Rotation 80：元件旋转 80°。

➤ DIL Rotation 180：元件旋转 180°。

➤ Alignment：对齐。

➤ Restore Defaults：恢复默认值。

在 Auto Placer 对话窗口的元件列表中选中所有元件，单击 OK 按钮，元件会逐个摆放到板框中，如图 8 - 59 所示。

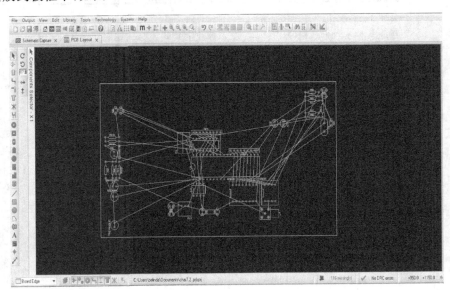

图 8 - 59　自动布局

8.3.3　手工布局

单击 ARES 界面左侧工具箱中的 Component placement and editing 图标 ⏵，在元件列表中会列出所有未摆放的元件。在列表中选中元件，在板框中单击，摆放选中的元件。

自动布局后手工调整或手工布局时用到的一些操作如下所示：

> 右击选中元件，拖动到预期位置。选中的同时可按"＋"键或"－"键旋转元件。
> 鼠标光标放在任意引脚上时，ARES 界面底部的状态栏将显示此引脚的属性。
> 单击 Edit Objects 按钮 ▴ 后，可直接单击元件，编辑其属性。
> ↻ ↺ ▯ 在 PCB 板的当前层垂直或按角度旋转。
> ↔ ↕ 对元件进行水平或垂直翻转。
> ▤ ▤ ▰ ▰ 对元件进行复制、移动、旋转和删除操作。
> 显示飞线和向量符号：在菜单栏中选择 View→edit layer colour/visibility 菜单项，弹出 Displayed settings 对话窗口，如图 8 - 60 所示。选中 Ratsnest，显示飞线；取消 Force Vectors，不显示向量符号。

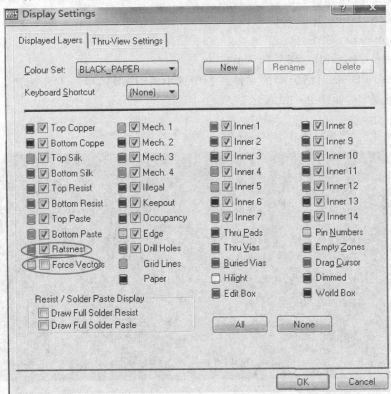

图 8 - 60　Displayed Layers 对话窗口

手工调整布局后,元件位置如图 8 - 61 所示。

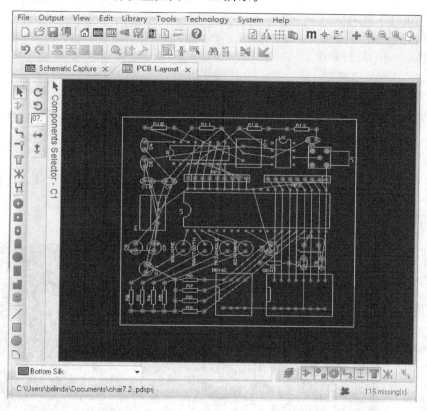

图 8 - 61　手工调整布局

注:在没有连线之前,会显示错误。

8.3.4　调整文字

右击选中元件,在元件 ID 号上单击,弹出 Edit Part Id 对话窗口,可修改器件 ID 号、所属层面、旋转角度、高度及宽度,如图 8 - 62 所示。

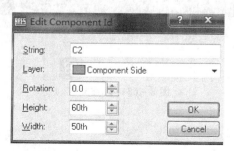

图 8 - 62　Edit Part Id 对话窗口

窗口中的选项说明如下：

➢ Sting：元件 ID 号。

➢ Layer：所在层面。

➢ Rotation：旋转角度。

➢ Height：文字高度。

➢ Width：文字宽度。

通常可以像移动元件一样移动元件 ID 号，当需要旋转时，调出 Edit Part Id 对话窗口，修改 Rotation 值即可。调整后如图 8－63 所示。

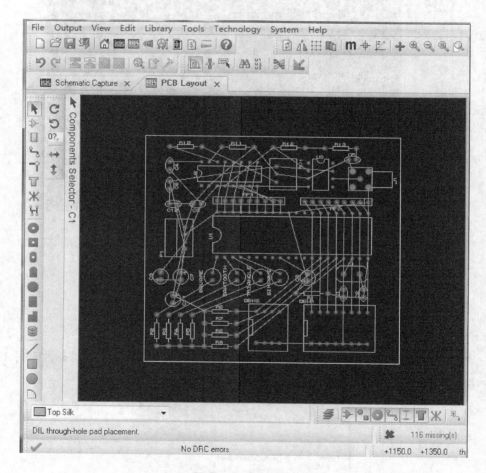

图 8－63　调整文字

8.4　PCB 布线

8.4.1　设置约束规则

在 PROTEUS ARES 界面的菜单栏中选择 Technology→Design Rule Manager 菜单项，弹出 Design Rule Manager 对话窗口，如图 8 - 64 所示。

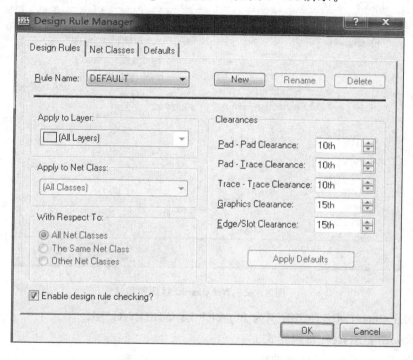

图 8 - 64　Edit Strategies 对话窗口

➢ Rule Name：规则名称。

➢ Apply to Layer：应用到的层。

➢ Apply to Net Class：网络种类。

➢ With Respect To：与上面所相关内容。

➢ Clearances：间隙。

◇ Pad – Pad Clearance：焊盘间距。

◇ Pad – Trace Clearance：焊盘与 Trace 之间的间距。

◇ Trace – Trace Clearance：Trace 与 Trace 之间的间距。

◇ Graphics Clearance：图形间距。

◇ Edge/slot Clearance：板边沿/槽间距。

➢ Apply Defaults：应用默认值。

单击上面对话窗口中的 Net Classes，可弹出如图 8 - 65 所示的对话框窗口，按照所示设置 POWER 层约束规则。

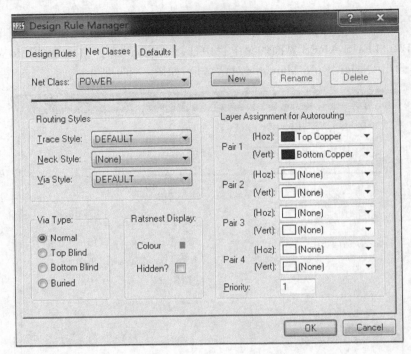

图 8 - 65　Net Classes 对话窗口

➢ Net Class：网络种类分别为 POWER 层或 SIGNAL 层。

➢ Routing Styles：布线样式。

　◇ Trace Style：Trace 的样式。

　◇ Neck Style：Neck 线的样式。

　◇ Via Style：过孔的样式。

➢ Via Type：过孔。

　◇ Normal：普通过孔。

　◇ Top Blind：顶层盲孔。

　◇ Bottom Blind：底层盲孔。

　◇ Buried：埋孔。

➢ Ratsnest Display：构筑显示。

　◇ Colour：颜色。

　◇ Hidden：隐藏。

➢ Layer Assignment for Autorouting：为自动布线给各层次赋值。

◇ Pair 1:层对 1,顶层水平布线,底层垂直布线。

➤ Priority:优先级。

然后单击 Net Class 旁边的下拉菜单,按照图 8 - 66 所示设置 SIGNAL 层约束规则。

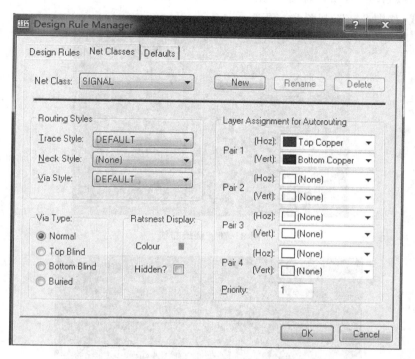

图 8 - 66　SIGNAL 层约束规则

8.4.2　手工布线及自动布线

1. 手工布线

单击 PROTEUS ARES 工具箱中的 Track Mode 按钮，在列表栏中选择线宽 T10,单击一个有飞线连接的焊盘,沿着飞线的提示开始布线,如图 8 - 67 所示。在另一个焊盘上单击,完成布线,如图 8 - 68 所示。

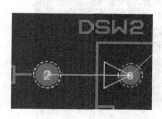

图 8 - 67　布线起点

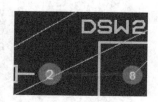

图 8 - 68　完成布线

在 ARES 界面左下角的层面列表中选择布线层 Bottom Copper，如图 8 - 69 所示，进行底层布线，如图 8 - 70 所示。

图 8 - 69　切换布线层

在布线过程中，双击添加过孔，自动切换层面，继续布线，如图 8 - 71 和图 8 - 72 所示。

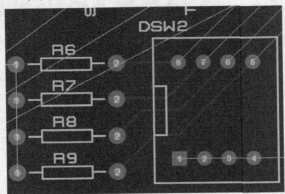

图 8 - 70　底层布线

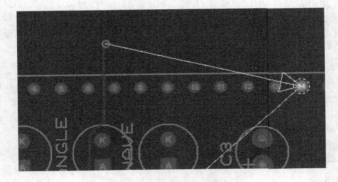

图 8 - 71　添加过孔中

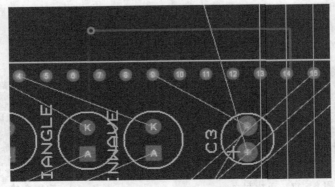

图 8 - 72　添加过孔后

右击选中导线,单击并拖动,可修改连线,如图 8 - 73 和图 8 - 74 所示。

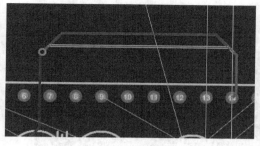

图 8 - 73　修改连线中

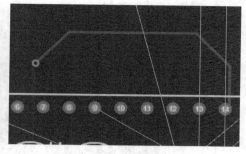

图 8 - 74　修改连线

2. 自动布线

在菜单栏中选择 Tools→Auto Router 菜单项,弹出 Shape Based Auto Router 对话窗口,按照图 8 - 75 所示进行设置。

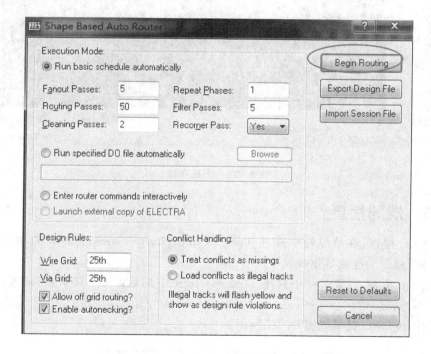

图 8 - 75　**Shape Based Auto Router 对话窗口**

单击对话窗口中的 Begin Routing 选项卡,完成自动布线,如图 8 - 76 所示。

基于 PROTEUS 的电路及单片机设计与仿真(第 3 版)

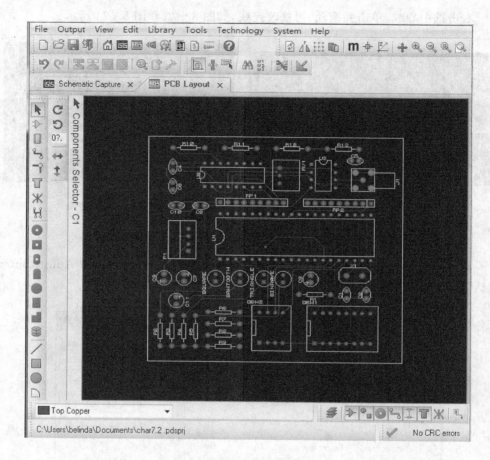

图 8 - 76　完成布线

8.4.3　规则检查

➤ CRC 检查：在菜单栏中选择 Tool→Connectivity Checker 菜单项，检查多余的、遗漏的连接等情况。

➤ DRC 检查：在菜单栏中选择 Tool→Design Rule Checker 菜单项，检查违反规则的物理错误。

CRC 和 DRC 提示如图 8 - 77 所示。

图 8 - 77　CRC 和 DRC 提示

8.4.4　3D 效果显示

布线完成后,用 3D 效果观察器件,单击工具栏上的 图标,弹出 3D 效果图,如图 8-78 所示。

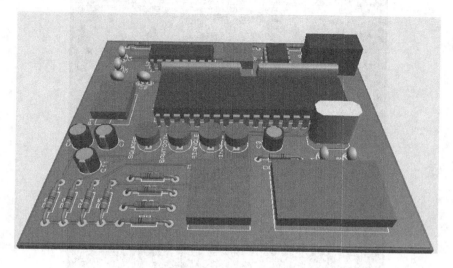

图 8-78　3D 效果图

8.4.5　铺　铜

1. 底层铺铜

在 ARES 菜单栏中选择 Tools→Power Plane Generator 菜单项,弹出 Power Plane Generator 对话窗口,如图 8-79 所示。

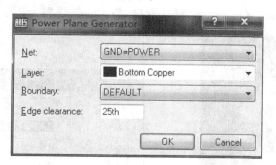

图 8-79　Power Plane Generator 对话窗口

设置:

➢ Net:GND=POWER,选择铺铜网络为 GND。

➢ Layer:Bottom Copper,选择铺铜层面为底层。

➤ Boundary：DEFAULT，使用默认的边界。

➤ Edge clearance：25th，铜皮距板边框的距离为 25 th。

单击 OK 按钮，开始铺设底层铜皮，如图 8-80 所示。

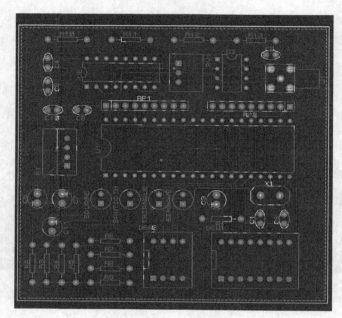

图 8-80　铺设底层铜皮

注意，所有与网络 GND 相连的引脚或过孔都会以热风焊盘的形式与铜皮相连，如图 8-81 所示。

2. 顶层铺铜

打开 Power Plane Generator 对话窗口，将 Layer 设置为顶层，如图 8-82 所示。

图 8-81　热风焊盘

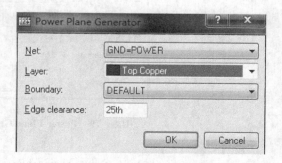

图 8-82　Power Plane Generator 对话窗口

单击 OK 按钮,铺设顶层铜皮,如图 8 - 83 所示。

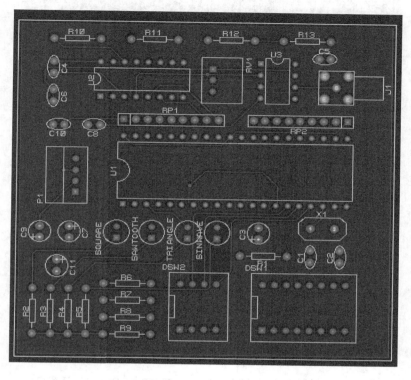

图 8 - 83 完成铺铜

8.5 输出光绘文件

在 PROTEUS ARES 的菜单栏中选择 Output → Generate Gerber/Excellon Output 菜单项,打开 CAD CAM (Gerber and Excellon)Output 对话窗口,按照图 8 - 84 所示进行设置。

选择 Run Gerber Viewer When Done。单击 OK 按钮,生成光绘文件。并弹出 Gerber View 对话窗口,如图 8 - 85 所示。

单击 OK 按钮,在 Gerber Viewer 的菜单栏中选择 View → Edit layer colours/visiability 菜单项,勾选不同的层,可以得到相应的光绘层,如图 8 - 86 ~ 图 8 - 91 所示。

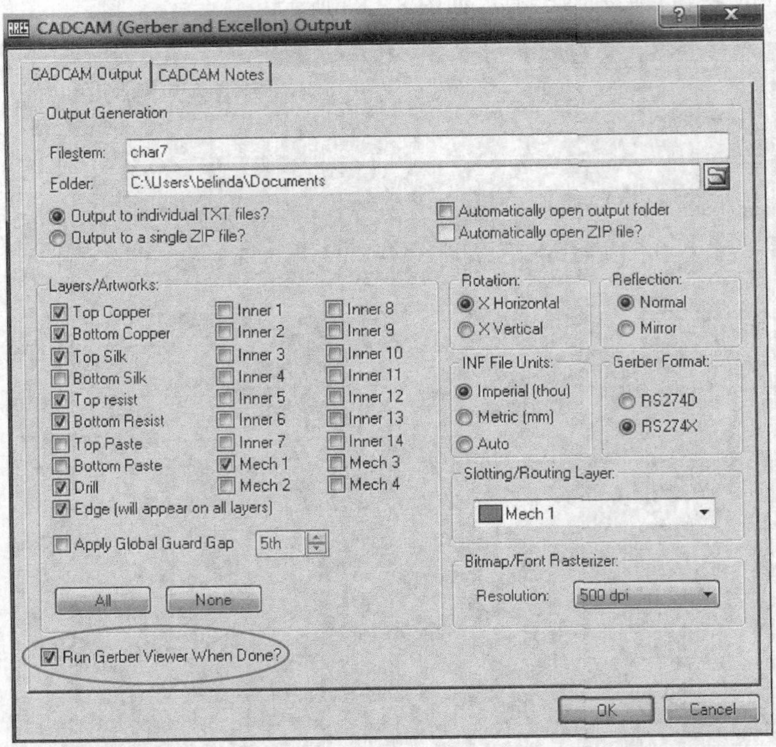

图 8 - 84　设置 CAD CAM (Gerber and Excellon) Output 对话窗口

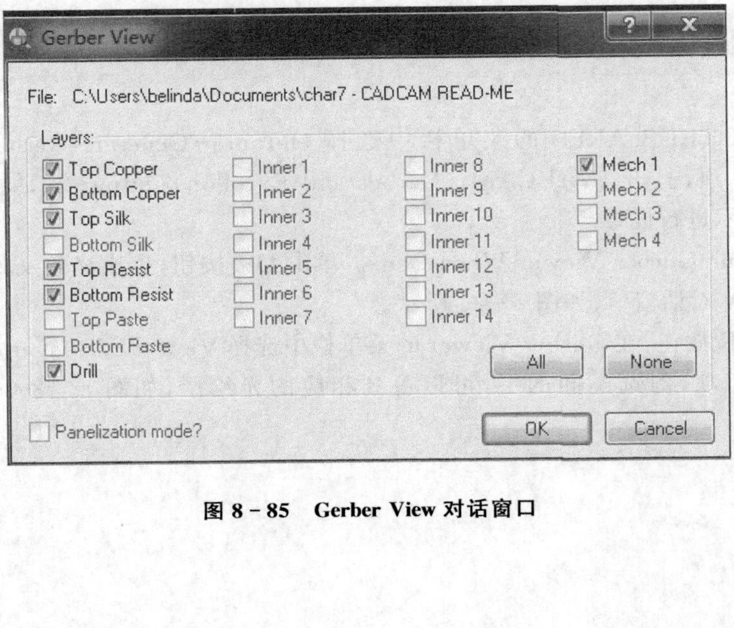

图 8 - 85　Gerber View 对话窗口

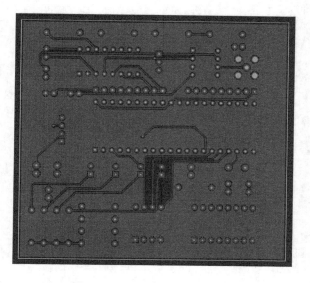

图 8 - 86　顶层铜(Top Copper)

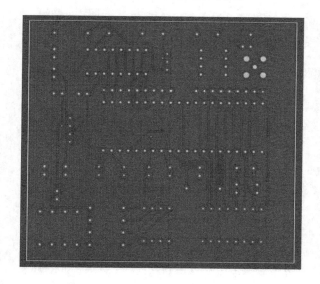

图 8 - 87　底层铜(Bottom Copper)

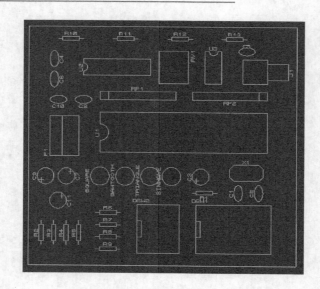

图 8 - 88　顶层丝印(Top Silk)

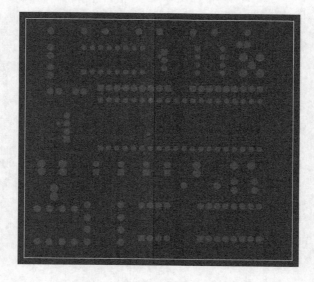

图 8 - 89　顶层阻焊层(Top resist)

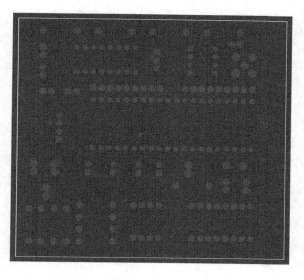

图 8 - 90　底层阻焊层（Bottom Resist）

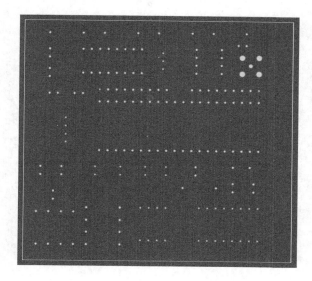

图 8 - 91　钻孔层（Drill）